煤矿全员安全技能与素质提升数字化培训教材

煤矿机电与运输岗位作业人员技能与安全培训教材

常波峰　张　宏　主编

中国矿业大学出版社
·徐州·

内 容 提 要

本教材依据《煤矿安全培训规定》(国家安全生产监督管理总局令第 92 号)的相关要求和 2022 版《煤矿安全规程》等相关内容组织编写。内容包括两部分，第一部分是通用知识，包括煤矿井下从业人员安全素质基本要求、安全技术基础知识、煤矿"双预防"机制和"双危"辨识通用知识(共分 7 章)；第二部分是煤矿机电和井下运输专业岗位技能与安全，包括机电、运输专业岗位技术基础知识、岗位作业流程、常见故障分析和典型事故案例等(共分 19 章)。

本教材是煤矿机电、运输作业人员的培训教材，也可供煤矿企业的管理人员、工程技术人员和相关人员学习、参考。

图书在版编目(CIP)数据

煤矿机电与运输岗位作业人员技能与安全培训教材 / 常波峰，张宏主编. —徐州 ：中国矿业大学出版社，2023.12

ISBN 978-7-5646-6094-9

Ⅰ. ①煤… Ⅱ. ①常… ②张… Ⅲ. ①煤矿—机电设备—岗位培训—教材②煤矿—矿山运输—岗位培训—教材 Ⅳ. ①TD6②TD5

中国国家版本馆 CIP 数据核字(2023)第 241827 号

书　　名　煤矿机电与运输岗位作业人员技能与安全培训教材
主　　编　常波峰　张　宏
责任编辑　马晓彦　吴学兵
出版发行　中国矿业大学出版社有限责任公司
(江苏省徐州市解放南路　邮编 221008)
营销热线　(0516)83885370　83884103
出版服务　(0516)83995789　83884920
网　　址　http://www.cumtp.com　**E-mail**:cumtpvip@cumtp.com
印　　刷　苏州市古得堡数码印刷有限公司
开　　本　787 mm×1092 mm　1/16　**印张** 15.5　**字数** 387 千字
版次印次　2023 年 12 月第 1 版　2023 年 12 月第 1 次印刷
定　　价　80.00 元
(图书出现印装质量问题，本社负责调换)

《煤矿机电与运输岗位作业人员技能与安全培训教材》编写委员会

主　　编	常波峰　张　宏
副 主 编	刘　欣　李　玮　杨　臻　张　帅　王　乐　吴海英
参编人员	杨春平　王　佳　刘　红　杨允珍　王　栋　张小瑞　付浩邦　贾振明　邢建国　何军锋　陈　凡　王　磊　王　伟　赵　凯　马　鑫　李泽宇　刘研辉　乔彦伟　马进斌

前 言

近年来，随着煤矿智能化建设的推进，煤矿各岗位作业人员的技能操作要求发生了重大变化，特别是井工煤矿引入了一系列新的硬件和软件，原有的各岗位作业人员技能与安全培训教材已不适应生产现状。为了适应煤矿智能化建设的要求，提高各岗位作业人员实际操作技能，本着针对性、实用性和前瞻性的要求，结合煤矿安全生产实际，我们以陕煤集团神木红柳林矿业有限公司为例，组织编写了《煤矿机电与运输岗位作业人员技能与安全培训教材》。本教材的编写严格遵循国家现行的煤炭生产相关法律、法规、规程、规范和细则等要求，以红柳林矿业有限公司现有的各岗位工种为基础，并结合智慧矿山建设的现行技术要求，充分体现了红柳林矿业有限公司高质量发展的成果。

本教材由陕煤集团神木红柳林矿业有限公司常波峰、张宏任主编，多名一线工程技术人员和管理人员共同参与编写、组稿、统稿和修改。西安科技大学张建奇、董汉军等教师针对本教材提出部分修改意见。

本书共分为三篇二十六章，内容包括：煤矿生产与安全管理通用知识，煤矿机电专业岗位技能与安全(14 个岗位工种)，煤矿井下运输专业岗位技能与安全(5 个岗位工种)。

本教材主要有以下特点：

(1) 本着煤矿从业人员技能与安全培训的实际需求，突出煤矿从业人员安全素质和操作技能的提升。

(2) 严格按照 2022 版《煤矿安全规程》以及最近几年国家颁布实施的一系列法律、法规编写，有针对性地增加了新的实用性知识，符合当前煤矿安全生产发展的特点。

(3) 教材内容紧跟煤矿企业工作实际，图文并茂，可操作性强，内容简单实用，可帮助企业职工快速掌握相关的安全操作技能。

为了便于阅读，书中法律名称均省去“中华人民共和国”，使用简称。

本教材是煤矿从业人员的技能与安全培训教材，也可供煤矿企业的管理人员、工程技术人员和相关人员学习和参考。

由于编者水平有限，书中难免有不妥之处，敬请广大读者批评指正。

编 者

2023 年 11 月

目　录

第一篇　煤矿生产与安全管理通用知识

第二篇　煤矿机电专业岗位技能与安全

第三篇　煤矿井下运输专业岗位技能与安全

第一篇

煤矿生产与安全管理通用知识

第一章　煤矿从业人员法律法规概述

第一节　安全生产方针与法律法规

一、安全生产方针

“安全第一、预防为主、综合治理”是开展安全生产管理工作总的指导方针，是长期实践的经验总结。这一方针反映了我们党和国家对安全生产规律的认识，是企业安全生产工作总的指导思想和行动准则。所以，企业必须认真贯彻落实“安全第一、预防为主、综合治理”的安全生产方针。

“安全第一、预防为主、综合治理”是一个完整的体系，是相辅相成、辩证统一的整体。安全第一是原则，预防为主是手段，综合治理是方法。安全第一是预防为主、综合治理的统帅和灵魂，没有安全第一的思想，预防为主就失去了思想支撑，综合治理就失去了整治依据。预防为主是实现安全第一的根本途径，只有把安全生产的重点放在建立事故预防体系上，超前采取措施，才能有效防止和减少事故。只有采取综合治理，才能实现人、机、物、环境的统一，实现本质安全，真正把安全第一、预防为主落到实处。

二、煤矿安全生产相关法律法规

在我国，以《安全生产法》为龙头，以相关法律、行政法规、部门规章、地方性法规、地方行政规章和其他规范性文件以及安全生产国家标准、行业标准为主体的安全生产法律法规体系已经初步形成，而且还在不断健全和完善，促进了安全生产管理工作的规范化、制度化和科学化。煤矿安全生产相关法律法规及标准见表 1-1。

表 1-1　煤矿安全生产相关法律法规及标准

序号	名称		制定机关	主要法律法规及标准
1	法律		全国人民代表大会及其常务委员会	《刑法》《安全生产法》《矿山安全法》《矿产资源法》《煤炭法》《职业病防治法》《劳动法》《劳动合同法》等
2	法规	行政法规	国务院	《煤矿安全监察条例》《安全生产许可证条例》《工伤保险条例》《矿山安全法实施条例》《国务院关于特大安全事故行政责任追究的规定》《国务院关于预防煤矿生产安全事故的特别规定》《生产安全事故报告和调查处理条例》《企业职工伤亡事故报告和处理规定》等
		地方性法规	地方人民代表大会及其常务委员会	《陕西省安全生产条例》等

表 1-1(续)

序号	名称		制定机关	主要法律法规及标准
3	规章	行政规章	国务院所属部委	《煤矿安全规程》《煤矿救护规程》《爆破安全规程》《安全生产事故隐患排查治理暂行规定》《生产经营单位安全培训规定》《煤矿安全培训规定》《特种作业人员安全技术培训考核管理规定》《煤矿企业安全生产许可证实施办法》《煤矿安全生产基本条件规定》《安全生产违法行为行政处罚办法》等
		地方性规章	地方政府所属部门	《陕西省煤矿安全整改提升基本标准》《陕西省煤矿防治水管理规定(试行)》等
4	标准	国家标准	国务院标准化行政主管部门	《安全色》(GB 2893)、《安全标志及其使用导则》(GB 2894)、《矿山安全标志》(GB 14161)等
		行业标准	国务院有关行政主管部门	《矿井瓦斯等级鉴定规范》(AQ 1025)、《煤矿井工开采通风技术条件》(AQ 1028)、《煤矿井下安全标志》(AQ 1017)等
5	规范性文件			《关于加强煤矿班组安全生产建设的指导意见》《关于加强国有重点煤矿安全基础管理的指导意见》等

(一) 安全生产法律

1.《安全生产法》

《安全生产法》是为了加强安全生产工作，防止和减少生产安全事故，保障人民群众生命和财产安全，促进经济社会持续健康发展而制定的，自 2002 年 11 月 1 日起施行，根据 2021 年 6 月 10 日第十三届全国人民代表大会常务委员会第二十九次会议《关于修改〈中华人民共和国安全生产法〉的决定》第三次修正，自 2021 年 9 月 1 日起施行。内容包括总则、生产经营单位的安全生产保障、从业人员的安全生产权利义务、安全生产的监督管理、生产安全事故的应急救援与调查处理、法律责任和附则等。

2.《劳动法》

《劳动法》是为了保护劳动者的合法权益，调整劳动关系，建立和维护适应社会主义市场经济的劳动制度，促进经济发展和社会进步而制定的，自 1995 年 1 月 1 日起施行，根据 2018 年 12 月 29 日第十三届全国人民代表大会常务委员会第七次会议《关于修改〈中华人民共和国劳动法〉等七部法律的决定》第二次修正。

3.《劳动合同法》

《劳动合同法》是为了完善劳动合同制度，明确劳动合同双方当事人的权利和义务，保护劳动者的合法权益，构建和发展和谐稳定的劳动关系而制定的，自 2008 年 1 月 1 日起施行。该法修正案于 2012 年 12 月 28 日通过，自 2013 年 7 月 1 日起施行。

4.《刑法修正案(十一)》

《刑法》是规定犯罪、刑事责任和刑罚的法律，是追究安全生产违法犯罪行为刑事责任的重要依据。2020 年 12 月 26 日，第十三届全国人民代表大会常务委员会第二十四次会议通过《刑法修正案(十一)》，自 2021 年 3 月 1 日起施行。其中涉及安全生产的主要内容如下：

强令他人违章冒险作业，或者明知存在重大事故隐患而不排除，仍冒险组织作业，因而发生重大伤亡事故或者造成其他严重后果的，处五年以下有期徒刑或者拘役；情节特别恶劣的，处五年以上有期徒刑。

在生产、作业中违反有关安全管理的规定，有下列情形之一，具有发生重大伤亡事故或者其他严重后果的现实危险的，处一年以下有期徒刑、拘役或者管制：

（1）关闭、破坏直接关系生产安全的监控、报警、防护、救生设备、设施，或者篡改、隐瞒、销毁其相关数据、信息的；

（2）因存在重大事故隐患被依法责令停产停业、停止施工、停止使用有关设备、设施、场所或者立即采取排除危险的整改措施，而拒不执行的；

（3）涉及安全生产的事项未经依法批准或者许可，擅自从事矿山开采、金属冶炼、建筑施工，以及危险物品生产、经营、储存等高度危险的生产作业活动的。

5.《职业病防治法》

《职业病防治法》是为了预防、控制和消除职业病危害，防治职业病，保护劳动者健康及其相关权益，促进经济发展而制定的，自 2002 年 5 月 1 日起施行，根据 2018 年 12 月 29 日第十三届全国人民代表大会常务委员会第七次会议《关于修改〈中华人民共和国劳动法〉等七部法律的决定》第四次修正。

（二）安全生产行政法规

1.《生产安全事故报告和调查处理条例》

为了规范生产安全事故的报告和调查处理，落实生产安全事故责任追究制度，防止和减少生产安全事故，特制定《生产安全事故报告和调查处理条例》，自 2007 年 6 月 1 日起施行。

2.《工伤保险条例》

《工伤保险条例》是为了保障因工作遭受事故伤害或者患职业病的职工获得医疗救治和经济补偿，促进工伤预防和职业康复，分散用人单位的工伤风险而制定的，2010 年 12 月 20 日进行了修订，自 2011 年 1 月 1 日起施行。《工伤保险条例》内容包括总则、工伤保险基金、工伤认定、劳动能力鉴定、工伤保险待遇、监督管理、法律责任等。

（三）安全生产规章、细则、行业标准

1.《煤矿安全规程》

《煤矿安全规程》是煤矿企业必须遵守的法定规程，其制定目的是保障煤矿安全生产和从业人员的人身安全与健康，防止煤矿事故与职业病危害。2022 版《煤矿安全规程》根据《应急管理部关于修改〈煤矿安全规程〉的决定》修订，自 2022 年 4 月 1 日起施行。

2.《防治煤与瓦斯突出细则》

为了加强防治煤（岩）与瓦斯（二氧化碳）突出的工作，预防煤矿事故，保障从业人员生命安全，原国家煤矿安全监察局于 2019 年 7 月 16 日颁布了《防治煤与瓦斯突出细则》，自 2019 年 10 月 1 日起施行。

3.《煤矿防灭火细则》

为了加强煤矿防灭火工作，有效防控煤矿火灾事故，保障煤矿安全生产及从业人员生命和健康，国家矿山安全监察局于 2021 年 10 月 12 日颁布了《煤矿防灭火细则》，自 2022 年 1 月 1 日起施行。

4.《防治煤矿冲击地压细则》

为了加强煤矿冲击地压防治工作，有效预防冲击地压事故，保障煤矿职工安全，原国家煤矿安全监察局于2018年5月2日颁布了《防治煤矿冲击地压细则》,自2018年8月1日起施行。内容包括:总则,一般规定,冲击危险性预测、监测、效果检验,区域与局部防冲措施,冲击地压安全防护措施和附则。

5.《煤矿防治水细则》

为了加强煤矿防治水工作,防止和减少事故,保障职工生命安全和健康,原国家煤矿安全监察局于2018年6月4日颁布了《煤矿防治水细则》,自2018年9月1日起施行。其内容包括总则、矿井水文地质类型划分及基础资料、矿井水文地质补充勘探、井下探放水、矿井防治水技术、露天煤矿防治水、水害应急处置和附则。

6.《煤矿安全生产标准化管理体系考核定级办法(试行)》和《煤矿安全生产标准化管理体系基本要求及评分方法(试行)》

为贯彻执行《安全生产法》关于"推进安全生产标准化建设"的规定,原国家煤矿安全监察局下发了《关于印发〈煤矿安全生产标准化管理体系考核定级办法(试行)〉和〈煤矿安全生产标准化管理体系基本要求及评分方法(试行)〉的通知》(煤安监行管〔2020〕16号),要求煤矿企业按照新标准化管理体系开展达标创建,进一步推进煤矿安全生产标准化管理体系建设深入开展。

7.《煤矿重大事故隐患判定标准》

《煤矿重大事故隐患判定标准》经2020年11月2日应急管理部第31次部务会议审议通过,自2021年1月1日起施行。该标准根据《安全生产法》和《国务院关于预防煤矿生产安全事故的特别规定》(国务院令第446号)的规定,从15个方面列举了81种应当判定为重大事故隐患的情形。

第二节 从业人员安全生产的权利与义务

《安全生产法》等法律法规,赋予了广大生产经营单位从业人员依法获得安全生产保障的权利;从业人员在享有安全生产保障权利的同时,也必须依法履行安全生产方面的义务。

一、从业人员安全生产的权利

(一)劳动保护和提请劳动争议处理权

职工有要求用人单位保障职工的劳动安全、防止职业病危害的权利。当职工的劳动保护权益受到伤害,或者与用人单位因劳动保护问题发生纠纷时,有向有关部门提请劳动争议处理的权利。

(二)安全生产知情权

职工有权了解作业场所和工作岗位存在的危险因素、危害后果,以及针对危险因素应采取的防范措施和事故应急措施,用人单位必须向职工如实告知,不得隐瞒和欺骗;进入工作面前,职工有权要求跟班干部或班长检查工作面,并制定具体安全措施。如果用人单位没有如实告知,职工有权拒绝工作,用人单位不得因此做出对职工不利的处分。

(三)参与安全生产管理权

职工有权参加本单位安全生产工作的民主管理和民主监督,对本单位的安全生产工作提出意见和建议,对不符合党和国家安全生产方针和法律、法规规定的规章、制度有权提出修改意见,用人单位应重视和尊重职工的意见和建议,并及时做出答复。

（四）安全生产监督权

职工有权对企业贯彻执行党和国家安全生产方针的情况、有关安全生产法规及管理制度的执行情况、管理干部行为、作业现场的安全情况、安全技术措施专项费用使用情况进行监督。

（五）安全生产教育培训权

职工享有参加安全生产教育培训的权利。用人单位应依法对职工进行安全生产法律、法规、规程及相关标准的教育培训，使职工掌握从事岗位工作所必须具备的安全生产知识和技能。用人单位没有依法对职工进行安全生产教育培训，特殊工种作业人员未取得操作资格证书的，职工有权拒绝上岗作业。

（六）职业健康防治权

对于从事接触职业病危害因素或可能导致职业病作业的职工，有权获得职业健康检查并了解检查结果。被诊断为患有职业病的职工有依法享受职业病待遇，接受治疗、康复和定期检查的权利。

（七）拒绝违章指挥和强令冒险作业权

违章指挥是指用人单位的有关管理人员违反安全生产的法律法规和有关安全规程、规章制度的规定，指挥从业人员进行作业的行为；强令冒险作业是指用人单位的有关管理人员明知开始或继续作业可能会有重大危险，仍然强迫职工进行作业的行为。违章指挥、强令冒险作业违背了“安全第一”的方针，侵犯了职工的合法权益，职工有权拒绝；违章操作，职工有权制止；跟班干部擅离工作岗位，职工有权向有关方面报告。用人单位不得因职工拒绝违章指挥和强令冒险作业而打击报复，降低其工资、福利等待遇或解除与其订立的劳动合同。

（八）停止作业避险权

职工发现直接危及人身安全的紧急情况时，有权停止作业，或者在采取可能的应急措施后，撤离作业场所。用人单位不得因职工在紧急情况下停止作业或者采取紧急撤离措施而降低其工资、福利待遇或者解除与其订立的劳动合同。但职工在行使这一权利时要慎重，要尽可能正确判断险情危及人身安全的程度。

（九）工伤保险和民事索赔权

用人单位应当依法为职工办理工伤保险，为职工缴纳工伤保险费。职工因安全生产事故受到伤害，除依法应当享受工伤保险外，还有权向用人单位要求民事赔偿。工伤保险和民事赔偿不能互相取代。

（十）批评、检举和控告权

职工有权向用人单位及其管理部门、工会组织举报违反有关安全生产法律、法规、制度的行为；有权检举违章指挥、违章作业者；有权反映作业现场安全管理情况和不安全因素。检举可以署名，也可以不署名；可以用书面形式，也可以用口头形式。但是，职工在行使这一权利时，应注意检举和控告的情况必须真实，要实事求是。用人单位不得因职工行使上述权利而对其进行打击报复，包括不得因此而降低其工资、福利待遇或者解除与其订立的劳动合同。在进行安全生产监督检查时，如果受到打击报复和迫害，职工有权向上级或政府有关部门、工会组织投诉和控告；有权对忽视安全、玩忽职守造成事故的责任者进行检举；有权对隐瞒事故的单位和责任者提出控告。

二、从业人员安全生产的义务

(一) 遵守安全生产规章制度和操作规程的义务

职工不仅要严格遵守安全生产有关法律法规，还应当遵守用人单位的安全生产规章制度和操作规程，这是职工在安全生产方面的一项法定义务。职工必须增强法纪观念，自觉遵章守纪，从维护国家利益、集体利益以及自身利益出发，把遵章守纪、按章操作落实到具体的工作中。

(二) 服从安全生产管理的义务

服从用人单位安全检查、安全监察管理；自觉服从安全监督、监察部门的指挥，自觉配合安全监察人员的工作，协助他们执行公务，并提供真实信息和有关资料。

用人单位的安全生产管理人员一般具有较多的安全生产知识和较丰富的经验，职工服从管理，可以保持生产经营活动的良好秩序，有效地避免、减少生产安全事故的发生。因此，职工应当服从管理，这也是职工在安全生产方面的一项法定义务。当然，职工对于违章指挥、强令冒险作业的行为，有权拒绝。

(三) 正确佩戴和使用劳动防护用品的义务

劳动防护用品是保护职工在劳动过程中安全与健康的一种防御性装备，不同的劳动防护用品有其特定的佩戴和使用规则、方法，只有正确佩戴和使用，方能真正起到防护作用。用人单位在为职工提供符合国家或行业标准的劳动防护用品后，职工有义务正确佩戴和使用。

(四) 发现事故隐患及时报告并参加抢险救灾的义务

职工发现事故隐患和不安全因素后，应及时向现场安全生产管理人员或本单位负责人报告，接到报告的人员应当及时予以处理。一般来说，职工报告得越早，接受报告的人员处理得越早，事故隐患和其他职业危险因素可能造成的危害就越小。在煤矿发生事故后，职工应积极参加抢险救灾，不能以任何借口逃避。

(五) 接受安全生产培训教育的义务

职工应依法接受安全生产的教育和培训，掌握所从事岗位工作所需的安全生产知识，提高安全生产技能，增强事故预防和应急处理能力。特殊工种作业人员和有关法律法规规定须持证上岗的作业人员，必须经培训考核合格后，依法取得相应的资格证书或合格证书，方可上岗作业。

(六) 改善工作环境和爱护生产设施、设备的义务

职工在工作中，应积极参加技术革新活动，提出合理化建议，不断改善劳动条件和工作环境。煤矿企业的生产设备及安全生产设施是安全生产的保证，要自觉维护其正常运转和安全使用，使其发挥保障安全生产的作用。

第三节　劳动保护制度

劳动保护是国家和用人单位为保护劳动者在劳动生产过程中的安全和健康所采取的立法、组织和技术措施的总称，是指根据国家法律、法规，依靠技术进步和科学管理，采取组织措施和技术措施，消除危及人身安全健康的不良条件和行为，防止事故和职业病，保护劳动者在劳动过程中的安全与健康。根据《劳动法》的规定，劳动保护制度主要包括以下几类。

一、劳动安全卫生制度

劳动安全卫生保护的内容十分广泛，且因不同行业有着不同的重点和差别，《劳动法》在第六章规定了劳动安全卫生制度的基本内容：

(1) 用人单位必须建立、健全劳动安全卫生制度，严格执行国家劳动安全卫生规程和标准，对劳动者进行劳动安全卫生教育，防止劳动过程中发生事故，减少职业危害。

(2) 劳动安全卫生设施必须符合国家规定的标准。

(3) 用人单位必须为劳动者提供符合国家规定的劳动安全卫生条件和必要的劳动防护用品，对从事有职业危害作业的劳动者应当定期进行健康检查。

(4) 从事特种作业的劳动者必须经过专门培训并取得特种作业资格。

(5) 劳动者在劳动过程中必须严格遵守安全操作规程。

(6) 国家建立伤亡事故和职业病统计报告和处理制度。

二、特殊劳动保护制度

(1) 国家对女职工和未成年工实行特殊劳动保护。未成年工是指年满 16 周岁未满 18 周岁的劳动者。

(2) 禁止安排女职工从事矿山井下、国家规定的第四级体力劳动强度的劳动和其他禁忌从事的劳动。

(3) 不得安排女职工在经期从事高处、低温、冷水作业和国家规定的第三级体力劳动强度的劳动。

(4) 不得安排女职工在怀孕期间从事国家规定的第三级体力劳动强度的劳动和孕期禁忌从事的劳动。对怀孕 7 个月以上的女职工，不得安排其延长工作时间和夜班劳动。

(5) 女职工生育享受不少于 90 天的产假。

(6) 不得安排女职工在哺乳未满 1 周岁的婴儿期间从事国家规定的第三级体力劳动强度的劳动和哺乳期禁忌从事的其他劳动，不得安排其延长工作时间和夜班劳动。

(7) 不得安排未成年工从事矿山井下、有毒有害、国家规定的第四级体力劳动强度的劳动和其他禁忌从事的劳动。

(8) 用人单位应当对未成年工定期进行健康检查。

三、工作时间和休息休假制度

(1) 国家实行劳动者每日工作时间不超过 8 h、平均每周工作时间不超过 44 h 的工时制度。

(2) 对实行计件工作的劳动者，用人单位应当根据上一条规定的工时制度合理确定其劳动定额和计件报酬标准。

(3) 用人单位应当保证劳动者每周至少休息 1 日。

(4) 企业因生产特点不能实行上述规定的，经劳动行政部门批准，可以实行其他工作和休息办法。

(5) 用人单位在节假日期间应当依法安排劳动者休假。

(6) 用人单位由于生产经营需要，经与工会和劳动者协商后可以延长工作时间，一般每日不得超过 1 h；因特殊原因需要延长工作时间的，在保障劳动者身体健康的条件下延长工作时间每日不得超过 3 h，但是每月不得超过 36 h。

(7) 有下列情形之一的，延长工作时间不受上一条的限制：

① 发生自然灾害、事故或者因其他原因威胁劳动者生命健康和财产安全，需要紧急处理的；

② 生产设备、交通运输线路、公共设施发生故障，影响生产和公众利益，必须及时抢修的；

③ 法律、行政法规规定的其他情形。

(8) 用人单位不得违反《劳动法》规定延长劳动者的工作时间。

(9) 有下列情形之一的，用人单位应当按照下列标准支付高于劳动者正常工作时间工资的工资报酬：

① 安排劳动者延长工作时间的，支付不低于工资的150％的工资报酬；

② 休息日安排劳动者工作又不能安排补休的，支付不低于工资的200％的工资报酬；

③ 法定休假日安排劳动者工作的，支付不低于工资的300％的工资报酬。

(10) 国家实行带薪年休假制度。劳动者连续工作1年以上的，享受带薪年休假。具体办法由国务院规定。

第二章　煤矿从业人员入井常识

第一节　煤矿从业人员入井须知

一、煤矿入井人员的基本条件

根据有关法律法规的规定，煤矿井下从业人员必须符合下列基本条件：

(1) 身体健康，无职业禁忌证。凡是有下列病症的不得从事煤矿井下作业：

① 活动性肺结核和肺外结核病。

② 严重的上呼吸道或支气管疾病。

③ 显著影响肺功能的肺脏或胸膜病变。

④ 心血管器质性疾病。

⑤ 经医疗鉴定，不适于从事粉尘作业的其他疾病。

⑥ 风湿病(反复活动)。

⑦ 严重的皮肤病。

⑧ 癫痫病。

⑨ 精神分裂症。

⑩ 经医疗鉴定，不适于从事井下工作的其他疾病。

(2) 年满 18 周岁且不超过国家法定退休年龄。

(3) 具有初中及以上文化程度。

二、煤矿入井人员行为规范

煤矿从业人员必须遵守入井的基本行为规范，以保证自己和他人的安全。

(1) 入井人员必须穿戴个体防护用品，穿带有反光标识的工作服。入井前严禁饮酒。

(2) 入井人员必须随身携带自救器、定位卡和矿灯，严禁携带烟草和点火物品，严禁穿化纤衣服。

(3) 煤矿作业人员必须熟悉应急救援预案和避灾路线，具有自救互救和安全避险知识。井下作业人员必须熟练掌握自救器和紧急避险设施的使用方法。

(4) 对作业场所和工作岗位存在的危险有害因素及防范措施、事故应急措施、职业病危害及其后果、职业病危害防护措施等，煤矿企业应当履行告知义务，从业人员有权了解并提出建议。

(5) 所有入井人员必须遵守《煤矿安全规程》、作业规程、煤矿安全技术操作规程的相关规定。

(6) 入井人员下井前，要休息好，做到心情愉快，保持精力旺盛。

（7）乘坐罐笼上下井时，要遵守乘坐罐笼的有关规定，服从指挥，排队按次序上下，不得拥挤、打闹和摘掉安全帽。

（8）乘车时只准乘坐专门的人车，必须遵守乘车规定，严禁在车辆行驶过程中登车、爬车、跳车等。

（9）在大巷行走时，要精神集中，注意避让来往车辆，过交叉道口要做到“一停、二看、三通过”。

（10）服从安全管理，按照规定正确携带工器具，正确识别井下各类信号。

第二节　煤矿井下避灾路线

一、安全出口

（1）矿井建设期间的安全出口应当符合下列要求：

① 开凿或者延深立井时，井筒内必须设有在提升设备发生故障时专供人员出井的安全设施和出口；井筒到底后，应当先短路贯通，形成至少2个通达地面的安全出口。

② 相邻的两条斜井或者平硐施工时，应当及时按设计要求贯通联络巷。

（2）每个生产矿井必须至少有2个能行人的通达地面的安全出口，各出口间距不得小于30 m。

（3）采用中央式通风的新建和改扩建矿井，设计中应当规定井田边界的安全出口。

（4）新建、改扩建矿井的回风井严禁兼作提升和行人通道，紧急情况下可作为安全出口。

（5）井下每一个水平到上一个水平和各个采（盘）区都必须至少有2个便于行人的安全出口，并与通达地面的安全出口相连。未建成2个安全出口的水平或者采（盘）区严禁回采。

（6）井巷交叉点必须设置路标，标明所在地点，指明通往安全出口的方向。

（7）通达地面的安全出口和2个水平之间的安全出口，倾角不大于45°时，必须设置人行道，并根据倾角大小和实际需要设置扶手、台阶或者梯道。倾角大于45°时，必须设置梯道间或者梯子间，斜井梯道间必须分段错开设置，每段斜长不得大于10 m；立井梯子间中的梯子角度不得大于80°，相邻2个平台的垂直距离不得大于8 m。

（8）安全出口应当经常清理、维护，保持畅通。

（9）采煤工作面必须保持至少2个畅通的安全出口，一个通到进风巷道，另一个通到回风巷道。

（10）采煤工作面所有安全出口与巷道连接处超前压力影响范围内必须加强支护，且加强支护的巷道长度不得小于20 m。综合机械化采煤工作面，此范围内的巷道高度不得低于1.8 m；其他采煤工作面，此范围内的巷道高度不得低于1.6 m。安全出口和与之相连接的巷道必须设专人维护，发生支架断梁折柱、巷道底鼓变形时，必须及时更换、清挖。

二、井下安全避险系统

（1）煤矿必须建立矿井安全避险系统，对井下人员进行安全避险和应急救援培训，每年至少组织1次应急演练。

（2）煤矿安全避险“六大系统”包括矿井安全监控系统、人员位置监测系统、井下紧急避险系统、压风自救系统、供水施救系统和通信联络系统。所有井工煤矿必须按规定建设完善煤矿安全避险"六大系统"，入井人员必须熟悉煤矿安全避险"六大系统"。

三、煤矿井下避灾路线

(1) 煤矿根据不同的灾变和灾害发生地点而制定的能使井下人员用尽量短的时间、从最近的距离撤到安全地点的路线，称为避灾路线。煤矿井下作业人员必须熟知避灾路线，以便发生灾害事故时，能够安全撤离。

(2) 最佳的避灾路线必须满足三个条件：一是适合不同的灾害事故；二是安全条件好；三是撤离时间最短。

(3) 井下所有工作地点必须设置灾害事故避灾路线。避灾路线指示应当设置在不易受到碰撞的显著位置，在矿灯照明下清晰可见，并标注所在位置。巷道交叉口必须设置避灾路线标识。

(4) 巷道内设置标识的间隔距离：采区巷道不大于 200 m，矿井主要巷道不大于 300 m。

(5) 煤矿作业人员必须熟悉应急救援预案和避灾路线，具有自救互救和安全避险知识。井下作业人员必须熟练掌握自救器和紧急避险设施的使用方法。

(6) 班组长应当具备兼职救护队员的知识和能力，能够在发生险情后第一时间组织作业人员自救互救和安全避险。

(7) 外来人员必须经过安全和应急基本知识培训，掌握自救器使用方法，并签字确认后方可入井。

第三节　煤矿矿用产品安全标志和井下安全标志

一、煤矿矿用产品安全标志

2007 年 4 月 1 日实施的《矿用产品安全标志标识》(AQ 1043)中规定了矿用产品安全标志标识的分类、型式、尺寸、材质、颜色、使用及管理要求。

矿用产品安全标志由矿用产品安全标志证书和矿用产品安全标志标识两部分组成。

取得矿用产品安全标志证书的产品，只有加安全标志标识后生产单位方可销售，使用单位方可采购和使用。煤矿矿用产品安全标志标识的标准型式如图 2-1 所示。

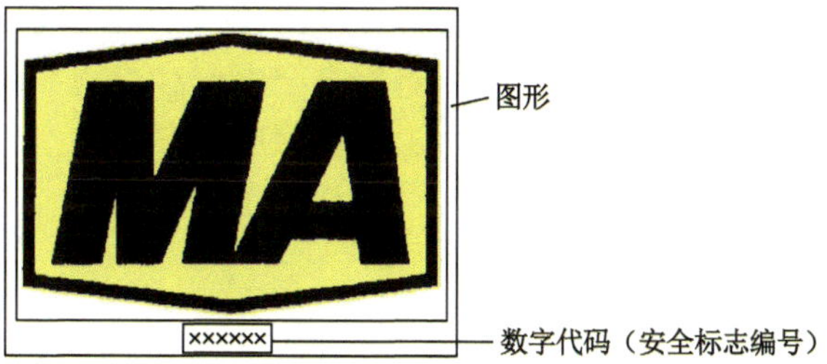

图 2-1　煤矿矿用产品安全标志标识

二、煤矿井下安全标志

安全标志是指井下悬挂或张贴的图文标志，目的是引起煤矿井下作业人员对现场不安全因素的警觉并采取相应的措施，预防事故的发生。

2006 年 3 月 1 日实施的《煤矿井下安全标志》(AQ 1017)规定了煤矿井下传递安全警示信息的安全标志，适用于各类井工开采的煤矿。

煤矿井下安全标志分为主标志和文字补充标志两类。主标志分为禁止标志、警告标志、指令标志和路标、名牌、提示标志。文字补充标志是主标志的文字说明或方向指示，它只能与主标志同时使用。文字补充标志基本型式是矩形边框，放在主标志下方，也可放在左方或右方。文字补充标志的底色应与联用的主标志底色相统一，其文字的颜色，除警告标志用黑色外，其他标志均为白色。

煤矿井下安全标志牌应设在明显的地方，并保证人们有足够的时间注意它所表示的内容。

煤矿井下安全标志牌应定期清洗，每季至少检查一次，如有变形、损坏、变色、图形符号脱落、亮度老化等现象应及时修理或更换。

第四节　常见“三违”行为及其危害

安全意识就是人们头脑中建立起来的生产必须安全的观念，也就是人们对在生产活动中各种各样有可能对自己或他人造成伤害的外在环境条件的一种戒备和警觉的心理状态。违章蛮干，会给个人、家庭、企业、社会带来严重后果和沉重负担。

一、“三违”的定义

“三违”是违章指挥、违章作业、违反劳动纪律的简称。

(1) 违章指挥：违反国家的安全生产方针、政策、法律、条例、规程、标准、制度及生产经营单位的规章制度和技术方案的指挥行为。

(2) 违章作业：在劳动过程中违反国家法律法规和生产经营单位制定的各项规章制度的行为。

(3) 违反劳动纪律：在劳动生产过程中，违反为维护生产秩序而制定的要求每个员工遵守的规章制度的行为。

二、“三违”的危害

“三违”可能会对自身或他人生命造成伤害，一旦酿成事故会给亲人、朋友带来生活上的困难和情感上的痛苦。“三违”实质上是一种违反安全生产客观规律的盲目行为，安全事故与“三违”有着直接或间接联系。煤矿工人由于一些原因还存在安全意识不强、法治观念淡薄的情况，“三违”现象时有出现，屡禁不绝，已成为严重威胁职工生命健康安全，影响企业形象和制约企业安全发展的顽症。

三、“三违”常见的表现形式

(1) 常见的违章指挥行为。不按照安全生产责任制有关本职工作规定履行职责；不按规定对员工进行安全教育培训；强令员工违章冒险作业；不按照规定审查、批准技术方案和安全措施；不认真执行企业发布的管理程序；新建、改建、扩建项目不执行“三同时”的规定，不履行审批手续；对已发现的事故隐患，不及时采取措施，仍强行进行生产等。

(2) 常见的违章作业行为。不按规定正确佩戴和使用劳动防护用品；发现设备或安全防护装置缺损，继续操作；不执行规定的安全防范措施，对违章指挥盲目服从，不加抵制；违反规程或安全技术措施作业；不按操作规程、工艺要求操作设备；忽视安全、忽视警告，冒险进入危险区域等。

（3）常见的违反劳动纪律的表现。迟到、早退、擅离职守；工作时间干私活、办私事；上班注意力不集中、消极怠工；工作中不服从分配、不听从指挥；无理取闹、纠缠领导、影响正常工作；私自动用他人工具、设备；不遵守各项规章制度，违反工艺流程和操作规程等。

四、“三违”现象产生的主观原因

“三违”现象产生的主观原因有：人员安全意识不强，安全作业综合素质不高；不懂规章或规章懂得太少；存在侥幸、麻痹、自满、马虎、凑合、逆反、应付、从众等多种心理，认为违章不会造成事故；认为规章太烦琐，操作费力费时，抢功图快；个体所受安全教育少，安全作业技能水平较低；作业环境差、劳动强度大、易疲劳，习惯性违章；情绪不良，操作失误；认知水平低等。

五、提升安全意识，杜绝“三违”

（1）“三违”的外在表现是行为，根子在思想和意识。

（2）对“三违”职工的安全教育方法多种多样，应坚持以人为本。

（3）严格安全管理，自觉规范行为。

第三章　职业病危害因素及职业病防治常识

第一节　煤矿职业病危害因素及职业病类型

一、职业病及职业病危害因素概述

职业病是指企业、事业单位和个体经济组织(以下统称用人单位)的劳动者在职业活动中,因接触粉尘、放射性物质和其他有毒、有害物质等因素而引起的疾病。

职业病危害因素是指在生产过程、劳动过程和生产环境这三项劳动条件中,对从业人员的健康和劳动能力产生有害作用的危害因素。职业病危害因素包括职业活动中存在的各种有害的化学、物理、生物因素以及在作业过程中产生的其他有害因素。

职业病是由于职业活动而产生的疾病,但并不是所有工作中得的病都是职业病。要构成职业病,必须具备以下四个条件:

(1) 患病主体必须是用人单位的劳动者。

(2) 必须是在从事职业活动过程中产生的。

(3) 必须是因接触粉尘、放射性物质和其他有毒、有害物质等职业病危害因素引起的。

(4) 必须是国家公布的职业病分类和目录所列的职业病。

二、煤矿常见职业病危害因素

煤矿生产中主要的职业病危害因素有粉尘、有毒有害气体、噪声、振动和不良气候条件等。

三、煤矿常见职业病

(一) 矽肺

矽肺是由于在职业活动中长期在含游离二氧化硅10%以上、粉尘浓度大于2 mg/m^{3}或含游离二氧化硅10%以下、粉尘浓度大于10 mg/m^{3}的环境中工作,吸入含游离二氧化硅呼吸性粉尘(矽尘)而引起的肺间质弥漫性纤维化病变的疾病。

(二) 煤工尘肺

煤工尘肺是由于在煤炭生产活动中长期吸入煤尘而引起的肺的弥漫性纤维化病变的疾病,它是我国煤炭行业累计患病人数、每年发病人数最多,对煤矿工人身体健康危害最大的职业病。

(三) 水泥尘肺

水泥尘肺是由于在职业活动中长期吸入较高浓度的水泥粉尘而引起的一种职业病。水泥尘肺发病工龄较长,病情进展缓慢,发病工龄多在10～15年。

（四）职业性噪声聋

职业性噪声聋是由于在职业活动中长期接触高噪声而发生的一种进行性的听觉损伤。患者早期会出现听力下降，继续长期接触，听力损失不能完全恢复，由功能性改变发展为器质性退行性病变。

四、用人单位职业病危害因素防治管理职责

（一）人员配备

（1）职业病危害严重的用人单位，应当设置或者指定职业卫生管理机构或者组织，配备专职职业卫生管理人员。

（2）其他存在职业病危害的用人单位，劳动者超过 100 人的，应当设置或者指定职业卫生管理机构或者组织，配备专职职业卫生管理人员；劳动者在 100 人以下的，应当配备专职或者兼职的职业卫生管理人员，负责本单位的职业病防治工作。

（二）培训管理

（1）用人单位的主要负责人和职业卫生管理人员应当具备与本单位所从事的生产经营活动相适应的职业卫生知识和管理能力，并接受职业卫生培训。

（2）用人单位主要负责人、职业卫生管理人员的职业卫生培训，应当包括下列主要内容：

① 职业卫生相关法律、法规、规章和国家职业卫生标准；

② 职业病危害预防和控制的基本知识；

③ 职业卫生管理相关知识；

④ 国家卫生健康委员会规定的其他内容。

（3）用人单位应当对劳动者进行上岗前的职业卫生培训和在岗期间的定期职业卫生培训，普及职业卫生知识，督促劳动者遵守职业病防治的法律、法规、规章、国家职业卫生标准和操作规程。

（4）用人单位应当对职业病危害严重的岗位的劳动者进行专门的职业卫生培训，经培训合格后方可上岗作业。

（5）因变更工艺、技术、设备、材料，或者岗位调整导致劳动者接触的职业病危害因素发生变化的，用人单位应当重新对劳动者进行上岗前的职业卫生培训。

（三）产生职业病危害的用人单位工作场所的基本要求

（1）生产布局合理，有害作业与无害作业分开。

（2）工作场所与生活场所分开，工作场所不得住人。

（3）有与职业病防治工作相适应的有效防护设施。

（4）职业病危害因素的强度或者浓度符合国家职业卫生标准。

（5）有配套的更衣间、洗浴间、孕妇休息间等卫生设施。

（6）设备、工具、用具等设施符合保护劳动者生理、心理健康的要求。

（7）法律、法规、规章和国家职业卫生标准的其他规定。

（四）警示标识设置

（1）产生职业病危害的用人单位，应当在醒目位置设置公告栏，公布有关职业病防治的规章制度、操作规程，职业病危害事故应急救援措施，以及工作场所职业病危害因素检测结果。

（2）存在或者产生职业病危害的工作场所、作业岗位、设备、设施，应当按照《工作场所职业病危害警示标识》（GBZ 158）的规定，在醒目位置设置图形、警示线、警示语句等警示标识和中文警示说明。警示说明应当载明产生职业病危害的种类、后果、预防和应急处置措施等内容。

（3）存在或产生高毒物品的作业岗位，应当按照《高毒物品作业岗位职业病危害告知规范》（GBZ/T 203）的规定，在醒目位置设置高毒物品告知卡，告知卡应当载明高毒物品的名称、理化特性、健康危害、防护措施及应急处理等告知内容与警示标识。

（五）职业病危害因素检测

（1）存在职业病危害的用人单位，应当实施由专人负责的工作场所职业病危害因素日常监测，确保监测系统处于正常工作状态。

（2）存在职业病危害的用人单位，应当委托具有相应资质的职业卫生技术服务机构，每年至少进行1次职业病危害因素检测。

（3）职业病危害严重的用人单位，应当委托具有相应资质的职业卫生技术服务机构，每3年至少进行1次职业病危害现状评价。

（4）检测、评价结果应当存入本单位职业卫生档案，并给劳动者公布。

（5）存在职业病危害的用人单位发生职业病危害事故或者国家卫生健康委员会规定的其他情形的，应当及时委托具有相应资质的职业卫生技术服务机构进行职业病危害现状评价。

用人单位应当落实职业病危害现状评价报告中提出的建议和措施，并将职业病危害现状评价结果及整改情况存入本单位职业卫生档案。

（6）用人单位在日常的职业病危害监测或者定期检测、现状评价过程中，发现工作场所职业病危害因素不符合国家职业卫生标准和卫生要求时，应当立即采取相应治理措施，确保其符合职业卫生环境和条件的要求；仍然达不到国家职业卫生标准和卫生要求的，必须停止存在职业病危害因素的作业；职业病危害因素经治理后，符合国家职业卫生标准和卫生要求的，方可重新作业。

（7）向用人单位提供可能产生职业病危害的设备的，应当提供中文说明书，并在设备的醒目位置设置警示标识和中文警示说明。警示说明应当载明设备性能、可能产生的职业病危害、安全操作和维护注意事项、职业病防护措施等内容。

（六）职业病危害因素告知

（1）用人单位与劳动者订立劳动合同（含聘用合同，下同）时，应当将工作过程中可能产生的职业病危害及其后果、职业病防护措施和待遇等如实告知劳动者，并在劳动合同中写明，不得隐瞒或者欺骗。

（2）劳动者在履行劳动合同期间因工作岗位或者工作内容变更，从事所订立劳动合同中未告知的存在职业病危害的作业时，用人单位应当依照前述规定，向劳动者履行如实告知的义务，并协商变更原劳动合同相关条款。

（3）用人单位违反规定的，劳动者有权拒绝从事存在职业病危害的作业，用人单位不得因此解除与劳动者所订立的劳动合同。

（七）职业健康体检和档案管理

（1）对从事接触职业病危害因素作业的劳动者，用人单位应当按照《用人单位职业健康监护监督管理办法》、《放射工作人员职业健康管理办法》、《职业健康监护技术规范》(GBZ 188)、《放射工作人员健康要求及监护规范》(GBZ 98)等有关规定组织上岗前、在岗期间、离岗时的职业健康检查，并将检查结果书面如实告知劳动者。

(2) 职业健康检查费用由用人单位承担。

(3) 用人单位应当按照《用人单位职业健康监护监督管理办法》的规定，为劳动者建立职业健康监护档案，并按照规定的期限妥善保存。

(4) 职业健康监护档案应当包括劳动者的职业史、职业病危害接触史、职业健康检查结果、处理结果和职业病诊疗等有关个人健康的资料。

(八) 用人单位职业卫生档案管理内容

(1) 职业病防治责任制文件。

(2) 职业卫生管理规章制度、操作规程。

(3) 工作场所职业病危害因素种类清单、岗位分布以及作业人员接触情况等资料。

(4) 职业病防护设施、应急救援设施基本信息，以及其配置、使用、维护、检修与更换等记录。

(5) 工作场所职业病危害因素检测、评价报告与记录。

(6) 职业病防护用品配备、发放、维护与更换等记录。

(7) 主要负责人、职业卫生管理人员和职业病危害严重工作岗位的劳动者等相关人员职业卫生培训资料。

(8) 职业病危害事故报告与应急处置记录。

(9) 劳动者职业健康检查结果汇总资料，存在职业禁忌证、职业健康损害或者职业病的劳动者处理和安置情况记录。

(10) 建设项目职业卫生“三同时”有关技术资料，以及其备案、审核、审查或者验收等有关回执或者批复文件。

(11) 职业卫生安全许可证申领、职业病危害项目申报等有关回执或者批复文件。

(12) 其他有关职业卫生管理的资料或者文件。

(九) 职业病危害事故及职业病病人管理

(1) 用人单位发生职业病危害事故，应当及时向所在地安全生产监督管理部门和有关部门报告，并采取有效措施，减少或者消除职业病危害因素，防止事故扩大。对遭受或者可能遭受急性职业病危害的劳动者，用人单位应当及时组织救治、进行健康检查和医学观察，并承担所需费用。

(2) 用人单位不得故意破坏事故现场、毁灭有关证据，不得迟报、漏报、谎报或者瞒报职业病危害事故。

(3) 用人单位发现职业病病人或者疑似职业病病人时，应当按照国家规定及时向所在地安全生产监督管理部门和有关部门报告。

(4) 工作场所使用有毒物品的用人单位，应当按照有关规定向安全生产监督管理部门申请办理职业卫生安全许可证。

(5) 用人单位在安全生产监督管理部门行政执法人员依法履行监督检查职责时，应当予以配合，不得拒绝、阻挠。

五、从业人员和用人单位职业病预防的权利和义务

（一）从业人员职业卫生保护权利

（1）获得职业卫生教育、培训。

（2）获得职业健康检查、职业病诊疗、康复等职业病防治服务。

（3）了解工作场所产生或者可能产生的职业病危害因素、危害后果和应当采取的职业病防护措施。

（4）要求用人单位提供符合防治职业病要求的职业病防护设施和个人使用的职业病防护用品，改善工作条件。

（5）对违反职业病防治法律、法规以及危及生命健康的行为提出批评、检举和控告。

（6）拒绝违章指挥和强令进行没有职业病防护措施的作业。

（7）参与用人单位职业卫生工作的民主管理，对职业病防治工作提出意见和建议。

（二）从业人员职业卫生保护义务

劳动者应当学习和掌握相关的职业卫生知识，增强职业病防范意识，遵守职业病防治法律、法规、规章和操作规程，正确使用、维护职业病防护设备和个人使用的职业病防护用品，发现职业病危害事故隐患应当及时报告。劳动者不履行上述规定义务的，用人单位应当对其进行教育。

（三）用人单位职业卫生保护义务

（1）配备防护设施，治理职业危害。

（2）对作业场所职业病危害因素进行评价与管理。

（3）对劳动者进行健康监护（上岗前、在岗中、离岗时）。

（4）按规定用不同的形式将职业病危害因素告知劳动者（合同告知、工作场所警示告知、培训教育）。

（5）建立危害监测和劳动者健康档案。

（6）职业病报告义务。

（7）对患职业病的劳动者进行救治、安置。

（8）为劳动者依法参加工伤劳动保险。

（9）落实职业危害治理和职业病防治经费。

（10）对未成年工、女工进行保护。

第二节　煤矿主要职业病危害因素防治措施与防护用品

煤矿职业病的防治，坚持“预防为主、防治结合”的方针，遵循三级预防的原则。第一级预防是使劳动者尽可能不接触职业危害因素，即使在职业危害不可避免的情况下，采取措施降低生产环境中职业危害因素浓度或强度，使之达到国家职业卫生标准；第二级预防是通过早期发现职业损害并及时处理，防止进一步发展；第三级预防是对已患职业病者及时做出诊断和进行恰当的治疗，防止恶化和发生并发症，促进康复。

煤矿职业病危害因素防治措施与主要防护用品包括以下内容。

一、粉尘的危害和防治

煤矿粉尘主要有煤尘、岩尘（也称矽尘）和水泥尘。煤尘进入人肺使人患煤工尘肺，矽尘

进入人肺使人患矽肺，水泥尘进入人肺使人患水泥尘肺，统称为尘肺。

粉尘防治措施如下：

（1）井工煤矿必须建立防尘洒水系统。

（2）减尘措施：减少采掘作业时的粉尘产生量，包括煤层注水、采空区灌水、湿式打眼、水炮泥爆破等。

（3）降尘措施：包括各产尘点设喷雾洒水装置净化风流、洒水装置、转载点封闭、泡沫除尘等。

（4）通风排尘：调整合适的风速，加强排尘。

二、有毒有害气体的危害和防治

矿井空气中含有甲烷（CH_4）、一氧化碳（CO）、二氧化碳（CO_2）、二氧化氮（NO_2）、硫化氢（H_2S）、二氧化硫（SO_2）、氨气（NH_3）等有毒有害气体，会导致职业中毒。

防护措施有：

（1）消除有毒有害气体。企业可通过加强通风和喷雾洒水排除和降低有毒有害气体含量，净化空气。

（2）加强个人防护。作业人员应在现场空气质量好时再进入工作面，还应用好防护服、防护面具、防尘口罩、自救器等。

（3）提高机体抗御能力。对于在存在有害物质的场所的作业人员给予必要的保健待遇，加强营养和锻炼。

（4）加强对有害物质的监测，掌握其浓度含量，做到心中有数，控制其危害程度。

（5）对受到危害的人员及时进行健康检查，必要时实行转岗、换岗作业。

（6）加强有害物质及预防措施的宣传教育。

三、生产性噪声的危害和防护

噪声危害损害听觉，引起各种病症，甚至引发事故。

预防噪声危害的措施有：

（1）控制噪声传播。

（2）采用合理的防护措施。

（3）制定合理的劳动制度。

（4）采取卫生保健措施。

四、生产性振动的危害和防护

在生产过程中，按振动作用于人体的方式可将振动分为局部振动和全身振动。局部振动是最常见的和危害较大的振动。煤矿井下的振动危害主要来自风动凿岩机、综采综掘机械及其他机械。

振动危害的预防措施有：

（1）对局部振动的减振措施。改革工艺和设备，改革工作制度；合理使用减振用品，建立合理的劳动制度，限制作业人员接触振动的时间。

（2）对全身振动的减振措施。在有可能产生较大振动设备的周围设置隔离地沟，衬以橡胶、软木等减振材料，以确保振动不能外传。对振动源采取减振措施，如用弹簧等减振阻尼器，减小振动的传播距离。在井下采煤机、掘进机、柴油车等座椅下加泡沫垫等，减弱运行中由于各种原因传来的振动。另外，利用尼龙件代替金属件，可减少机器的振动；及时检修设备，可以防止因零件松动引起的振动。

五、高温作业的危害和防护

高温作业对人体的循环系统、消化系统、泌尿系统、神经系统等都有危害。

高温作业的防护措施有：

（1）通风降温。加大风速排除热量。

（2）喷雾洒水降温。在工作面喷雾洒水既可以降温又可以降尘。

（3）保健防护。供给含盐饮料，以补充人体所需水分和盐分。

（4）发放保健食品。增加蛋白质、热量、维生素等的摄入，减轻疲劳，提高工作效率。

（5）个人防护。穿戴便于操作的工作服、工作帽、防护眼镜、隔热面具、隔热靴等。

（6）医疗防护。对在高温条件下的作业人员进行就业前体检。

六、煤矿劳动防护用品的配备

劳动防护用品是指由用人单位为劳动者配备的，使其在劳动过程中免遭或者减轻事故伤害及职业病危害的个体防护装备。劳动防护用品是由用人单位提供的，保障劳动者安全与健康的辅助性、预防性措施，不得以劳动防护用品替代工程防护设施和其他技术、管理措施。

根据《用人单位劳动防护用品管理规范》《煤矿防护用品配备标准》的要求，用人单位应按照识别、评价、选择的程序，结合劳动者作业方式和工作条件，并考虑其个人特点及劳动强度，选择防护功能和效果适用的劳动防护用品，并指导劳动者正确佩戴和使用。

第三节　职业病诊断、鉴定与职业病患者保障

一、职业健康监护

职业健康监护是指以预防为目的，根据劳动者的职业接触史，通过定期或不定期的医学健康检查和健康相关资料的收集，连续性地监测劳动者的健康状况，分析劳动者健康变化与所接触的职业病危害因素的关系，并及时将健康检查和资料分析结果报告给用人单位和劳动者本人，以便及时采取干预措施，保护劳动者的健康。

职业健康监护主要包括岗前职业健康检查、在岗期间职业健康检查、离岗后职业健康检查、应急健康检查和职业健康监护档案管理等内容。

《煤矿作业场所职业病危害防治规定》要求：煤矿不得安排未经上岗前职业健康检查的人员从事接触职业病危害的作业；不得安排有职业禁忌的人员从事其所禁忌的作业；不得安排未成年工从事接触职业病危害的作业；不得安排孕期、哺乳期的女职工从事对本人和胎儿、婴儿有危害的作业。劳动者接受职业健康检查应当视同正常出勤，煤矿企业不得以常规健康检查代替职业健康检查。

二、职业病诊断与鉴定

劳动者健康出现损害需要进行职业病诊断、鉴定的，煤矿企业应当如实提供职业病诊断、鉴定所需的劳动者职业史和职业病危害接触史、作业场所职业病危害因素检测结果等资料。

（一）职业病诊断

职业病诊断必须在职业病诊断机构进行，应选择用人单位所在地、劳动者本人户籍所在地或者经常居住地的职业病诊断机构进行职业病诊断。职业病诊断机构组织 3 名以上单数职业病诊断医师进行集体诊断。职业病诊断医师独立分析、判断并提出诊断意见，任何单位和个人无权干预。职业病诊断机构作出职业病诊断结论后，出具职业病诊断证明书。证明书包括诊断结论和诊断时间。

（二）职业病鉴定

当事人如果对职业病诊断结果或职业病鉴定结论有异议，可以在接到职业病诊断证明书之日起 30 日内，向职业病诊断机构所在地设区的市级卫生行政部门申请鉴定。当事人对设区的市级职业病鉴定结论不服的，可以在接到鉴定书之日起 15 日内，向原鉴定组织所在地省级卫生行政部门申请再次鉴定。职业病鉴定实行两级鉴定制，省级职业病鉴定结论为最终鉴定。

（三）职业健康监护档案

煤矿应当为劳动者个人建立职业健康监护档案，并按照规定的期限妥善保存。职业健康监护档案应当包括劳动者个人基本情况、劳动者职业史和职业病危害接触史，历次职业健康检查结果及处理情况，以及职业病诊疗等资料。劳动者离开煤矿时，有权索取本人职业健康监护档案复印件，煤矿必须如实、无偿提供，并在所提供的复印件上签章。

第四章　煤矿灾害防治与应急避险

第一节　煤矿顶板灾害防治与应急避险

顶板事故是指在井下采掘和生产服务过程中，顶板意外冒落造成的人员伤亡、设备损坏、生产中止等事故，是煤矿五大自然灾害之一。其导致的事故危害主要有三种：① 人员被堵、被埋或伤亡；② 已经或可能影响通风系统安全运行；③ 造成设备损坏、生产中止。

一、顶板冒落的预防

（1）采取有效的支护措施。

（2）及时处理局部漏顶，以免引起大范围冒顶。

（3）坚持敲帮问顶及围岩观测分析制度。

（4）严格按照规程作业。

二、顶板冒落的预兆

顶板冒落的预兆主要有响声、掉渣、片帮、漏顶、裂缝、脱层（离层）、瓦斯涌出量突然增大、顶板淋水增大等。

三、顶板冒落处置措施

（一）采煤工作面处置措施

（1）当冒落的煤、矸埋压住人时，不可惊慌，应在区队长、班组长和有经验的工人指挥下，严密监视冒落的顶板及两帮情况，加固冒顶处 10 m 范围内支护，用长柄工具捣掉悬矸、危岩后，由有经验的工人由外向里进行支护，动作要迅速，并设专人观察顶板。留好退路，严防顶板继续冒落伤人，组织人力积极抢救被埋人员。

（2）抢救时仔细侦察，分析遇险者位置和被压情况，尽量不破坏冒落矸石的堆积状态，小心搬开煤、矸救出伤员，严禁用锹、镐等强挖硬砸。

（3）救出伤员后及时采取止血、包扎、骨折固定等救护措施，发生呼吸停止的伤员要立即对其进行人工呼吸等现场救助并迅速送往医院。

（4）若冒落的矸石将人员堵在独头巷道，被堵人员要沉着、冷静，不要慌乱、乱喊乱叫，并设法自救。

（5）若冒顶面积大、处理时间长，被堵人员要静卧休息，减少氧气消耗，有压风管路时可打开阀门，放入空气供人呼吸。节约矿灯电量、食物和水。若冒落的煤和矸不太多，可能扒出通道口时，应采取由有经验的老工人监视顶板，其他人员轮流擢扒的方法进行自救，并间断性地敲击金属物发出求救信号。

（二）掘进、巷修工作面处置措施

（1）当发生冒顶事故时，现场人员不可惊慌，要在区队长、班组长和有经验的工人指挥下，严密监视顶板及两帮的情况，在确保安全的前提下立即加强、加固冒顶处 10 m 范围内的支护。

（2）处理冒顶时，要用长钎子捣掉可能冒落的悬矸、危岩，由外向里进行支护，一般采用架设木垛的方法，在没有冒落危险的情况下，设专人观察顶板，留好退路，迅速架好支架，排好护顶木垛，一直到冒顶最高点将顶托住。

（3）当冒落的煤、岩石埋压住人员时，要仔细侦察，分析遇险人员的位置和被埋压情况，在安全的前提下组织抢救工作。抢救中要尽量不破坏冒落岩石的堆积状态，小心搬开冒落的岩石，严禁使用锹、镐等强挖硬砸，严防对埋压人员造成二次伤害。

（4）救出伤员后要及时采取止血、包扎、骨折固定等急救措施，发生呼吸停止的伤员要立即对其进行人工呼吸等现场救助并迅速送往医院。

（5）若冒落的矸石将人员堵在独头巷道内时，被堵人员要沉着、冷静，不要乱喊乱叫。若冒顶面积大，处理的时间长，被堵人员应立即静坐休息，注意节约矿灯电量、食品和水，减少氧气消耗，保持足够的体力。有压风管的应打开压风阀门，保持良好的通风。若冒顶面积不太大，被堵人员应在区队长、班组长和有经验的老工人指挥下，专人监视顶板情况，采用轮番擢扒冒落岩石的方法组织自救，并间断性敲打铁管、钢轨等发出求救信号，等待救援。

（6）当冒顶的范围大，影响通风或造成人员被堵，可采用小断面快速修复的方法，架设比原来巷道规格小得多的临时支护，采用撞楔法把冒落的岩石控制住，从巷道两侧清理岩石，且边清理边维护，防止煤矸流入巷道。帮、顶维护好后，就可以架设永久支护。

（7）当冒顶的长度大，不易处理时，可采用打绕道的方法，绕过冒落区去抢救被堵人员，或绕过冒落区后再转入正常掘进。

四、发生冒顶事故时的应急避险

（1）迅速撤离。当发现工作地点有即将发生冒顶的征兆而又难以采取措施防止顶板冒落时，要迅速离开危险区并撤退到安全地点。

（2）及时躲避。当冒顶发生而又来不及撤至安全地点时，应靠煤帮贴身站立避灾，但要注意避免煤壁片帮伤人；如靠近木垛，也可撤至木垛处避灾。

（3）立即求救。顶板冒落基本稳定后，遇险人员应立即采用呼叫、敲打(不要敲打对自己有威胁的支架、物料和岩块)等方法，发出有规律、不间断的求救信号，以便救援人员了解灾情，组织力量进行抢救。

（4）自救和互救。事故发生后，遇险人员要听从灾区区队长、班组长和有经验工人的指挥，在保证安全的前提下，积极开展自救和互救。正视已发生的灾害，注意保持自身体力，未受伤和受轻伤人员要采取切实可行的措施设法营救被掩埋人员，并尽可能脱离险区或转移到较安全地点等待救援。

（5）配合营救。发生冒顶埋人事故时，被埋压的人员不要惊慌失措，切忌猛烈挣扎；被隔堵的人员应在遇险地点维护好自身安全，构筑脱险通道，配合外部的营救工作。

（6）现场安全负责人应根据现场实际情况采取果断措施进行处理；当无法处理时，要迅速带领人员撤离，防止事故扩大。

第二节　煤矿水灾防治与应急避险

一、矿井水灾特点与类型

矿区内大气降水、地表水、地下水通过各种通道涌入井下，成为矿井涌水。当矿井涌水量超过矿井正常排水能力时即会发生水患，称为矿井水灾，通常也称为透水。

煤矿水害是指发育于主要开采煤层顶底板直接或间接含水层中的水在矿井采掘过程中通过天然或人为扰动的导水通道进入矿井并给矿井带来灾害的过程与结果。

（一）突水的特点

(1) 突发性强，无明显前兆。

(2) 水量增速快，灾害控制难度大。

(3) 突水具有时滞性，容易造成误解。

(4) 突水量与过水通道有相互促进现象。

（二）按水源划分的各种水害类型

(1) 顶板裂隙水水害。

(2) 底板灰岩水水害。

(3) 断层水水害。

(4) 老空积水水害。

(5) 封闭不良钻孔水害。

(6) 地表水水害。

(7) 洪水水害。

二、矿井水灾预防

防治水工作要坚持预防为主、防治结合，以及当前与长远、局部与整体、地面与井下、防治与利用相结合的原则；坚持“预测预报、有疑必探、先探后掘、先治后采”的十六字方针；落实“探、防、堵、疏、排、截、监”七项措施，根据不同的水文地质条件，采用不同的防治方法，因地制宜，统一规划，综合治理。

三、发生透水事故前的预兆

（一）一般预兆

一般预兆表现为巷道壁挂红、巷道壁挂汗、巷道内空气变冷、出现雾气、水叫、煤层变湿、淋水加大、矿压增大、水色发浑或有臭味、钻孔喷水或煤壁溃水、裂缝出现渗水、煤层变潮湿或松软、工作面气温降低和有时听到水的“嘶嘶”声。

（二）工作面底板灰岩含水层突水预兆

(1) 工作面压力增大，底板鼓起，底鼓量可达 500 mm 以上。

(2) 工作面底板产生裂隙，并逐渐增大。

(3) 沿裂隙或煤帮向外渗水，随着裂隙的增大，水量增加，当底板渗水量增大到一定程度时，煤帮渗水可能停止，此时水色时清时浊，底板活动时水变浑浊，底板稳定时水变清。

(4) 底板破裂，沿裂缝有高压水喷出，并有“嘶嘶”声或刺耳水声。

(5) 底板发生“底爆”，伴有巨响，水大量涌出，水色呈乳白或黄色。

（三）冲积层水的突水预兆

（1）突水部位发潮、滴水，滴水逐渐增大，仔细观察可发现水中有少量细砂。

（2）发生局部冒顶，水量突增并出现流砂，流砂常呈间歇性，水色时清时浑，总的趋势是水量、砂量增加，直至流砂大量涌出。

（3）顶板发生溃水、溃砂，这种现象可能影响到地表，致使地表出现塌陷坑。

四、矿井发生突水事故时的应急避险

矿井发生突水事故时，要根据灾情迅速采取以下有效措施进行紧急避险：

（1）在突水迅猛、水流急速的情况下，现场人员应立即避开出水口和泄水流，躲避到硐室内、拐弯巷道或其他安全地点。如情况紧急来不及转移躲避，可抓牢棚梁、棚腿或其他固定物体，防止被涌水冲倒或冲走。

（2）当老空水涌出，使所在地点有毒有害气体浓度增大时，现场人员应立即佩戴好隔离式自救器。在未确定所在地点空气成分能否保证人员生命安全时，禁止任何人随意摘掉自救器的口具和鼻夹，以避免中毒窒息事故发生。

（3）井下发生突水事故后，决不允许任何人以任何借口在不佩戴防护器具的情况下冒险进入灾区；否则，不仅达不到抢险救灾的目的，反而会造成自身伤亡及事故扩大。

（4）水害事故发生后，在现场及附近地点工作的人员脱离危险后，应在可能情况下迅速观察和判断突水的地点、涌水的程度、现场被困人员的情况等，并立即报告矿调度室。同时，用电话或其他联络方式及时向下部水平和其他可能受到威胁区域的人员发出警报通知。

五、发生突水事故后撤离现场时的注意事项

如果涌水来势凶猛、现场无法抢救或者将危及人员安全时，井下职工应沿着规定的避灾路线和安全通道迅速撤退到上部水平或地面。在行动中应注意下列事项。

（一）井下发生水灾初期的自救

（1）井下发生突水后，应立即用最快的方法通知附近区域的人员一起按照矿井灾害预防和处理计划中所规定的路线撤出。

（2）突水初期，水势很猛，冲力很大，人员撤退时一定要注意向高处走，沿着上山方向进入上部水平，然后出井。

（3）在撤退中，如出路已被水隔断，就要寻找井下位置最高、离井筒和大巷最近的地点暂时躲避；同时定时在钢轨和水管上敲打发出求救信号。

（4）如突水区设立水闸门，在人员撤出后，要立即紧紧关闭水闸门，将水流完全隔断。

（5）水泵房人员在接到突水事故报警后，要立即关闭泵房两侧的密闭门，启动所有水泵，把突出的水尽快排出；没接到救灾领导的撤退命令，绝对不可离开工作岗位。

（6）突水后，特别是老空积水突出以后，往往会从积水的空间释放出大量有害气体，如瓦斯、硫化氢等，所以在避灾自救中要注意防止有害气体中毒和窒息。

（二）水灾现场处理

（1）应迅速判定水灾的性质，了解突水地点、影响范围、静止水位，估计突出水量、补给水源及有影响的地面水体。

（2）要掌握灾区范围，搞清事故前人员分布，分析被困人员可能躲避的地点，以便迅速组织抢救。

(3) 根据突水量的大小和矿井排水能力，积极采取排、堵、截水的技术措施。

(4) 加强通风，防止瓦斯、其他有害气体的积聚和发生熏人等事故。

(5) 在排水后进行侦察、抢险时，要防止冒顶、掉底和二次突水。

(6) 在抢救和运送长期被困井下的人员时，要采取措施避免因突然改变他们已适应的环境和生存条件而造成不应有的伤亡。

(三) 撤离注意事项

(1) 撤离前，应当设法将撤退的避灾路线和目的地告知矿井负责人。

(2) 透水后，应在可能的情况下，迅速观察和判断透水的地点、水源、涌水量、发生原因、危害程度等情况，根据预防水灾的避灾路线迅速撤至透水地点以上的水平，而不能进入突水点附近及下方独头巷道。

(3) 行进中应靠近巷道一侧，抓牢支架或其他固定物体，尽量避开压力水头和泄水主流，并注意防止被水中滚动的矸石和木料撞伤。

(4) 若透水破坏了巷道中的照明和路标，遇险人员应朝着有风流通过的上山巷道方向撤退。

(5) 在撤退沿途和所经过的巷道交叉口，应留设指示行进方向的明显标志，以提示救护人员注意。

(6) 人员撤退到竖井需从梯子间上去时，应遵守秩序，不要慌乱和争抢。行动中手要抓牢，脚要蹬稳，切实注意自身及他人安全。

(7) 撤退过程中，若唯一出口被堵塞而无法撤退，应有组织地在独头工作面躲避，等待救护人员营救，严禁盲目潜水等冒险行为。

(8) 被困期间断绝食物后，即使在饥饿难忍的情况下，也应努力克制自己，决不嚼食杂物充饥。需要饮用井下水时，选择适宜的水源，并用纱布或衣服过滤。

(9) 长时间被困井下，发现救护人员到来营救时，不可过度兴奋和慌乱。

第三节　煤矿火灾防治与应急避险

凡发生在井下的火灾及发生在井口附近能够危害到井下安全的火灾，都叫作矿井火灾。发生矿井火灾的原因有两种：一是外部火源引起火灾；二是煤炭本身的物理化学性质等内在因素引起火灾。因此，矿井火灾分为外因火灾和内因火灾两类。外因火灾，又称外源火灾，在井下违章吸烟、拆卸矿灯、裸露爆破、电焊、气焊等，都可能引起井下火灾。内因火灾，又称煤炭自燃火灾。

一、煤炭自燃的初期预兆

煤矿内因火灾事故隐患主要表现为煤炭自然发火。煤炭自燃的初期预兆有：巷道内湿度增加，出现雾气、水珠；煤炭自燃放出焦油味；巷道内发热，气温升高和人有疲劳感。

二、井下火灾的灭火方法

煤矿灭火方法有直接灭火、隔绝灭火和封闭火区 3 种。

(一) 直接灭火

(1) 采用灭火剂或挖出火源等方法把火直接扑灭，称为直接灭火。常用的灭火剂有水、泡沫、干粉、二氧化碳、四氯化碳、卤代烷、惰气、砂子和岩粉等。

(2) 消除可燃物。煤矿常用的消除可燃物的方法是挖除火源。

(3) 用凝胶处理高温点和自燃火源。凝胶由基料[硅酸盐(水玻璃)]、促凝剂(碳酸氢氨等盐类)、水(90%左右)组成。

(4) 灌浆灭火。灌浆灭火是煤矿井下常用的灭火方法。

(二) 隔绝灭火

当不能直接将火扑灭时,为了迅速控制火势,使其熄灭,可在通往火源的所有巷道内砌筑密闭墙,使火源与空气隔绝。

(三) 封闭火区

封闭火区的方法分为3种:锁风封闭火区、通风封闭火区和注惰气封闭火区。

三、火灾事故的应急避险

(1) 井下若发现烟气或明火等火灾灾情,应立即通知在附近工作的人员及调度室。

(2) 如果火灾范围不大,应立即组织力量扑灭。

(3) 如果火灾范围大或火势凶猛,则应在撤出灾区人员、保证自身安全的前提下,采取稳定风流、控制火势发展、防止人员中毒和预防瓦斯或煤尘爆炸的措施,并随时与地面指挥部保持联系,根据指挥部的命令行事。

(4) 见到火或突然接到火警通知,需要立即撤退人员,要在判明灾情和自己实际处境以及应采取的应急措施的前提下再采取行动。

四、发生火灾事故后安全撤离时的注意事项

发生火灾事故时,如果不能直接扑灭或控制灾情,应迅速撤离火灾现场,撤离时要注意以下事项:

(1) 要尽最大可能迅速了解或判明事故的性质、地点、范围,事故区域的巷道情况、通风系统、风流、火灾烟气蔓延的速度和方向,以及与自己所处巷道位置之间的关系,并根据矿井灾害预防与事故处理计划和现场实际情况确定撤退路线和避灾自救方法。

(2) 撤退时,任何人在任何情况下都不要惊慌、不能狂奔乱跑,应在现场负责人和有经验的老工人带领下有组织地撤退。位于火源进风侧的人员,应迎着新鲜风流撤退。位于火源回风侧的人员或在撤退途中遇到烟气有中毒危险时,应迅速佩戴好自救器,尽快通过捷径绕到新鲜风流中去,或在烟气没有到达之前顺着风流尽快从回风出口撤到安全地点;如果距火源较近而且越过火源没有危险时,也可迅速穿过火区撤到火源的进风侧。

(3) 如果在自救器有效作用时间内不能安全撤出,应在设有存储备用自救器的硐室换用自救器后再行撤退,或寻找有压风管路系统的地点以压缩空气供呼吸之用。

(4) 撤退行动既要迅速果断又要快而不乱。撤退中应靠巷道有连通出口的一侧行进,避免错过脱离危险区的机会,同时还要随时注意观察巷道和风流的变化情况,谨防火风压可能造成的风流逆转。

(5) 如果是逆风或顺风撤退都无法躲避着火巷道或火灾烟气造成的危害,则应迅速进入避难硐室,没有避难硐室时应在烟气袭来之前选择合适的地点就地利用现场条件快速构筑临时避难硐室,进行避灾自救。

第四节　煤矿瓦斯事故的防治与应急避险

在煤矿事故中与瓦斯有关的事故有5种，即瓦斯爆炸事故、瓦斯燃烧事故、瓦斯窒息事故、瓦斯喷出事故和煤与瓦斯突出事故。这5种事故通常都会造成重大人员伤亡，其中，瓦斯爆炸事故和煤与瓦斯突出事故发生频繁，危害最大。

一、瓦斯爆炸及其预防

瓦斯爆炸就是瓦斯(CH_4)在高温火源的作用下，与空气中的氧气发生剧烈的化学反应，生成二氧化碳和水蒸气，同时产生大量的热量，形成高温、高压，并以极高的速度向外冲击而产生的动力现象。

(一) 瓦斯爆炸条件

瓦斯发生爆炸必须同时具备3个基本条件：一是瓦斯浓度在爆炸界限内，一般为5%～16%；二是混合气体中氧气的浓度不小于12%；三是有足够能量的点火源，温度在650～750 ℃。瓦斯爆炸的3个条件必须同时满足，缺一不可。

(二) 预防瓦斯爆炸的措施

预防瓦斯爆炸应从瓦斯爆炸的3个条件入手，即设法防止瓦斯积聚和出现引燃火源；同时一旦出现瓦斯爆炸，还要设法防止爆炸事故扩大。

(三) 发生瓦斯爆炸事故时的应急避险

(1) 当灾害发生时一定要镇静、清醒，不要惊慌失措、乱喊乱跑。当听到或感觉到爆炸声响和空气冲击波时，应立即背朝声响和气浪传来的方向，脸朝下，双手置于身体下面，并闭上眼睛迅速卧倒。头部要尽量低，有水沟的地方最好趴在水沟边上或坚固的障碍物后面。

(2) 立即屏住呼吸，用湿毛巾捂住口鼻，防止吸入有毒的高温气体，避免中毒和灼伤气管与内脏。

(3) 用衣服将自己身上的裸露部分尽量盖严，以防火焰和高温气体灼伤皮肤。

(4) 迅速戴好自救器，以防止吸入有毒气体。

(5) 高温气浪和冲击波过后应立即辨别方向，通过最短的距离进入新鲜风流中，并按照避灾路线尽快逃离灾区。

(6) 已无法逃离灾区时，应立即选择进入避难硐室中，充分利用现场的一切器材和设备来保护人员和自身安全。进入避难硐室后要注意安全，最好找到离水源近的地方，设法堵好硐口，防止有害气体进入。注意节约矿灯电量、食品和水，室外要做好标记，有规律地敲打连接外部的管子、轨道等，发出求救信号。

二、煤与瓦斯突出及其预防

煤与瓦斯突出是指在压力作用下，破碎的煤与瓦斯由煤体内突然向采掘空间大量喷出，是一种瓦斯特殊涌出。

(一) 煤与瓦斯突出的预兆

(1) 无声预兆。工作面顶板压力增大，使支架变形、煤壁外鼓、片帮、掉渣、顶板下沉或底板鼓起，煤层层理紊乱，煤暗淡无光泽，煤质变软，瓦斯涌出量异常或忽大忽小，煤壁发凉，打钻时有顶钻卡钻、喷瓦斯等现象。

(2) 有声预兆。煤层在变形过程中发出劈裂声、闷雷声、机枪声、煤炮声，声音由远到近、由小到大，有短暂的、有连续的，间隔时间长短也不同，煤壁发生震动和冲击，顶板来压，支架发出断裂声。

特别注意：任何一次突出前，并不是所有预兆都出现，有可能仅出现其中一种或数种，而且有的预兆还不明显；也有的预兆距发生突出的时间很短。因此，发现任何预兆，都要格外警惕，及时报告并躲避。

（二）煤与瓦斯突出的危害

大量的煤与瓦斯在短时间内向采掘空间突然喷出，突出的煤流或岩石流抛出会掩埋井下作业人员、堵塞巷道，造成风流逆转，破坏井下设施、设备和通风系统，井巷中充满的高浓度瓦斯会引起人员缺氧窒息死亡。当突出瓦斯与新鲜风流汇合后，遇到火源还可能引发燃烧或爆炸，使灾害事故扩大。

（三）煤与瓦斯突出事故的预防

防突工作必须坚持“区域综合防突措施先行、局部综合防突措施补充”的原则，按照“一矿一策、一面一策”的要求，实现“先抽后建、先抽后掘、先抽后采、预抽达标”。突出煤层必须采取两个“四位一体”综合防突措施，做到多措并举、可保必保、应抽尽抽、效果达标，否则严禁进行采掘活动。

（四）煤与瓦斯突出事故的应急避险

(1) 佩戴隔离式自救器保护自己。

(2) 寻找可避难的场所。

(3) 新鲜风流区域的人员主动、正确地参加救护工作。

（五）“四位一体”综合防突措施

我国对煤与瓦斯突出的防治技术进行了长期的研究，总结出了一套行之有效的两个（区域、局部）“四位一体”综合防突措施，在煤矿生产实际应用中取得了较好的效果。

(1) 区域“四位一体”综合防突措施：区域突出危险性预测、区域防突措施、区域防突措施效果检验、区域验证。

(2) 局部“四位一体”综合防突措施：工作面突出危险性预测、工作面防突措施、工作面防突措施效果检验、安全防护措施。

第五节　煤矿煤尘事故的防治与应急避险

在采掘生产过程中，特别是采掘工作面在爆破、落煤、运输过程中都会产生大量煤尘。煤尘危害主要有两个方面：一是对人体的危害；二是煤尘爆炸危害。煤尘爆炸是煤矿最严重的灾害之一，严重威胁矿井安全生产。

一、煤尘爆炸及其预防

风速过高会引起采掘工作面和运输巷道煤尘飞扬，而风速过低则会使产尘点产生的煤尘排不出去而导致浮尘量增加。带式输送机、刮板输送机各转载点如不采取有效防尘措施，会造成煤尘飞扬。当煤尘含量达到爆炸临界点，遇电气设备漏电产生的火花、爆破产生的火焰等引爆火源时，就会发生煤尘爆炸事故。

（一）煤尘爆炸事故灾害类型

（1）在采掘生产过程中，特别是采掘工作面在爆破、落煤、运输过程中都会产生大量煤尘，煤尘浓度可达到爆炸界限，当电气设备漏电产生火花、爆破产生火焰等引爆火源时，就会发生煤尘爆炸事故。

（2）煤尘爆炸时会产生高温、高压、有毒有害气体，造成人员伤亡、机械设备和巷道损坏，强大的冲击波会造成风流逆转、通风系统紊乱，还可能引起其他地点连续爆炸。

（3）采掘工作面及其回风巷发生煤尘爆炸事故时，将影响本采区；当引起连续爆炸时，将扩大影响范围，直至影响整个矿井；进风井附近发生煤尘事故时，将影响其进风流中的所有工作地点，反风不及时将影响整个矿井。

（二）煤尘爆炸的条件

煤尘发生爆炸必须同时具备3个基本条件：一是煤尘本身具有爆炸性，而且浮游煤尘要达到一定浓度（下限为45 g/m^3，上限为1 500～2 000 g/m^3）；二是混合气体中氧气的浓度不小于18%；三是有足够能量的点火源，温度在610～1 050 ℃。

二、煤尘爆炸事故的预防措施

（1）矿井开采新水平、新煤层，要及时对煤层开展煤尘爆炸性鉴定工作，根据鉴定结果采取相应的安全措施，并将作业场所的煤尘降低到《煤矿安全规程》规定的浓度以下。

（2）建立煤尘监测制度，加强采掘工作面和主要场所的煤尘监测，消除煤尘爆炸隐患。

（3）加强巡查及管理，防止井下出现明火、爆破火焰、电气火花等引爆火源。

（4）按照“源头治理、科学防治”的原则，认真落实减尘、捕尘、洗尘有关规定。

三、煤尘爆炸事故的应急避险

发生煤尘爆炸事故后的危险区域，救援人员只能在救人的情况下才能进入，且必须采取有效措施，保证救援人员的安全。

（1）如果事故不能及时得到控制，或有扩大趋势，或抢救非常困难时，由指挥部决定是否请求外援。

（2）井下发生煤尘爆炸事故时，一般有较大声响、较强的冲击波及煤尘飞扬。如发生以上情况，立即采取如下措施：

① 无论任何人，凡发现灾害事故，不论灾害程度如何、波及范围大小，都应立即向矿调度室汇报，并详细说明事故发生的地点、时间、类别、事故现场情况、冲击波的方向及事故可能波及的地点。

② 事故现场的区队长或工程技术人员及通风、安检部门人员应立即组织在场人员采取一切有效措施进行自救和抢险救灾，将事故消灭在初发阶段。

③ 不能有效消除危险时，应立即组织灾区人员和受威胁区域的人员迅速沿避灾路线撤离。

④ 采煤工作面发生事故时，受灾人员要以事故区为中心，分别由上、下平巷撤退，转入安全的进风巷道。

（3）在发生煤尘爆炸事故灾区人员无法迅速撤离时，应考虑下述方法避灾：

① 避灾人员要戴上自救器或用湿毛巾堵住口鼻，以隔绝火焰和防止高温有害气体的伤害，待爆炸冲击波过去后，迅速撤到安全地点。

② 不能撤离的人员迅速转入独头巷道(最好是岩石巷道)等安全地点，停止局部通风机，切断电源，断开风筒，堵住入口，防止有毒气体侵入，并在躲避地点巷道口悬挂矿灯、工具，并定时敲打管子、铁轨等发出呼救信号，等待救援。

③ 避灾地点若有压风管，可设法打开压风管路，以便向避灾人员输送新鲜空气。

(4) 调度室接到井下灾情报告后，立即通知矿山救护队赶赴现场实施救援。

(5) 救护队伍到达现场后，要维持事故现场原状，经全面侦察后再采取措施。如果需要开动局部通风机供风，必须请示指挥部后再确定，不能贸然行事。

(6) 爆炸产生火灾，应同时进行灭火和救人，并应采取防止再次发生爆炸的措施。

(7) 井筒、井底车场或石门发生爆炸时，在侦察确定没有火源、无爆炸危险的情况下，应派遣 1 个小队救人，1 个小队恢复通风。如果通风设施损坏不能恢复，2 个小队应全部去救人。

(8) 爆炸事故发生在采煤工作面时，派 1 个小队沿回风侧、1 个小队沿进风侧进入救人，在此期间必须维持通风系统原状。

(9) 井筒、井底车场或石门发生爆炸时，为了排除爆炸产生的有毒有害气体，抢救人员应在查清确无火源的基础上，尽快恢复通风。如果有毒有害气体严重威胁回风流方向的人员，为了紧急救人，在进风方向的人员已安全撤退的情况下，可采取区域反风。之后，矿山救护队应进入原回风侧引导人员撤离灾区。

(10) 在救灾过程中，应采取措施防止局部火灾或瓦斯爆炸点燃被扬起的沉积煤尘引起二次爆炸。

(11) 根据事故的变化情况，由指挥部决定及时改变处理方案。

(12) 严格执行停送电措施，防止事故扩大。

(13) 医院急救人员根据情况迅速带齐物品进行现场急救。

(14) 需要矿井反风时，由总指挥下达反风命令。

第六节　生产安全事故及其防治基础知识

一、生产安全事故的概念及类型

生产安全事故是指生产经营单位在生产经营活动中发生的伤害人身安全和健康，或者损坏设备设施，造成经济损失，导致原生产经营活动暂时中止或永远终止的意外事件，包括造成人员死亡、伤害、职业病、财产损失或其他损失的所有意外事件。

(一) 生产安全事故分类

《生产安全事故报告和调查处理条例》规定，生产安全事故一般分为特别重大事故、重大事故、较大事故和一般事故。造成 30 人及以上死亡，或者 100 人及以上重伤，或者 1 亿元及以上直接经济损失的事故属于特别重大事故；造成 10～29 人死亡，或者 50～99 人重伤，或者 5 000 万元及以上 1 亿元以下直接经济损失的事故属于重大事故；造成 3～9 人死亡，或者 10～49 人重伤，或者 1 000 万元及以上 5 000 万元以下直接经济损失的事故属于较大事故；造成 3 人以下死亡，或者 10 人以下重伤，或者 100 万元以下直接经济损失的事故属于一般事故。

（二）煤矿事故分类

按照《应急管理部关于印发〈生产安全事故统计调查制度〉和〈安全生产行政执法统计调查制度〉的通知》（应急〔2020〕93 号）中的《生产安全事故统计调查制度》规定，煤矿事故类型分为顶板、冲击地压、瓦斯、煤尘、机电、运输、爆破、水害、火灾、其他共 10 类。

（1）顶板事故是指片帮垮塌、顶板掉矸、顶板支护垮倒、露天煤矿边坡滑移垮塌等造成的人员伤亡、设备损坏、生产终止等的事故。底板事故视为顶板事故。

（2）冲击地压事故是指由于冲击地压及其伴随现象（冒顶、瓦斯突出等）造成的人员伤亡，或因冲击地压造成井巷或采场被破坏导致中断工作 8 h 以上的事故。

（3）瓦斯事故是指瓦斯爆炸、燃烧，煤（岩）与瓦斯突出，以及使人中毒、窒息事故。

（4）煤尘事故是指在煤矿生产过程中，由于煤尘积聚到一定浓度并遇到点火源而引发的爆炸或燃烧事故。

（5）机电事故是指机电设备（设施）导致的事故，包括运输设备在安装、检修、调试过程中发生的事故。

（6）运输事故是指运输设备（设施）在运输过程中发生的事故。

（7）爆破事故是指爆破崩人、触响瞎炮造成的事故。

（8）火灾事故是指煤与矸石自然发火和外因火灾造成的事故，其中煤层自燃未见明火、逸出有害气体使人中毒视为瓦斯事故。

（9）水害事故是指地表水、老空水、地质水、工业用水造成的事故，以及透黄泥、流砂导致的事故。

（10）其他事故是指以上 9 类事故以外的事故。

二、生产安全事故的原因及预防

任何事故的发生都是有原因的，生产安全事故也不例外。一般来讲，造成生产安全事故的原因主要包括人的不安全行为、物的不安全状态和管理上的缺陷等。

（一）人的不安全行为

（1）麻痹、侥幸心理，工作蛮干，在“不可能”意识的支配下发生了安全事故。

（2）精神疲惫、酒后上班、班中睡觉、擅自离岗、做与本职工作无关的事，以及工作时注意力不集中、思想麻痹。

（3）未正确佩戴或使用安全防护用品。

（4）操作和作业时，违反安全规章制度和安全操作规程，未制定或执行相应的安全措施。

（5）机器在运转时进行检修、调整、清扫等作业。

（6）在有可能出现坠落物、吊装物的地方冒险通过、停留。

（7）在作业和危险场所随意走、攀、坐、靠。

（8）违规使用非专用工具、设备或用手代替工具作业。

（二）物的不安全状态

（1）防护、保险、警示等装置缺失或存在缺陷。

（2）机械、电气设备维护检修不到位，带“病”运转。

（3）物体的固有性质和建造设计使其存在不安全状态。

（4）设备安装不规范，或超期使用、部件老化。

（三）管理上的缺陷

（1）管理人员在思想上对安全工作的重要性认识不足，将其视为可有可无，日常以麻木的心态和消极的行为对待安全工作，安全法律责任意识淡薄。

（2）规章制度、安全技术操作规程、作业规程、安全技术措施、岗位责任制等未建立、不健全或不完善。

（3）管理人员不学习、不理解、不彻底落实企业的各种安全规章制度，只注重生产指标，忽视安全检查、安全教育和隐患排查治理。

（4）管理人员安全知识不全面、安全管理能力差、安全管理执行力不强。

管理上的缺陷的主要预防措施为：

（1）严格贯彻落实"安全第一、预防为主、综合治理"的安全生产方针。

（2）广泛开展安全教育和培训工作。

（3）认真贯彻落实岗位责任制。

（4）积极开展风险预控、隐患排查治理工作。

三、事故处理"四不放过"原则

发生事故后，必须按照"四不放过"的原则进行处理，其具体内容是：事故原因没有查清不放过，事故责任人没有受到处理不放过，事故责任人和广大群众没有受到教育不放过，整改措施未落实不放过。

第五章　自救、互救与现场急救

大量煤矿事故事实证明，当矿井发生灾害事故后，事故现场人员在万分危急的情况下，依靠自己的智慧和力量，积极正确地开展自救和互救工作，是最大限度地减少事故损失的重要环节。因此，每个入井人员都必须掌握自救、互救的基本方法。

第一节　自救器的使用

自救器是入井人员在井下发生火灾，瓦斯、煤尘爆炸，煤与瓦斯突出等事故时防止有害气体中毒或缺氧窒息的一种随身携带的呼吸保护器具，其体积小、重量轻、便于携带。

煤矿必须使用隔离式自救器。压缩氧自救器是指利用压缩氧气供氧的隔离式呼吸保护器。它用于灾区环境大气中缺氧或存在有毒有害气体的情况，是一种可反复多次使用的自救器，每次使用后只需要更换吸收二氧化碳的吸收剂和重新充装氧气即可重复使用。

一、使用方法

(1) 携带时，挎在肩膀上或者挂在专用胶带上。

(2) 使用时，先打开外壳封口带手把。

(3) 打开上盖，然后左手抓住氧气瓶，右手用力向上提上盖，此时氧气瓶开关即可自动打开，随后将主机从下壳中拽出。

(4) 摘下安全帽，挎上挎带，戴好安全帽。

(5) 拔开口具塞，将口具放入口腔，牙齿咬住牙垫。

(6) 将鼻夹夹在鼻子上，开始呼吸。

(7) 在呼吸的同时，按动补给按钮，1～2 s 气囊充满后立即停止(在使用过程中发现气囊供气不足时，也可按上述方法操作)。

(8) 挂上腰钩。

二、使用注意事项

(1) 使用符合《隔绝式氧气呼吸器和自救器用氢氧化钙技术条件》(MT/T 454)要求的 CO_2 吸收剂，每隔半年更换一次。

(2) 清净罐中的 CO_2 吸收剂，无论是否使用到额定防护时间，都必须清空后重新换装新药。

(3) 用于充填自救器的氧气应符合《医用及航空呼吸用氧》(GB/T 8982)的规定。

(4) 每隔 3 年要对氧气瓶做水压试验。

(5) 每隔半年检查一次气密性和氧气压力。

(6) 使用中要养成经常观察氧气瓶压力表的习惯，以掌握耗氧情况。

(7) 高压氧气瓶储装有 20 MPa 的氧气，携带过程中要防止撞击、磕碰和摔落，也不许把压缩氧自救器当坐垫使用。

(8) 呼气和吸气时都要慢而深(即深呼吸)。

(9) 使用中应防止利器刺伤、划伤气囊。

(10) 在未到达安全地点时严禁摘下自救器。

第二节 避难硐室的自救避灾与现场急救

避难硐室是井下发生灾害事故后，人员无法撤离灾区时的避难场所。避难硐室分为事先构筑好的永久避难硐室和由避灾人员用身边现有材料建造的临时避难硐室。

一、永久避难硐室

永久避难硐室预先设在井底车场附近或采区工作地点安全出口的路线上，距工作点不能太远(即在自救器的有效工作时间内可到达)。避难硐室的容积原则上应能容纳采区的全体人员。硐室内应备有供避灾人员呼吸用的供气装备(如压风自救装置)、通信设备、自救器、药品、食物等。需要注意两个问题：一是硐室内的供气装置要有保障；二是硐室内要存放一定数量的自救器，其防护时间要长一些(如 30 min 以上的化学氧和压缩氧自救器)，确保遇险人员在条件允许时，佩戴自救器从避难硐室撤到安全地点或井上。

二、临时避难硐室

临时避难硐室是一旦出现灾变事故，遇险人员在等待救援的过程中利用现场材料临时搭建的设施。临时避难硐室是利用独头巷道、硐室或两道风门之间的巷道，由避灾人员临时修建的，所以应在这些地点事先准备好所需的木板、木桩、风筒、黏土、砂子或砖等材料，还应装有带阀门的压气管。避灾时，若无构筑材料，避灾人员就用衣服和身边现有的材料临时构筑避难硐室，以减少有害气体侵入。密闭应该设置两道，设置密闭时人应站在里面。

三、在避难硐室避难时的注意事项

(1) 进入避难硐室前，应在硐室外留有矿灯、衣服、工具等明显标志，以便矿山救护队及时发现。

(2) 避难人员在避难硐室中应保持安静、不急躁，尽量俯卧于巷道底部，避免不必要的体力和氧气消耗，以便延长避难时间。

(3) 在避难中，要保持良好的精神状态和心理状态，坚持克服各种困难，坚定信心。

(4) 硐室内只留一盏矿灯照明，其余熄灭，以备人员撤离时使用。自救器、急救袋暂时可以不用的应尽量停止使用，一方面以备延长待救时间，另一方面以备重伤员抢救之用。

(5) 在避难硐室内可间断地敲打铁器、岩石等，发出呼救信号。

(6) 避难时要密切注意避难地点附近风流和瓦斯的情况，要不断争取待救时间(进入有压风管的避难硐室时应立即打开压风管)。若避难地点条件恶化，有可能危及人员生命安全时，应立即转移到附近安全地点。

(7) 被水堵在上山的人员，不要向下跑，不要盲目探险。水被排走露出顶板时，也不要急于出来，以防 SO_2、H_2S 等气体中毒。

(8) 看到救护队员后不要过于激动，以防血管破裂。避难时间过长被救后，不能过多饮食和见到强烈光线，以防损伤消化器官和眼睛。

进入避难硐室的流程如图 5-1 所示。

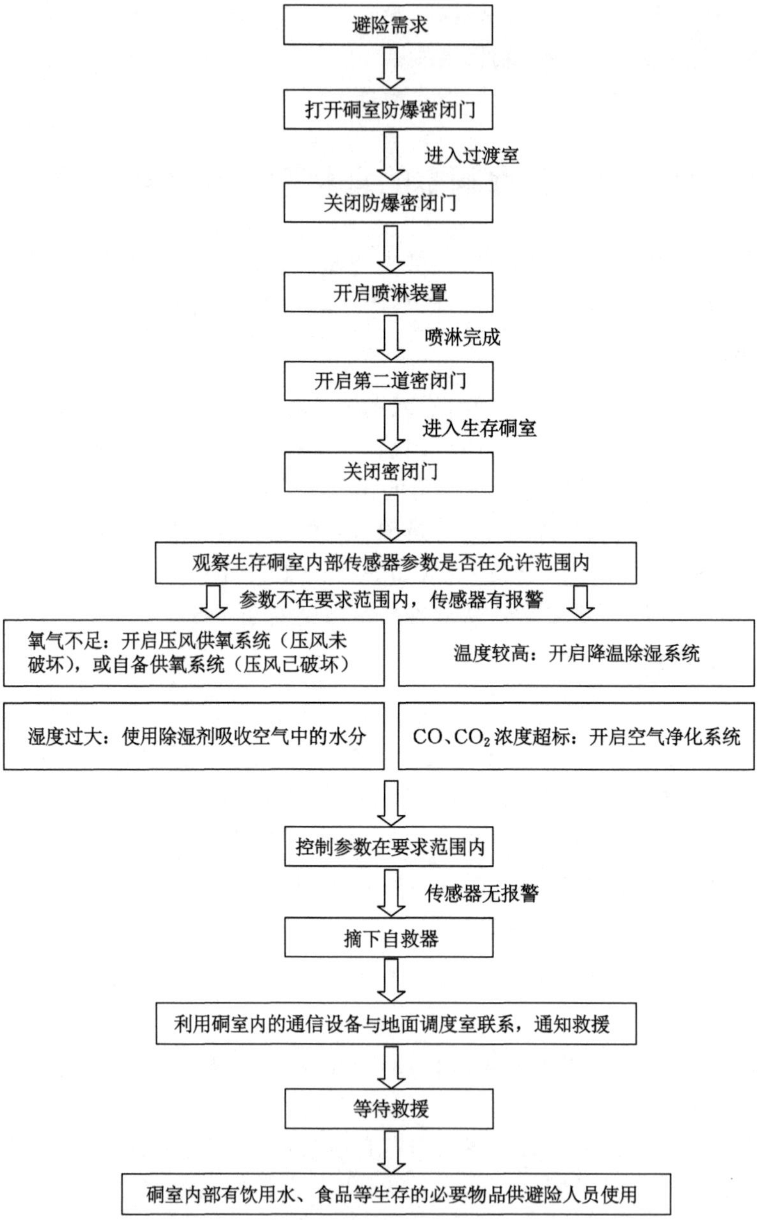

图 5-1　进入避难硐室的流程图

四、现场急救

现场急救的关键在于“及时”，时间上突出一个“急”字，技术上突出一个“救”字。要做好伤员分类工作，优先抢救危重伤员，积极防止休克、感染等并发症。

现场互救必须遵守转运原则：初步确切止血、骨折简易固定、生命体征平稳、医护全程护送、边救边送、就近医院救治。

现场急救必须遵守“三先三后”的原则：

(1) 窒息(呼吸道完全堵塞)或心跳、呼吸骤停的伤员，必须先进行人工呼吸或心脏复苏后搬运。

(2) 对出血的伤员，先止血后搬运。

(3) 对骨折的伤员，先固定后搬运。

现场急救的方法包括心肺复苏、止血、创伤包扎、骨折临时固定和伤员搬运。

(一) 心肺复苏

煤矿井下每名职工都要掌握急救相关知识。一旦发现有人晕倒，应按照以下 4 个步骤采取措施：第一步判断意识；第二步呼救；第三步翻转体位；第四步胸外心脏按压。如图 5-2 所示。

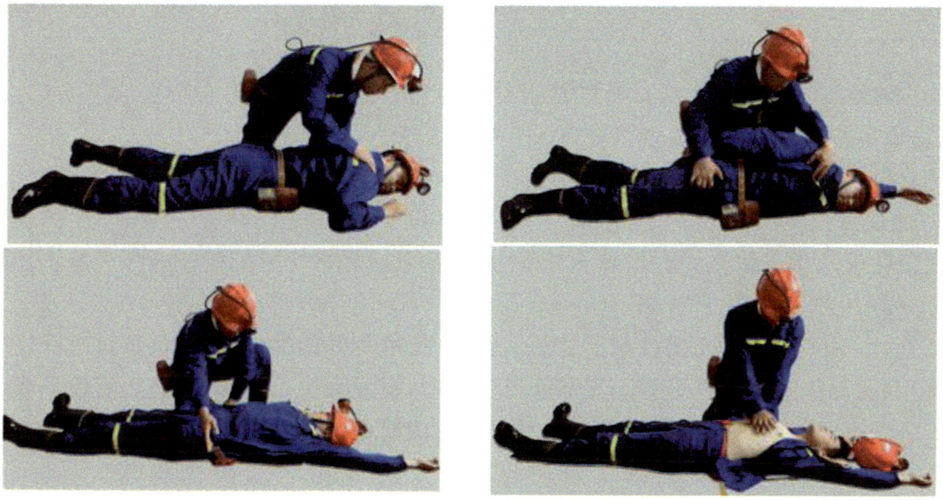

图 5-2 发现有人晕倒的处理程序

1. 胸外心脏按压

按压部位：胸部正中，乳头连线水平(两乳头连线中点)，右手中、食指沿一侧肋弓向内上方滑动至胸骨下端，左手掌根靠紧食指，放于胸骨上，按压频率为 100～120 次/min，按压深度为 5～6 cm。如图 5-3(a)所示。

操作方法：首先使伤员仰卧在木板上或地上，解开其上衣和腰带，脱掉其胶鞋。救护者位于伤员右侧，手掌面与前臂垂直，一手掌面压在另一手掌面上，使双手重叠置于伤员胸骨 1/3 处(其下方为心脏)，以双肘和臂肩之力有节奏地、冲击式地向脊柱方向用力按压，使胸骨下陷至少 5～6 cm；按压后，迅速抬手使胸骨复位，以利于心脏的舒张。按压次数以每分钟 100～120 次为宜。按压过快，心脏舒张不够充分，心室内血液不能完全充盈；按压过慢，动脉压力低，效果也不好。如图 5-3(b)所示。

使用胸外心脏按压术时的注意事项如下：

(1) 按压的力量应因人而异。对身强力壮的伤员按压力量可大些；对年老体弱的伤员力量宜小些。按压要稳健有力、均匀规则，重力应放在手掌根部，着力仅在胸骨处，切勿在心尖部按压。同时注意用力不能过猛，否则可致肋骨骨折、心包积血或引起气胸等。

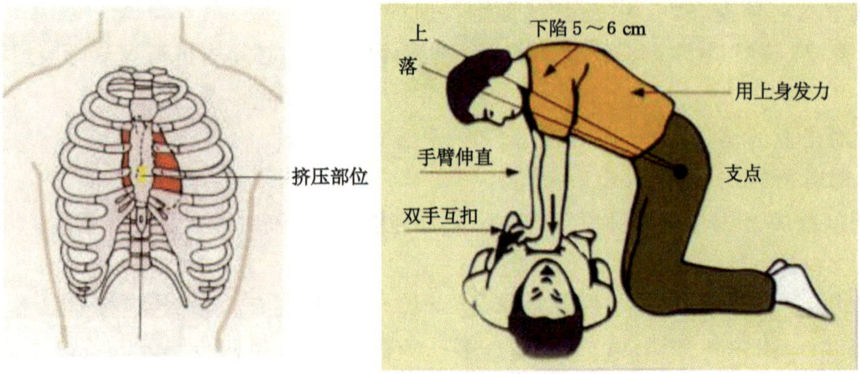

(a)　　(b)

图 5-3　胸外心脏按压部位及操作方法示意图

(2) 胸外心脏按压与口对口吹气法最好同时施行，无论是单人心肺复苏还是双人心肺复苏，均为每按压心脏 30 次，做口对口人工呼吸 2 次。

(3) 按压显效时，可摸到颈总动脉、股动脉搏动，散大的瞳孔开始缩小，皮肤转为红润。

2. 人工呼吸

人工呼吸适用于休克、溺水、有害气体中毒、窒息或外伤窒息等引起的呼吸停止、假死状态者。

在施行人工呼吸前，先要将伤员运送到安全、通风良好的地点，将伤员领口解开，注意保持体温，腰背部垫上软的衣服等。先清除口中脏物，把舌头拉出或压住，防止堵住喉咙、妨碍呼吸。各种有效的人工呼吸都必须在呼吸道畅通的前提下进行。常用的方法有口对口吹气法、仰卧压胸法和俯卧压背法 3 种。

(1) 口对口吹气法。它是效果最好、操作最简单的一种人工呼吸方法。操作前使伤员仰卧，救护者在其头的一侧，一只手托起伤员下颌，并尽量使其头部后仰，另一只手将其鼻孔捏住，以免吹气时从鼻孔漏气；救护者深吸一口气，紧贴伤员的口将气吹入，迫使伤员吸气，然后松开捏鼻的手，并用手压其胸部以帮助伤员呼气。如此有节律、均匀地反复进行，每分钟应吹气 14～16 次。注意吹气时切勿过猛、过短，也不宜过长，以占一次呼吸周期的 1/3 为宜。

(2) 仰卧压胸法。让伤员仰卧，救护者跨跪在伤员大腿两侧，两手拇指向内，其余四指向外伸出，平放在其胸部两侧乳头之下，借半身重力压伤员胸部，挤出伤员肺内空气；然后救护者身体后仰，除去压力，伤员胸部依其弹性自然扩张，使空气吸入肺内。如此有节律地进行，要求每分钟压胸 16～20 次。

此法不适用于胸部外伤或 SO_2、NO_2 中毒者，也不能与胸外心脏按压法同时进行。

(3) 俯卧压背法。此法与仰卧压胸法操作大致相同，只是伤员俯卧，救护者跨跪在伤员大腿两侧。因为这种方法便于排出肺内水分，因而对溺水者急救较为适合。

(二) 止血

1. 少量出血的处理

表面伤口和擦伤，应用干净的水冲洗，用创可贴或干净的纱布、手绢包扎伤口。

2. 严重出血的止血方法

（1）直接压迫止血，如图 5-4 所示。

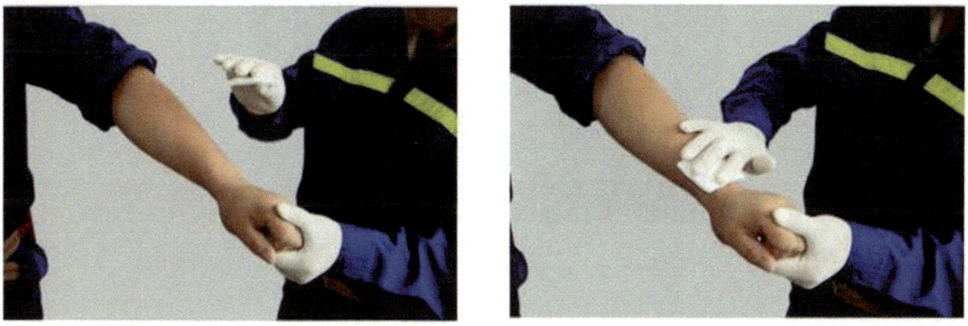

图 5-4 直接压迫止血示意图

（2）加压包扎止血，如图 5-5 所示。

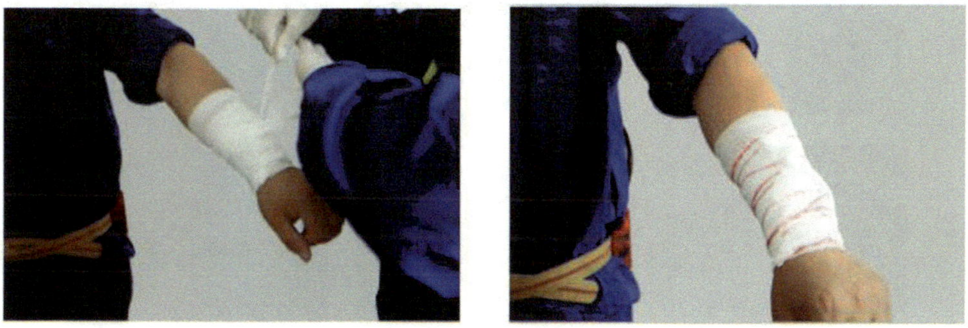

图 5-5 加压包扎止血示意图

（3）止血带止血。

① 表带式止血带止血，如图 5-6 所示。

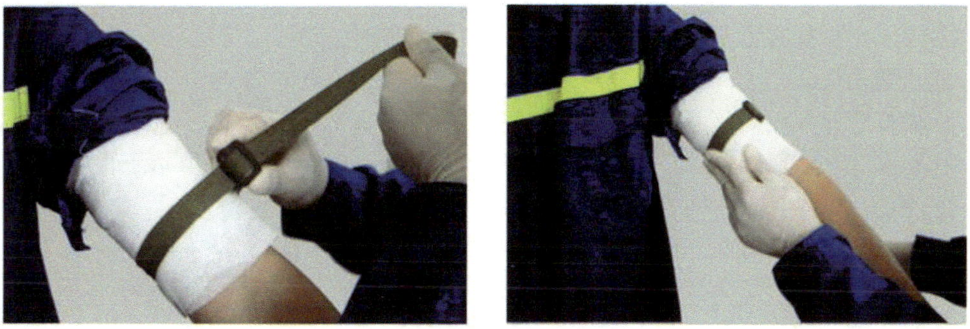

图 5-6 表带式止血带止血示意图

② 橡胶管止血带止血，如图 5-7 所示。

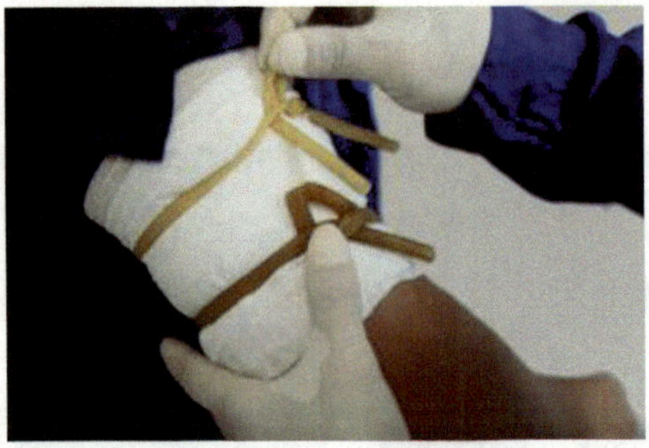

图 5-7　橡胶管止血带止血示意图

③ 布带止血带止血，如图 5-8 所示。

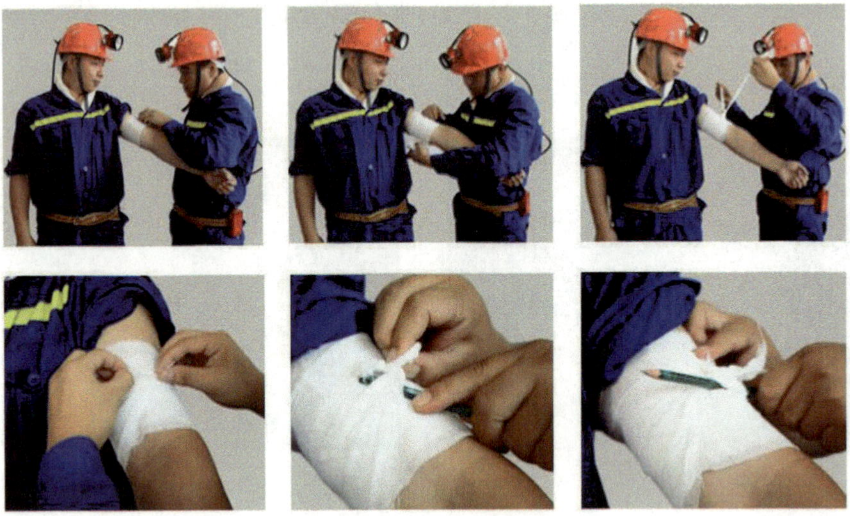

图 5-8　布带止血带止血示意图

使用止血带的注意事项如下：

① 止血带不能直接缠在皮肤上。

② 上肢出血扎在上臂上 1/3 处，下肢出血扎在大腿中上部。

③ 松紧适度。

④ 做好明显标记。

⑤ 每隔 40～50 min 放松一次，每次放松 2～3 min。放松时，应采取指压止血。

⑥ 不能用铁丝、电线、绳索等代替止血带。

⑦ 结扎止血带的时间一般不应超过 2 h。

(三) 创伤包扎

1. 包扎的目的

包扎的目的是止血、保护伤口、防止感染、固定夹板和敷料。

2. 包扎的要求

包扎的要求是轻、快、准、牢，先盖后包。

3. 包扎的材料

包扎的材料包括绷带、三角巾、四头带、多头带等或就地取材。

4. 绷带包扎方法

(1) 环形包扎,如图 5-9 所示。

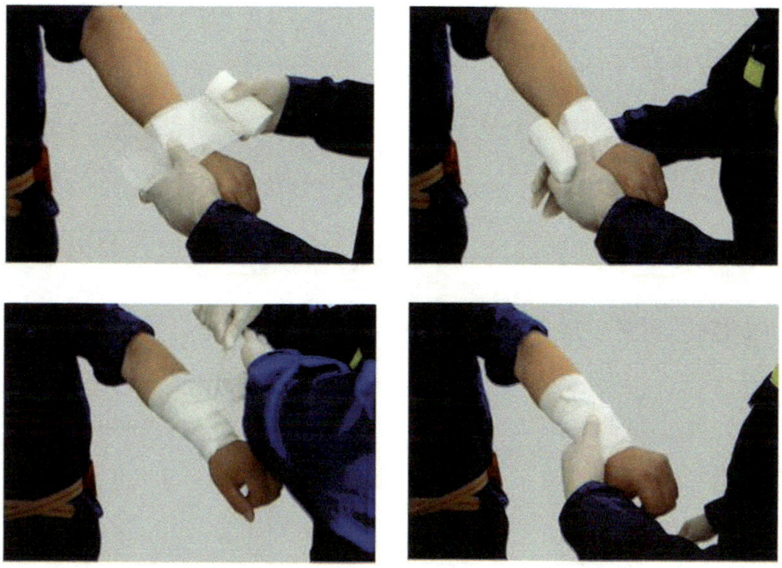

图 5-9 环形包扎示意图

(2) 螺旋包扎,如图 5-10 所示。

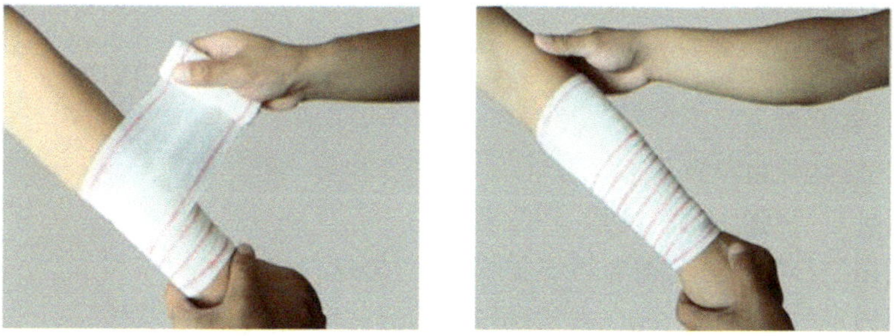

图 5-10 螺旋包扎示意图

(3) 螺旋反折包扎,如图 5-11 所示。

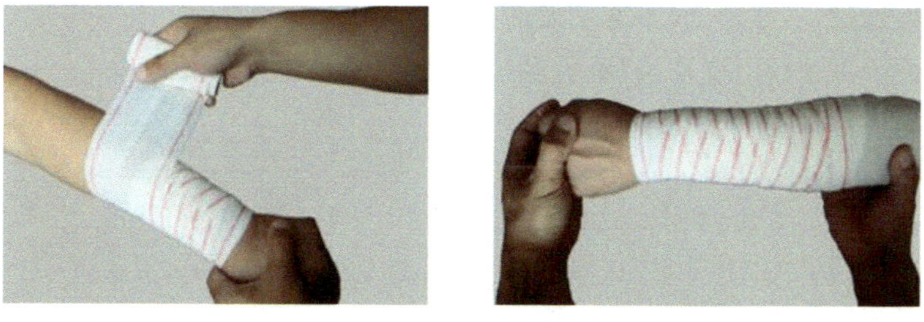

图 5-11 螺旋反折包扎示意图

(4)"8"字包扎,如图 5-12 所示。

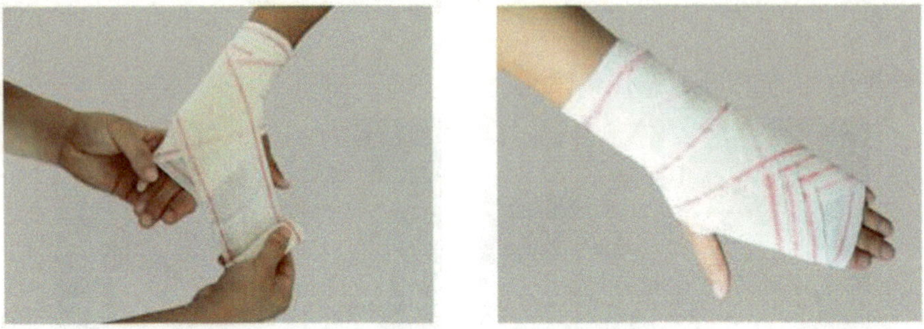

图 5-12 "8"字包扎示意图

(5)三角巾包扎,如图 5-13 所示。

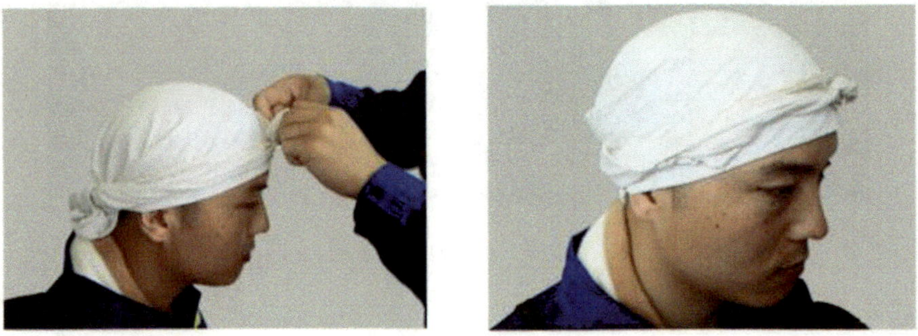

图 5-13 三角巾包扎示意图

(四)骨折临时固定

(1)骨折原因:外力导致。

(2)骨折判定:肿胀、疼痛、畸形、功能障碍。

(3)骨折固定目的:制动、避免再次损伤,利于搬运。

(4)骨折固定材料:夹板、充气夹板、固定架、健侧肢体,或就地取材。

(5)骨折固定原则:

① 首先检查意识、呼吸、脉搏及处理严重出血。

② 夹板的长度应能将骨折处的上下关节一同加以固定。

③ 骨断端暴露,不要拉动,不要送回伤口内。

④ 开放性骨折现场不要冲洗、不要涂药,应该先止血包扎,再固定。

⑤ 暴露肢体末端,以便观察血液循环情况。

(6)骨折固定方法:

① 锁骨骨折固定方法,如图 5-14 所示。

② 上肢(上臂)骨折、上臂下段(髁上)骨折固定方法,如图 5-15 所示。

③ 前臂骨折固定方法,如图 5-16 所示。

④ 下肢(大腿)骨折固定方法,如图 5-17 所示。

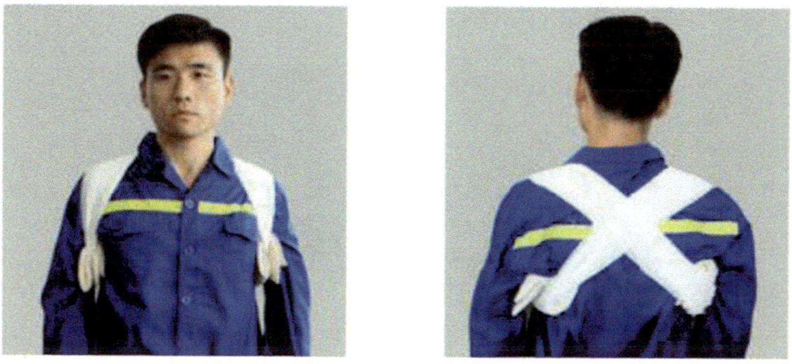

图 5-14 锁骨骨折固定方法

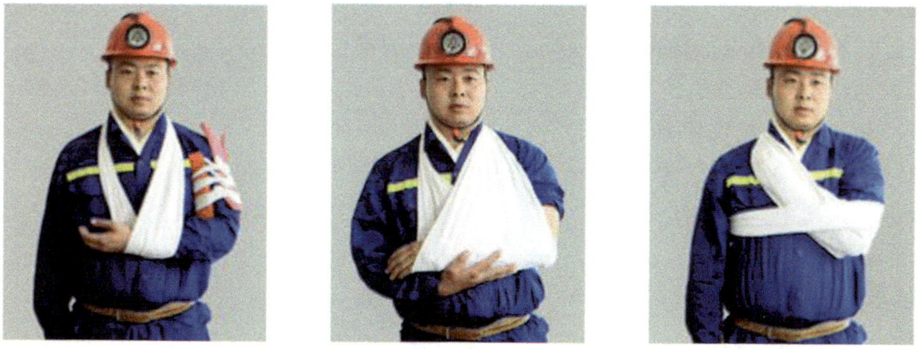

图 5-15 上肢骨折固定方法

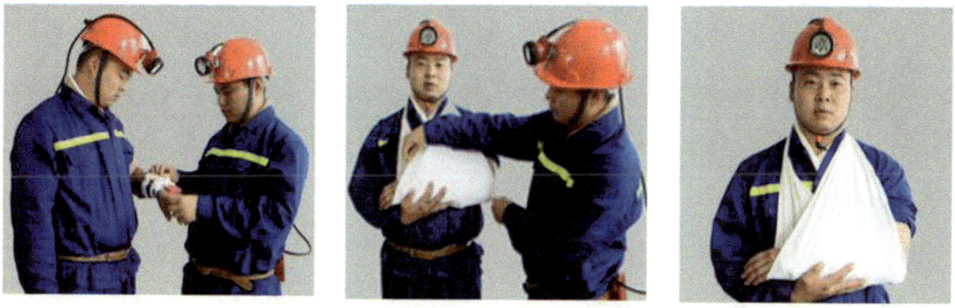

图 5-16 前臂骨折固定方法

图 5-17 下肢(大腿)骨折固定方法

⑤ 下肢（小腿）骨折固定方法，如图 5-18 所示。

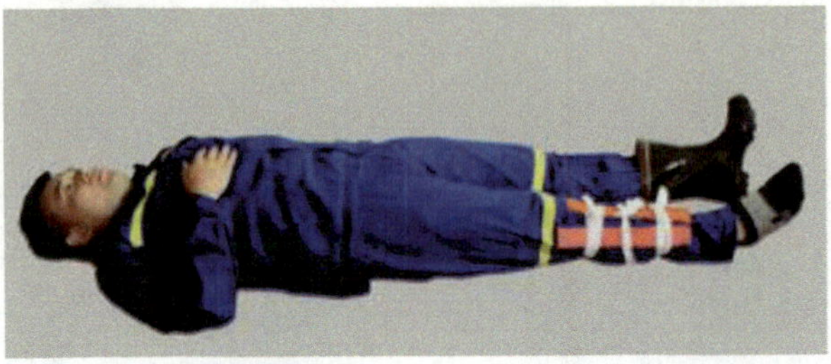

图 5-18　下肢（小腿）骨折固定方法

（五）伤员搬运

搬运时应尽量不增加伤员的痛苦，避免造成新的损伤及并发症。

1. 单人徒手搬运法

（1）扶行法，如图 5-19 所示。

（2）背负法，如图 5-20 所示。

图 5-19　扶行法

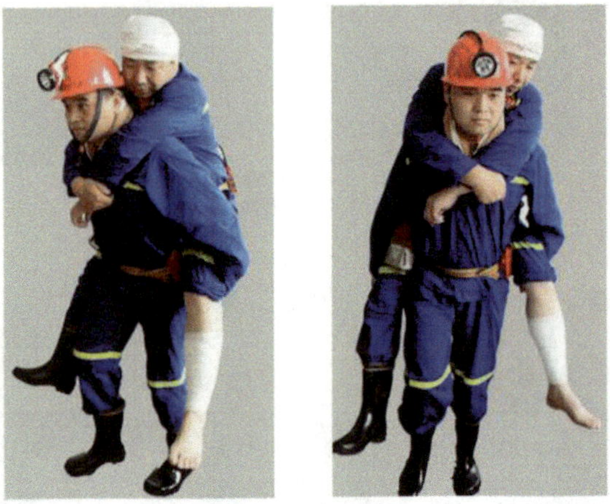

图 5-20　背负法

（3）拖行法（腋下拖行、衣服拖行、毛毯拖行），如图 5-21 所示。

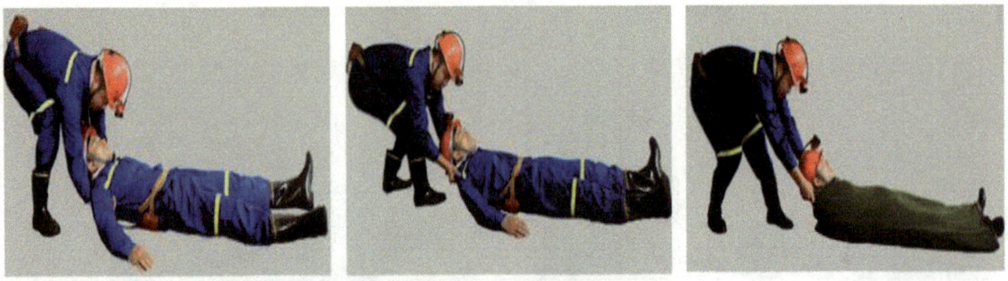

图 5-21　拖行法

(4) 爬行法,如图 5-22 所示。

图 5-22　爬行法

2. 双人徒手搬运法

(1) 轿杠式,如图 5-23 所示。

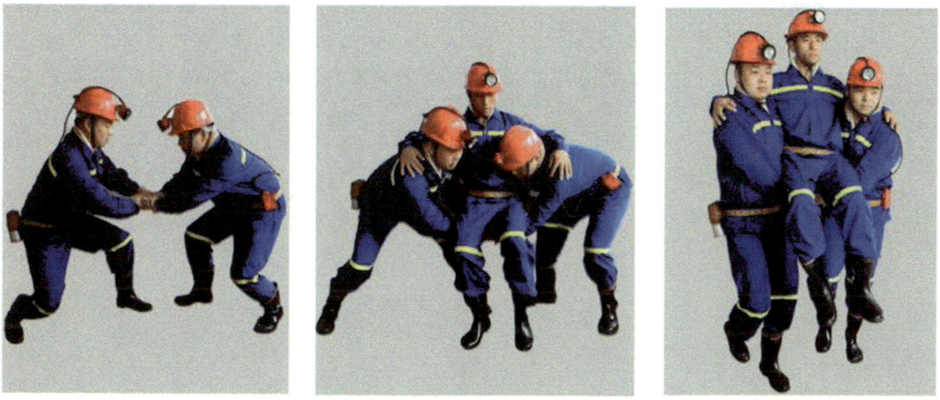

图 5-23　轿杠式

(2) 椅拖式,如图 5-24 所示。

图 5-24　椅拖式

3. 三人徒手搬运法

三人徒手搬运法,如图 5-25 所示。

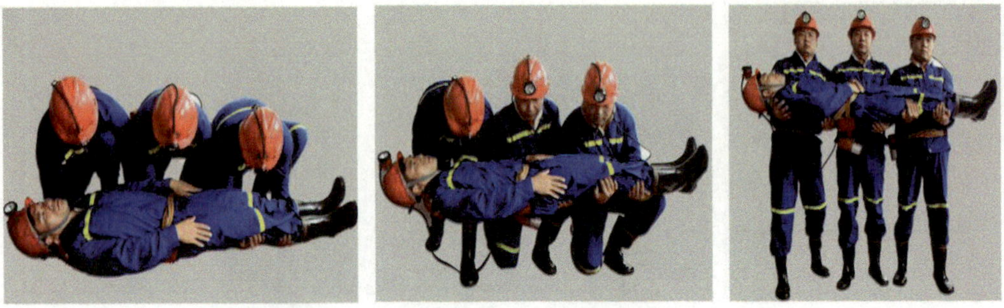

图 5-25 三人徒手搬运法

4. 四人徒手搬运法

四人徒手搬运法，如图 5-26 所示。

图 5-26 四人徒手搬运法

5. 担架搬运

担架搬运如图 5-27 所示。

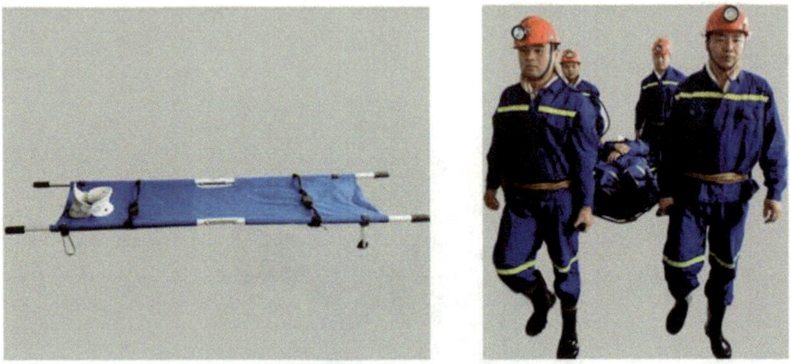

图 5-27 担架搬运

（六）对不同伤员的现场急救

1. 对中毒或窒息人员的急救

（1）立即将伤员从危险区抢运到新鲜风流中，取平卧位。

（2）立即将伤员口、鼻内的黏液、血块、泥土、碎煤等除去，解开上衣和腰带，脱掉胶鞋。

（3）用衣服覆盖在伤员身上保暖。

(4) 根据心跳、呼吸、瞳孔等特征和伤员的神智情况,初步判定伤情的轻重。

(5) 当伤员出现眼红肿、流泪、畏光、喉痛、咳嗽、胸闷现象时,说明是二氧化硫中毒。当出现眼红肿、流泪、喉痛及手指、头发呈黄褐色现象时,说明是二氧化氮中毒。一氧化碳中毒的显著特征是嘴唇呈桃红色,两颊有红斑点。对二氧化硫、二氧化氮中毒者只能进行口对口人工呼吸,不能进行压胸或压背法人工呼吸。

(6) 人工呼吸持续的时间以恢复自主性呼吸或到伤员真正死亡时为止。当救护队来到后,转由救护人员用苏生器苏生。

2. 对外伤人员的急救

对外伤人员、烧伤人员、出血人员和骨折人员的急救,应分别采用包扎创面、止血和骨折临时固定等急救措施,然后迅速送往地面,到医院救治。

3. 对溺水者的急救

突水中,人员溺水时,可能造成呼吸困难而窒息死亡。对溺水者应采取如下措施急救:

(1) 转送:把溺水者从水中救出后,立即送到比较温暖和空气流动的地方,松开腰带,脱掉湿衣服,盖上干衣服保暖。

(2) 检查:检查溺水者的口鼻,如果有泥水和污物堵塞,应迅速清除,擦洗干净,以保持呼吸道通畅。

(3) 控水:将溺水者取俯卧位,用木料、衣服等垫在其肚子下面;施救者左腿跪下,把溺水者的腹部放在右侧大腿上,使其头朝下;按压其背部,迫使水从体内流出。

(4) 上述控水效果不理想时,应立即做俯卧压背法或口对口吹气法人工呼吸,或胸外心脏按压。

4. 对触电者的急救

(1) 立即切断电源,或使触电者脱离电源。

(2) 迅速观察伤员有无呼吸和心跳。如发现已停止呼吸或心音微弱,应立即进行人工呼吸或胸外心脏按压。

(3) 若呼吸和心跳都已停止,应同时进行人工呼吸和胸外心脏按压。

(4) 对遭受电击者,若有其他损伤,如跌伤、出血等,应做相应的急救处理。

5. 对冒顶埋压人员的现场急救

(1) 扒伤员时须注意不要损伤人体。靠近伤员身边时,扒掘动作要轻巧稳重,以免对伤员造成伤害。

(2) 如果确知伤员头部位置,应先扒去其头部煤岩块,以使头部尽早露出外面。头部扒出后,要立即清除口腔、鼻腔的污物。与此同时扒身体其他部位。

(3) 此类伤员常常发生骨折,因此在扒掘与抬离时必须十分小心。严禁用手去拖拉伤员双脚或用其他粗鲁动作拖扒伤员,以免增加伤势。

(4) 当伤员呼吸困难或停止呼吸时,可进行口对口人工呼吸。

(5) 有大出血者,应立即止血。

(6) 有骨折者,应用夹板固定。如怀疑有脊柱骨折者,应该用硬板担架转运,千万不能由人扶持或抬运。

(7) 转运时须有医务人员护送,以便对发生的危险情况给予急救。

6. 对长期被困在井下人员的急救

(1) 严禁用矿灯照射遇险者的眼睛,应用毛巾、衣服、纸张等蒙住其眼睛。

(2) 用棉花或纸张堵住遇险者双耳。

(3) 注意保暖。

(4) 不能立即升井,应将其放在安全地点使其逐渐适应环境和稳定情绪。待情绪稳定,体温、脉搏、呼吸及血压等稍有好转后,方可升井送医院。

(5) 搬运时要轻抬轻放、缓慢行走,注意伤情变化。

(6) 升井后和治疗初期,劝阻亲属探视,以免伤员过度兴奋发生意外。

(7) 不能让伤员吃过量或硬的食物,限量吃一些稀软、易消化的食物,以使肠胃功能逐渐恢复。

第六章　风险分级管控与隐患排查治理

第一节　风险分级管控与隐患排查基础知识

一、风险的概念

风险是指事故发生的可能性与事故后果严重性的组合。在煤矿作业中，存在着各种各样的风险。例如，入井人员乘罐笼过程中，存在着提升钢丝绳断裂同时防坠器失效、罐笼坠入井底的风险；立井提升过程中，存在过卷、松绳、断绳等各类风险；斜井串车提升过程中，存在矿车掉道、矿车撞人和跑车的风险；井下水平巷道机车运输过程中，存在触电、掉道、撞人或撞坏支护设施的风险。

在一定条件下，对现场岗位中的风险进行预先辨识、风险评估，继而采取有效措施，消除、减少、控制风险，使风险降到人们可接受程度的一系列活动，称为风险预控管理。

风险预控管理的基本原理是运用风险管理的技术，通过探求风险发生、变化的规律，认识、估计和分析风险对安全生产所造成的危害，运用计划、组织、指导、管制等一系列手段，实现“一切意外均可避免”“一切风险皆可控制”的风险管理目标。

二、风险控制方法

煤矿风险预控管理体系的基本内涵，是指在煤矿整个运营过程中，对煤矿各个生产系统、生产环节中的各种危险源进行预先辨识，对各种风险进行评价分析，继而采取有效措施消除、减少和控制风险，并在一定经济、技术条件下，通过“人、机、环、管”（即人员、机电设备、环境、管理）的最佳匹配，防止风险转化为事故，实现本质安全，做到安全生产。

煤矿作业现场风险预控，可以从以下几个方面进行控制：

(1) 提高安全意识和安全素质。员工按规定参加安全培训，贯彻落实“以人为本”的指导思想，通过安全培训，提高煤矿从业人员的安全意识和技术水平，变“要我安全”为“我要安全”。

(2) 落实各项规章制度。主要以各种制度规范煤矿从业人员的行为，如操作人员的手指口述、现场班组长验收签字、安全检查工检查等。

(3) 落实操作程序。在现有安全技术操作规程的基础上，对每一个工种作业中的每一道工序都制定出详细的操作程序，不论任何人，在同一岗位上完成某一工序时，都按照规定的操作程序执行，这就避免了违章操作和误操作的发生，在很大程度上降低了风险发生的可能性。

(4) 执行操作标准。以《煤矿安全规程》、安全技术操作规程为依据，对每一项工作都制定出操作标准，提高操作水平，降低事故发生的概率。

三、隐患的概念

隐患是指在生产活动中存在的可能导致不安全事件或事故发生的问题，包括人的不安全行为、物的不安全状态和管理上的缺陷。隐患从性质上分为一般安全隐患和重大安全隐患。

在煤矿作业现场，事故隐患如未能得到及时消除，往往会导致事故发生，现场作业人员必须予以高度重视。

四、隐患的分类

(1) 按隐患危害程度分为一般隐患和重大隐患。

一般隐患：危险性不大，事故影响或损失较小的隐患。

重大隐患：危险性大，可能造成较大事故，造成人身伤亡或财产损失的隐患。它是煤矿企业建设和生产过程中存在的可能导致重大人身伤亡或者重大经济损失的危险性因素。

(2) 按隐患表现形式分为人的隐患(认识隐患、行为隐患)、物的隐患、环境隐患和管理隐患。

(3) 按煤矿安全生产的专业分为“一通三防”隐患、顶板(采掘)隐患、机电运输隐患、地测防治水隐患、安全管理隐患、爆破隐患和其他隐患。

五、隐患排查管理制度

煤矿企业应当建立和完善以下各项事故隐患排查管理制度：

(1) 制定事故隐患定期排查治理制度，落实具体的排查时间、方法、人员、措施以及事故隐患的种类、等级等。

(2) 制定事故隐患排查治理责任制度，明确事故隐患排查治理工作的组织领导、整改资金的落实、治理效果的检查，以及具体的事故隐患排查治理工作要求、管理程序和排查治理人员。

(3) 制定事故隐患分级管理制度，并明确事故隐患的分级范围、治理措施、要求及责任。

(4) 制定事故隐患的报告制度，煤矿企业应当将难以排除的事故隐患按照隶属关系和管理权限向煤炭管理部门报告，并报煤矿安全监察机构备案，不得不报、谎报或者拖延迟报。

六、常见事故隐患的治理措施

作业现场的隐患排查治理是围绕消除人的不安全行为、物的不安全状态和环境的不安全因素展开的，针对作业现场的常见事故隐患，要采取以下措施：

(1) 规范操作人员的安全行为，结合班组的具体情况，以及国家的法律法规、相关规定和标准，制定规章制度和操作规程。

(2) 正确穿戴和使用劳动防护用具、用品。

(3) 严格执行《煤矿安全规程》、安全技术操作规程、作业规程的相关规定。

(4) 加强对作业场所的安全检查，及早发现问题，及时妥善地整改。

(5) 加强生产设备管理，尤其是设备的防爆管理，按规定做好设备、安全设施、防护装置的维护保养，使之始终保持完好状态。

(6) 保证各种保护和监测系统灵敏、可靠，井下设备、电缆完好。

(7) 设备布置、物料码放要尽可能地科学合理，保持通道畅通。

(8) 及时清扫垃圾、废料，整理现场的原材料、产品和工具。

第二节　不安全行为(“双危”)认定标准及应用

为了确保煤矿从业人员安全，严格管控人员安全行为，保证各岗位人员作业安全，规范设备和环境安全管理，夯实业务保安，促进煤矿安全生产形势持续稳定向好，依据《煤矿安全生产标准化管理体系基本要求及评分方法(试行)》和煤炭生产企业有关煤矿人员不安全行为治理的文件要求，煤炭生产企业结合实际，面向煤矿安全生产的所有作业场所、作业过程制定不安全行为(“双危”)认定标准。

不安全行为(“双危”)指基于风险辨识评估，可能产生风险或导致事故发生的举止行为和隐患。

不安全行为具体表现为在生产经营活动中违反公司不安全行为(“双危”)认定标准的行为或现象，由重到轻分别为 A、B、C 三类。相应认定标准见表 6-1～表 6-3。

表 6-1　煤矿从业人员严重不安全行为通用认定标准

序号	类型	标准内容
1	A	睡岗、脱岗，酒后上岗，酒精含量大于或等于 20 mg/100 mL 且小于 80 mg/100 mL
2	A	特种作业人员[包括井下电气作业、爆破作业、安全监测监控作业、瓦斯检查作业、安全检查作业、提升机操作作业、采煤机(掘进机)操作作业、瓦斯抽采作业、防突作业、探放水作业]无证、未持证、持假证上岗作业
3	A	从业人员无证、持假证上岗作业
4	A	攀爬无可靠防护运转设备
5	A	起吊作业时，起吊设备不完好；人员在起吊物下方或摆动范围内作业；起吊作业无专人指挥；起吊索具额定起重承载力小于规定值；未使用专用起吊锚杆、锚索起吊作业；起吊物重量大于锚杆、锚索的锚固力；起吊重物未采取防滑和防脱钩保护措施，在重物尖锐棱角处未放置保护钢丝绳垫子
6	A	未执行“行车不行人，行人不行车”规定
7	A	进入微风、无风区域作业
8	B	不接受入井检身、检车直接入井
9	B	常闭风门未执行随开随关要求
10	B	高空抛掷物件，高空作业工器具未采取防坠落措施
11	B	用水冲洗电气设备，不经过防误操作系统直接操作电气设备
12	B	拎钎时戴手套作业
13	C	携带非防爆电子产品入井
14	C	未正确穿戴自救器、定位卡、安全帽、反光工作服
15	C	带压作业、使用角磨机、更换截齿时未佩戴护目镜或防护用品
16	C	从业人员未持证上岗作业
17	C	无人扶梯登高作业
18	C	无措施、无工作票进行高风险作业
19	C	未正确使用 U 型卡连接液管

表 6-1(续)

序号	类型	标准内容
20	C	人为造成监测监控系统报警
21	C	绞车运行期间人员进入钢丝绳拉移范围内
22	C	辅助运输线路施工未执行"三必须"管理规定(施工区域必须全封闭、施工区域前后必须设置阻车装置、施工人员必须穿反光马甲)
23	C	非作业人员在大巷行走
24	C	装载机运行期间,人员在铲斗下方或前、后 5 m 范围内作业
25	C	损坏、挪用、擅自拆除或停用消防设施、器材
26	C	违规占用消防疏散通道,常闭防火门未执行随开随关

表 6-2　煤矿从业人员各工种不安全行为认定标准

序号	类型	岗位工种	标准内容
27	B	采煤机司机	未正确佩戴安全防护头盔割煤作业
28	B		生产期间处理电缆槽块煤时,未停止采煤机、未闭锁作业区域液压支架、未打出护帮板
29	C		机头、机尾割煤时,未站在端头支架防护网后
30	B	采煤机检修工	进入机道作业,支护不完好,采煤机未闭锁、加锁,运输机两处未闭锁、加锁,液压支架未闭锁、加锁,未执行专人专锁
31	B		更换采煤机滚筒、摇臂等大型设备配件时未采取加强支护措施
32	B		采煤机护顶棚下作业未采取防卸压措施
33	B	三机工	拆胶带架或处理转载机故障时,未闭锁、加锁带式输送机和转载机,未执行专人专锁
34	B	液压支架操作工	液压支架安全阀未加装防护装置,高压管未进行捆绑
35	C		拉架、移架作业时,未佩戴护目镜,未执行"移架不行人、行人不移架"要求
36	C		拉移超前液压支架单岗作业
37	B	液压支架检修工	检修液压支架邻架未闭锁、加锁,未关闭本架进液阀
38	B		支架降架检修时,机道作业区域未处理顶梁、护帮上面的浮矸、浮煤
39	A	液压泵站工	检修液压泵站时,未停电、泄压、闭锁、加锁,未执行专人专锁
40	C	综采清煤工	液压支架前清煤作业与液压支架操作、采煤机割煤安全距离小于 30 m
41	B	绞车司机	绞车停机未闭锁、加锁,绞车运行期间钢丝绳拉移区域有人未停机
42	A	漏煤斗看护工	处理漏煤斗堵塞时,带式输送机未停机、闭锁、加锁,作业人员未佩戴安全带、无专人指挥进入漏煤斗
43	A	掘进机司机	开机前未清退附近作业人员,未发出开机信号;倒机时无专人指挥,未清退倒机范围作业人员;机尾摆动范围内拉移随机电缆;生产期间机身上站人(掘锚一体机除外),生产期间司机离开驾驶室(在驾驶室操作时)
44	A		身体某一部位伸出驾驶室
45	B		司机离开工作台时截割部未落地,截割部在空顶下,未切断电源或未闭锁开关和磁力启动器隔离开关

表 6-2(续)

序号	类型	岗位工种	标准内容
46	B	掘进机检修工	在机尾、截割部下方检修时未采取有效安全防护措施
47	A	梭车司机	开机前未清理人员
48	A		驾驶梭车身体伸出驾驶室外
49	B		作业区域未设警戒
50	B	锚杆钻车司机	在锚杆钻车护顶板上方站立
51	B		钻车移动时，未清理倒机范围内人员
52	B	带式输送机司机	检修胶带、胶带上作业未停机闭锁加锁、未执行专人专锁
53	B		带式输送机运行时在非行人侧作业
54	A	变配电工	未执行“两票三制”
55	B		操作高压电气设备未戴绝缘手套、未穿绝缘靴或未站在绝缘台上作业
56	B	井下胶轮车司机	闯红灯，逆向行驶、逆向停车，站在移动的车辆上作业
57	C		使用非专用人车运送人员
58	C		人车、材料车副驾驶乘坐超过 1 人；重载车辆副驾驶乘人
59	C		车辆运行期间身体某一部位伸出车体外
60	C		车辆超速行驶、超载运输；不按规定会车；车辆未停稳人员上下车；车门未关牢靠启动车辆
61	C		未执行拖车规定
62	C	装载机司机	离开驾驶室未熄火、铲斗未落地
63	C		在原煤仓连续巷掘式铲煤
64	A	井下电钳工	人为甩电气设备保护；未按规定设置设备整定值
65	B		电气设备检修时未按规定停电、验电、放电、挂接地线、闭锁、加锁、挂停电牌，未执行专人专锁
66	A	监测监控工	私自修改系统数据或信息
67	A	瓦斯检查工	假检、漏检
68	C	密闭墙检查人员	防火密闭检查人员假检、漏检
69	A	探放水工	探放水作业未实现“一孔一视频”
70	B	气割、电焊工	在压力容器、管道，带电设备和运转设备上进行电火焊作业
71	C		氧气、乙炔间距小于 5 m、与火源距离小于 10 m，作业后未关闭阀门；未采用铁质容器盛接焊渣并冲水熄灭
72	B	采样工	在运行设备上人工采样
73	B	火车装车工	攀爬行驶中的火车；作业时跨越车厢；装车溜槽未闭锁；车未停稳清扫轨道落煤
74	B	放煤工	汽装仓仓下放煤时行人；检修、清扫地磅时漏煤斗未停电、闭锁、加锁，未执行专人专锁
75	B	选煤厂操作工	压滤机卸料时，将手、头、脚伸入滤板之间，捅煤饼或观察下方的刮板输送机
76	C		破碎机带煤运行时打开观察口

表 6-2(续)

序号	类型	岗位工种	标准内容
77	A	车工钳工	用手触摸旋转工件
78	C		使用砂轮机、切割机时未佩戴护目镜,使用砂轮机、切割机,人员站在正前方作业
79	C		单手操作角磨机,未使用专用夹具固定打磨工件
80	C		机床运转时,卡盘旋转方向前后站人

表 6-3　煤矿设备、环境不安全现象认定标准

序号	类型	标准内容
81	A	电气设备(含车辆)失爆
82	A	掘进工作面机载临时支护装置不完好
83	B	综采工作面在距离终采线 200 m 前未完成垛式支架支护
84	B	硐室、抹角未及时支护,挂网巷道破网、缺网(面积≥2 m^2),联网不符合要求
85	B	掘进工作面顶、帮锚(索)支护滞后超过作业规程规定
86	B	作业现场拉拔试验工器具未实现一用一备;未执行敲帮问顶
87	B	胶带保护不完好;转动部位防护装置不全
88	B	井下探放水作业现场未按设计要求建立排水系统
89	B	探水钻孔未按照设计要求安设套管
90	B	两道行人、行车风门连锁失效
91	C	液压支架未挂设安全防护网

第七章　班前会与作业前准备

第一节　班　前　会

一、班前会

班前会是班组每班工作前开的会，会上要对每班的工作作出具体的安排，并强调工作中的安全注意事项。班前会主要由班长进行工作安排，还可以让组员在会上就本职工作各抒己见，交流自己对本职工作的看法，提出工作中存在的问题，让组员讨论、分析，找出解决的办法，以此来调动组员的积极性，做到人人参与。班前会的主要流程是：

（1）观看安全警示教育片；

（2）点名上岗确认；

（3）值班人员通报上一班生产或检修情况、进行安全风险辨识、抽查相关安全内容掌握情况；

（4）当班班长安排重点工作；

（5）跟班队长作出补充并强调安全注意事项；

（6）诵读公司安全理念、目标等内容。

班前会记录见表 7-1。

表 7-1　班前会记录

班次		值班人员		跟班人员	
工作点评(重点工作)					
当班排查问题					
每日一题					
案例学习					
应知应会	（岗描人员及描述情况）	抽查背诵内容		抽查背诵人员	
人员分工					
安全预测预想内容					
班前安全宣誓及人员签名					

二、班前会要求

各岗位人员必须按时参加班前会，了解上一班情况，接受当班任务，熟记安全注意事项。

（1）了解对上一班情况，应把握以下几点：了解当班生产情况；了解岗位相关设备当班运转情况；了解岗位相关设备本班需要做的维护保养工作等。

(2) 岗位当班任务：开始作业前进行全面检查和安全确认；按照岗位作业规程进行作业；当设备出现异常时，停机进行检修排障等。

(3) 安全注意事项：交接班时向上一班了解清楚设备情况；开机前要检查设备情况；进入作业区域时，确认周围环境安全；作业时，严格遵守三大规程等。

三、班前安全确认

(一) 对自身身心状况进行安全确认

身心状况包括但不限于精神状态(休息充足，精神良好)、身体健康(酒精检测、体温检测、血压检测)、思想状况(心态是否积极乐观向上)等。

(二) 基本健康测试

专职人员对每个人进行酒精检测、血压和体温检测，严禁酒后上岗、带情绪上岗、带病上岗。

第二节　作业前准备与井下行走

一、入井前准备

(一) 按规定佩戴好劳动保护用品，持证上岗

需要配备的劳动保护用品包括但不限于纯棉工作服、安全帽、防尘口罩、护目镜、防砸靴、手套、毛巾等，应持相关岗位证件上岗。

(二) 检查矿灯、自救器、人员定位仪、便携式瓦斯检测仪是否齐全完好

(1) 矿灯完好标准：外表干净、不漏液，电池和灯盖内部无污垢；灯头、灯线零部件齐全、完整、紧固；闭锁螺栓(封钩)紧固可靠；灯泡、开关接触良好，不眨眼、不灭灯；灯碗聚光好、亮度足，玻璃无破损；灯线无破损，出线口密封良好，长度不得小于 1 m。

(2) 自救器完好标准：自救器在有效期内；压力大于 18 MPa(5～40 ℃环境)；清净罐内装满合格的氢氧化钙；密封完好，外壳无变形、腐蚀等。

(3) 人员定位仪完好标准：外壳表面光滑、无明显损坏，表面无气泡、裂痕；铭牌、标志字迹清晰，粘贴牢固；电池电量充足。

(4) 便携式瓦斯检测仪完好标准：表面、镀层或涂层不应有气泡、裂痕、明显剥落和斑点；显示窗应透光良好，数码、符号均应清晰；仪器标校合格。

二、入井安全检查

(1) 入井前必须接受安全检身，有序乘车，系好安全带。

① 检查入井人员是否、有无携带禁止入井的点火物品、烟草或其他易燃易爆物品。

② 检查入井人员是否穿化纤衣服和携带未经允许的仪表、电子表、手机等非防爆物品入井。

③ 检查入井人员的矿灯、安全帽、自救器等是否佩戴齐全完好，劳动保护用品是否穿戴整齐。

④ 检查入井人员携带的锋利工具是否套上防护套。

(2) 人车已发出开车信号或车辆未停稳时，严禁上下人车，乘坐人车必须系好安全带，

禁止将身体任何部位探出车窗。

三、井下行走安全

(1) 辅助运输巷道严格执行"行车不行人,行人不行车"制度。

① 井下作业人员遇行驶车辆时,必须主动避让,就近进入躲避硐室;附近无躲避硐室时,无轨胶轮车必须在作业人员前 20 m 停车、关闭大灯、鸣笛,作业人员必须快速行至车辆后方 10 m 外,给司机发出信号,车辆方可前行。

② 车辆通过施工地点时,要鸣笛、减速慢行。在施工点 20 m 前停稳车辆,确认施工点人员躲避到安全地点后,方可慢速通过。

③ 辅助运输线路、采掘工作面驾驶员驾驶无轨胶轮车行驶时遇到作业人员,必须提前 20 m 主动停车、关闭大灯,优先作业人员通行。

(2) 在辅助运输巷道行走时必须穿反光马甲,开启爆闪警示灯。

(3) 进入工作面时严禁在机头、机尾安全出口处逗留,禁止进入采空区。

(4) 拉移设备列车时严禁在设备列车拉移区域巷道行走。

四、用电作业准备

(1) 作业前认真检查所需工器具,调试仪器仪表,如便携式瓦斯检测仪、万用表、验电笔、兆欧表、三相接地线,确保完好可靠。

兆欧表开路试验:在摇表未接通被测电阻之前,摇动手柄使发电机达到 120 r/min 的额定转速,观察指针是否指在标度尺"∞"的位置。

兆欧表短路试验:将端钮 L 和 E 短接,缓慢摇动手柄,观察指针是否指在标度尺"0"的位置。

① 观测被测设备和线路是否在停电的状态下进行测量,并且兆欧表与被测设备间的连接导线不能用双股绝缘线或绞线,应用单股线分开单独连接。

② 将被测设备与兆欧表正确接线,摇动手柄时应由慢渐快至额定转速 120 r/min。

③ 正确读取被测绝缘电阻值大小,同时,还应记录测量时的温度、湿度、被测设备的状况等,以便于分析测量结果。

(2) 需要变电所停送电的项目,必须严格执行"停电申请""工作票、操作票"制度,并设专人停送电、专人监护,严禁带电作业。

变电所进线停送电申请,自用回路(掘进队、综采队)停送电申请,共用回路及主要通风机停送电申请,低压临时用电申请,新开工作面 10 kV 用电申请,工作票办理由需停电单位的工作负责人,提前一天提出停送电工作书面申请及工作票,申请必须写清工作地点(场所)、工作内容、需采取的安全措施、计划工作时间、工作班组及人员和工作负责人姓名,经业务部门审批后,将申请送需停电设备管理单位。

工作票签发权限:110 kV 站、35 kV 站工作票由业务部门供配电管理人员签发;下级 10 kV 变电所工作票由变电所运行单位负责人签发,并上报业务部门备案。工作负责人凭申请及工作票,到相应的上一级变电所,按照相关程序履行停送电操作程序。具体的操作程序由上一级变电所值班人员,按照其变电所的有关制度执行。对于突发故障需要 110 kV 变电所上一级变电所立即停电的情况,必须由在供电局备案人员协同业务部门联系供电局电力调度,执行紧急事故情况下的停送电操作程序。

(3) 高压、低压供电系统停电作业前,必须挂“停电作业”牌,并采取验电、放电、挂接地线等安全措施。

停电:将检修设备停电,必须将各方面的电源完全断开,禁止在只经开关断开电源的设备上工作,必须拉开刀闸,使各方面至少有一个明显的断开点。与停电设备有关的变压器和电压互感器,必须从高、低压两侧断开,防止向停电检修设备返送电。

验电:验电必须采用电压等级相一致且经试验合格的验电器,为确认验电器良好,应先在带电设备上进行试验后方可分别在检修设备两侧各相上分别验明有无电压。验电时应戴上试验合格的绝缘手套,以防验电器受潮导致耐压降低。35 kV 及以上的电气设备在没有专用验电器的特殊情况下,可以使用绝缘棒代替验电器,根据绝缘棒端有无火花和放电声来判断有无电压。

挂接地线:装设接地线前,要注意对电容器等能够储存电荷的装置进行放电,防止电荷释放造成事故,然后才可以进入装设接地线程序。将停电设备三相短路接地是保证工作人员免遭触电伤害最直接的保护措施。

(4) 使用验电笔时,要逐渐接近导体。

第二篇

煤矿机电专业岗位技能与安全

第八章 矿井维修电工岗位技能与安全

第一节 矿井维修电工岗位技能基础

一、矿井维修电工岗位基本条件与必备技能

（一）基本条件

矿井维修电工必须持“煤矿井下电气作业”证件上岗。

（二）必备技能

(1) 熟悉本岗位范围内设备的结构、原理、性能和完好标准，掌握定期检修和维护的方法。

(2) 熟悉本岗位范围内的供电线路布置，掌握定期巡检的要求。

(3) 掌握本岗位范围内电气设备的预防性检查和维护方法，能熟练使用各类仪器仪表。

(4) 熟悉本岗位范围内的设备布置及运行情况。

(5) 掌握相关操作规程和技术措施。

二、矿井维修电工安全生产责任制

(1) 按时参与班前会，熟悉和掌握矿井主要电气设备及常用电气设备的技术特征、性能、规格型号、运行方式、用途、容量。

(2) 严格执行“三大规程”和“电业安全工作规程”，严禁违章作业，保证设备及人身安全。

(3) 管好、用好、维护好分管的电气设备，负责日常维护检查和修理，按时完成公司及区队检修任务计划。

(4) 保证设备完好，标志齐全，外观清洁，电缆敷设悬挂整齐，接地系统完整合格，杜绝井下电气设备失爆现象。

(5) 负责搞好本范围的文明生产，降低材料配件消耗，做好设备维护、检修及更换零配件记录。

三、“一规程四细则”及安全生产标准化对矿井维修电工的规定

（一）《煤矿安全规程》相关规定

第四百四十二条　井下不得带电检修电气设备。严禁带电搬迁非本安型电气设备、电缆，采用电缆供电的移动式用电设备不受此限。检修或搬迁前，必须切断上级电源，检查瓦斯，在其巷道风流中甲烷浓度低于1.0%时，再用与电源电压相适应的验电笔检验；检验无电后，方可进行导体对地放电。开关把手在切断电源时必须闭锁、加锁，并悬挂“有人工作，不准送电”字样的警示牌，只有执行这项工作的人员才有权取下此牌送电。

第四百四十三条　操作井下电气设备应当遵守下列规定：

(1) 非专职人员或者非值班电气人员不得操作电气设备。

(2) 操作高压电气设备主回路时，操作人员必须戴绝缘手套，并穿电工绝缘靴或者站在绝缘台上。

(3) 手持式电气设备的操作手柄和工作中必须接触的部分必须有良好的绝缘。

第四百六十八条　电缆的连接应当符合下列要求：

(1) 电缆与电气设备连接时，电缆线芯必须使用齿形压线板(卡爪)、线鼻子或者快速连接器与电气设备进行连接。

(2) 不同型电缆之间严禁直接连接，必须经过符合要求的接线盒、连接器或者母线盒进行连接。

(3) 同型电缆之间直接连接时必须遵守下列规定：

① 橡套电缆的修补连接(包括绝缘、护套已损坏的橡套电缆的修补)必须采用阻燃材料进行硫化热补或者与热补有同等效能的冷补。在地面热补或者冷补后的橡套电缆，必须经浸水耐压试验，合格后方可下井使用。

② 塑料电缆连接处的机械强度以及电气、防潮密封、老化等性能，应当符合该型矿用电缆的技术标准。

第四百八十一条　电气设备的检查、维护和调整，必须由电气维修工进行。高压电气设备和线路的修理和调整工作，应当有工作票和施工措施。

高压停、送电的操作，可以根据书面申请或者其他联系方式，得到批准后，由专责电工执行。

采区电工，在特殊情况下，可对采区变电所内高压电气设备进行停、送电的操作，但不得打开电气设备进行修理。

第四百八十二条　井下防爆电气设备的运行、维护和修理，必须符合防爆性能的各项技术要求。防爆性能遭受破坏的电气设备，必须立即处理或者更换，严禁继续使用。

第四百八十三条　矿井应当按表 8-1 的要求对电气设备、电缆进行检查和调整。

检查和调整结果应当记入专用的记录簿内。检查和调整中发现的问题应当指派专人限期处理。

表 8-1　电气设备、电缆的检查和调整

项目	检查周期	备注
使用中的防爆电气设备的防爆性能检查	每月 1 次	每日应当由分片负责电工检查 1 次外部
配电系统断电保护装置检查整定	每 6 个月 1 次	负荷变化时应当及时整定
高压电缆的泄漏和耐压试验	每年 1 次	
主要电气设备绝缘电阻的检查	至少 6 个月 1 次	
固定敷设电缆的绝缘和外部检查	每季 1 次	每周应当由专职电工检查 1 次外部和悬挂情况
移动式电气设备的橡套电缆绝缘检查	每月 1 次	每班由当班司机或者专职电工检查 1 次外皮有无破损
接地电网接地电阻值测定	每季 1 次	
新安装的电气设备绝缘电阻和接地电阻的测定		投入运行以前

（二）《煤矿安全生产标准化管理体系基本要求及评分方法（试行）》相关规定

1. 对煤矿电气有关规定

（1）供电设计、供用电设备选型合理。

（2）矿井主要通风机、提升人员的绞车、抽采瓦斯泵等主要设备，以及井下变（配）电所、主排水泵房和下山开采的采区排水泵房的供电符合《煤矿安全规程》要求。

（3）防爆电气设备无失爆。

（4）电气设备完好，各种保护设置齐全、定值合理、动作可靠。

2. 岗位规范

（1）严格执行本岗位安全生产责任制。

（2）管理、技术人员掌握相关的岗位职责、管理制度、技术措施，作业人员掌握本岗位相应的操作规程和安全措施。

（3）规范作业，无“三违”行为，作业前进行岗位安全风险辨识及安全确认。

第二节　矿井维修电工作业流程与故障处理

一、矿井维修电工作业流程

（一）班前会准备

见本书第七章第一节。

（二）作业前准备

见本书第七章第二节。

（三）接班

（1）准时进入工作地点，对沿途有关设备及周围环境进行检查。

（2）询问交班人员作业期间设备的运行情况、存在问题和注意事项。

（3）对高压开关（简称高开）、移动变电站（简称移变）、馈电开关等设备等进行现场检查。

（4）进行菜单式交接班。设备菜单式交接班，需要交接清楚每班设备负责人、设备运行情况、设备检修情况、设备交接时间等。

（5）接班人员应全面认真地对设备各部位进行检查，确保无问题双方进行签字确认，方可进行交接。

（四）作业标准

1. 电气设备日常维修保养作业

（1）常规检修保养：按照日、周、月检内容的规定对电气设备进行维护检修，不得漏检；各种电气安全保护装置应按规定定期进行试验和整定，不得随意改变整定值。

① 日检：日检由班长负责，包机电工和检修工参加，根据日检项目和每日设备运转中存在的问题进行详细检修和问题处理，包机电工必须对控制开关、电动机、电缆等电气设备进行详细检查，若有异常，必须查找原因，及时处理。

② 周检：周检由机电队长组织，电工和检修工参加，根据日检、周检项目和本周设备运行情况制订检修计划和检修内容，报业务部门批准，周检开始进行和周检完毕后汇报调度室。

③ 月检：月检由队长组织，以日检、周检、月检内容和本月设备检修中存在问题为重点，制订检修计划和检修措施，报业务分管领导审批，由业务部门负责组织对设备进行一次较全

面的检修，检修过程中业务部门必须现场跟踪监督和协调。月检开始进行和月检完毕后汇报调度室。

(2) 电气设备检修前必须切断电源，断开其隔离开关，严格执行专人闭锁、加锁，严禁带电检修，严禁带电搬迁非本安型电气设备、电缆，采用电缆供电的移动式用电设备不受此限。

(3) 电气检修作业必须检查瓦斯、停电、验电、放电，挂接三相短路接地线，专人闭锁、加锁并悬挂“禁止合闸，有人作业”警示牌。如图 8-1(a)所示。

(4) 电气设备开盖检修时，轻拿轻放，不得划伤隔爆面，拆卸下来的螺丝检查其是否符合防爆标准，检修电气设备后要将腔内卫生清理干净，隔爆面锈迹按规定处理，恢复盖子前隔爆面必须抹好凡士林，要求“看不见，摸得着”。如图 8-1(b)所示。

(a) (b)

图 8-1　电气设备开盖检修和测量电压

电气设备开盖检查记录见表 8-2。

表 8-2　电气设备开盖检查记录表

单位：							年　月　日
设备名称		螺栓紧固		电缆完好		外壳完好	
设备型号		接线工艺		隔爆结合面		防爆密封	
包机人				检查人			

(5) 电气设备隔爆面擦拭时要用干净的棉丝擦净，然后轻轻地擦上一层防锈油(凡士林)；打开检修时，结合面部件要轻拿轻放，不要用螺丝刀、扁铲等工具插入隔爆面间隙内硬撬硬撑；用螺丝连接隔爆面，打开时，不可在不拆已松动螺丝的情况下，以它为转轴转动，使隔爆面之间相互摩擦，造成划伤。

① 操作前要清楚供电系统各部位的电压等级，必须使用与其电压等级相适应的验电笔检验，检验时要逐渐接近导体。

② 使用电工仪表测量电压时，必须先检查仪表的挡位是否符合所测电压等级。

③ 使用摇表测量电机或电缆绝缘阻值时，必须使用与其电压等级相适应的摇表进行测试，必须停电、验电、放电，每次测量后都应对地放电，以防储存的电荷伤人或损坏仪表。

（6）检修高压电气设备时，必须佩戴绝缘手套、穿绝缘靴，站在绝缘台上一人操作一人监护，停电开关由专人闭锁、加锁并挂上“停电作业，禁止合闸”的警告牌。操作完成后摘除接地线和警示牌，由操作人和监护人共同进行安全确认，检查无误后方可送电。

（7）按规定对电气设备进行巡检，注意各关键部位的温度、异味、振动、异响及各种仪表的指示状态，变压器上层油温不超过 85 ℃，电动机轴承线圈温度正常，如有异常及时处理。

（8）检查工作面照明系统、三机控制系统、信号系统等，确保设备运转正常可靠，设备更换零部件时严禁带电作业。

① 检查隔离开关闭合是否良好，闭合不好及时铲除烧痕，锤平接触面，调整接触压力。

② 检查接触器：锤平烧痕、清除相间铜末，调整接触面积和三相触头的同期性，检查消弧罩的完整状况；消弧片烧损严重、片数不足，消弧罩断裂、掉角等影响消弧性能的需更换。

③ 检查熔断器的两端压紧或夹紧部分接触是否良好，保险管是否存在鼓肚、裂纹和严重烧焦现象，同时应清除熔断器周围的煤尘、脏物和水汽，严禁用铜丝代替保险丝。

④ 检查绝缘板各处螺丝的松紧情况，检查套管、面板有无裂纹、烧痕并清除板面的尘埃、水珠等。检查其他部件的检修情况。

⑤ 检查继电器及其接点、内部接线等是否符合规定；检查各模块、各模板、显示屏及其他元件是否正常。

⑥ 检查小型防爆电器是否悬挂牢固、可靠，是否有淋水、挤压、砸碰情况，清擦隔爆面并涂凡士林。

⑦ 检查内部接线柱、瓷座、胶座完好情况，清除尘埃、水珠，检查压紧螺母、压板等有无裂纹等。

⑧ 检查接线、密封胶圈、垫圈、挡板是否合格。检查螺丝、弹簧垫是否齐全完好，线嘴是否牢固，闭锁装置是否可靠，外壳是否变形、破裂等。

（9）检修电缆线路前，必须停止该线路可能来电的所有开关，并加绝缘隔板，由专人闭锁、加锁并挂好停电警示牌，再进行验电、放电、挂接地线，开始检查。

① 井下运行的高压电缆每季度进行一次电气绝缘阻值摇测，每季度对高开和移变的进、出线连接装置的紧固情况进行一次检查。

② 井下高开每月进行一次检修，主要检修、检查内容有：动、静触头接触是否良好；真空断路器的气密性；各电气连接点是否紧固；操作及合闸机构是否灵敏可靠；电气和机械闭锁是否可靠；对各项保护功能进行分合闸试验，确保保护动作灵敏可靠。

③ 每月对高压接线盒进行一次检查、维护，同时对吊挂、接地线完好情况及其外观进行检查，并做好检查、维护记录。

（10）两巷及工作面电缆应悬挂整齐，使用中的电缆不准堆放或盘圈，履带中的电缆要在电缆槽中保护好，并定期测试其绝缘阻值。如图 8-2 所示。

2. 移动变电站检修作业

（1）检查各部位连接齐全、紧固可靠，电气元件及接地装置完好。

（2）检查各种保护、闭锁装置安全可靠，馈电开关仪表和指示灯显示正常。

（3）检查各开关按钮、操作机构灵活可靠，线路正常，过载和短路等整定值正确。

（4）移动变电站停电时应先断开低压负荷开关，再断开低压馈电开关，最后断开高压负荷开关。

图 8-2　电缆悬挂

(5) 移动变电站送电时应先合高压负荷开关，再合低压负荷开关，并进行漏电保护试验。

3. 磁力启动器及真空馈电开关检修作业

(1) 检查各部位连接齐全、紧固可靠，电气元件及接地装置完好。

(2) 检查设备过负荷、短路、漏电等保护装置完好。

(3) 检查设备过载和短路等整定值合理，接地装置完好。

(4) 及时更换不合格的零部件。

(5) 检修完毕后，对启动器的保护电路、控制电路、信号电路及各种保护进行一次全面的试验检查，证实启动器一切正常。

(6) 馈电开关各转动轴及摩擦部分必须定期添加润滑油，外壳隔爆面应防止碰撞损伤和锈蚀。

(7) 馈电开关使用真空接触器时，对漏电的真空管必须立即更换。

(8) 检修电动机时，先要清理电机卫生，检查盖板、接线盒、隔爆面等各部位的紧固情况和防爆性能，检查电缆与喇叭口进线是否符合要求；水冷电机要检查其冷却水路是否畅通，冷却水压和流量是否符合规定。

(五) 作业收尾

(1) 设备检修完毕后，认真清理接线腔内杂物，做好隔爆面防爆处理工作，即隔爆面应保持光洁、完整、磷化或涂防锈油脂，其结合面、间隙及压紧装置必须合格。

(2) 送电前要清点人员、工器具、测试仪器及更换的材料、配件是否齐全，清理场所卫生。

(3) 送电前要专人检查设备完好，检查确认设备完好后解除闭锁、加锁装置，并合闸磁力启动器/馈电开关。

(4) 认真填写检修记录，包括检修内容、处理结果及遗留问题。

(六) 交班

(1) 接班人员必须提前 30 min 上班，必须在井下指定地点交接，做好交接记录。

(2) 协助接班人员进行现场检查和安全确认。

(3) 发现问题立即协同处理，对遗留问题及落实责任向值班室汇报。

矿井维修电工作业流程如图 8-3 所示。

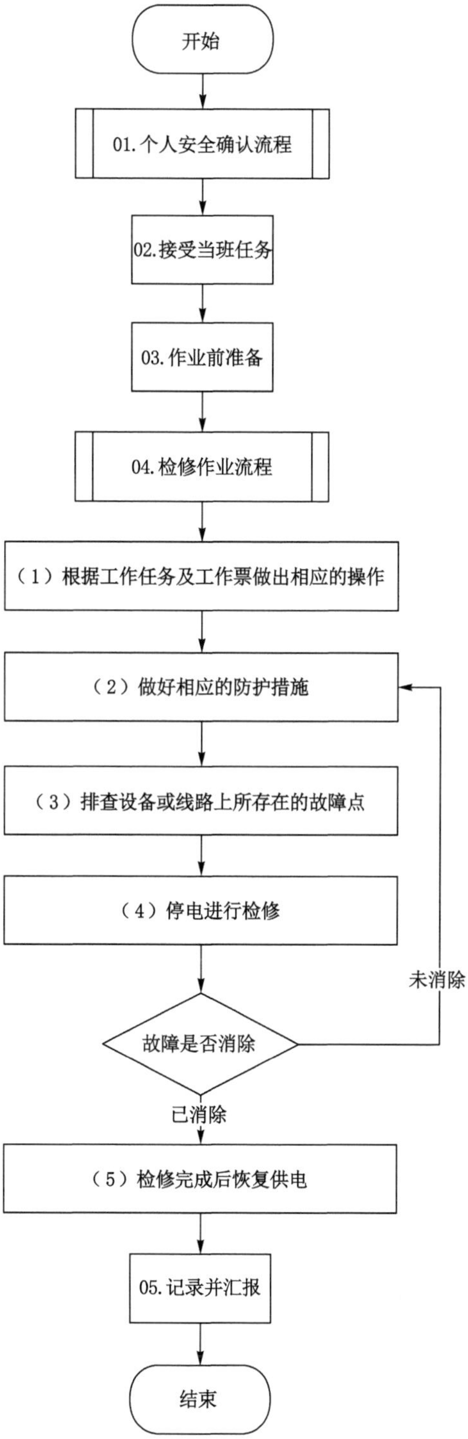

图 8-3　矿井维修电工作业流程

二、常见故障及处理方法

（一）隔爆真空开关不吸合

故障分析	处理方法
开关接线腔信号线不连接且未接地	连接信号线并接地
熔断器松动或损坏	紧固或更换熔断器
电动机综合保护器或负荷故障	排除负荷故障或更换电动机综合保护器

（二）主控制器及显示总成不亮

故障分析	处理方法
设备未通电	给组合开关输入其额定电压
主控制及显示总成电源线断	检查并修复主控制器电源线
显示总成保险烧坏	更换显示总成保险
主控制及显示总成故障	更换主控制及显示总成

（三）所有模块不在线

故障分析	处理方法
总手柄在停止位置	将总手柄打到运行位置
主控制及显示总成 CAN 线断	检查并修复主控制器 CAN 线
显示重号	查找重号接触器，并更换新接触器
主手柄转换开关故障	更换转换开关
主控制器版本与模块版本不一致	更换主控制及显示总成使其版本与模块一致
系统 CAN 线上所有通信模块有一个故障造成 CAN 线短路	逐一排除，更换故障模块

（四）隔离开关不在线

故障分析	处理方法
手柄在停止位置	将手柄打到运行位置
隔离开关电源线或 CAN 线断	检查并修复隔离开关电源线或 CAN 线
隔离开关保险烧坏	更换隔离开关保险
隔离开关故障	更换隔离开关

（五）接触器总成不在线

故障分析	处理方法
手柄在停止位置	将手柄打到运行位置
急停按钮按下	将急停按钮拔起
接触器总成电源线或 CAN 线断	检查并修复接触器总成电源线或 CAN 线
接触器总成保险烧坏	更换接触器总成保险
接触器总成故障	更换接触器总成

（六）接触器模块不能启车

故障分析	处理方法
模块不在线	检查、排除漏电故障，并将主控器复位
远控或先导回路故障	确保远控和先导回路正常（电阻阻值正确、二极管方向正确）
未定义正方向	定义对应模块的正方向
设备或设备沿线漏电	检查、排除漏电故障，并将主控制器复位
使用欠压或过压闭锁	调节输入电压为设备的额定电压
启车延时长	调整从电机停车到漏电闭锁的时间
电机启车后保护	设定适应的各种保护阈值
运行模式选择不正确	调整开关的运行方式

（七）高压电源指示灯不亮

故障分析	处理方法
设备未通电	调节输入电压为设备的额定电压
电源指示灯板坏	更换电源指示灯板
电源指示灯电源线断	检查并修复电源指示灯电源线
电压互感器处保险烧坏	更换保险

（八）综保开关指示灯不亮

故障分析	处理方法
综保变压器未通电	给综保变压器上电
综保转换开关在复位位置	将综保转换开关拨到合闸位置
综保指示灯板坏	更换综保指示灯板
综保指示灯电源线断	检查并修复综保指示灯电源线

（九）漏电保护故障

故障分析	处理方法
漏电保护锁低压无效	将漏电保护锁低压设为有效
漏电保护阈值不正确	重新设定正确的漏电保护阈值
漏保模块故障	更换漏保模块

第三节　矿井维修电工事故类型与案例

一、矿井维修电工常见事故类型

(1) 攀爬无可靠防护运转设备，可能造成其他事故。

(2) 起吊设备不完好，可能造成运输事故。

(3) 私自修改安全生产系统数据或信息，可能造成机电事故。

(4) 进入微风、无风区域作业，可能造成瓦斯事故。

(5) 电气设备失爆，可能造成机电事故。

(6) 人为甩电气设备保护；未按规定设置设备整定值，可能造成机电事故。

(7) 未执行“两票三制”，可能造成机电事故。

(8) 特种作业人员无证、未持证、持假证上岗作业，可能造成其他事故。

(9) 辅助运输线路未执行“行车不行人，行人不行车”规定，可能造成运输事故。

(10) 电气“三大保护”不齐全，可能造成机电事故。

(11) 电气设备检修时未按规定停电、验电、放电、挂接地线、闭锁、加锁、挂停电牌，未执行专人专锁，可能造成机电事故。

(12) 操作高压电气设备未戴绝缘手套、穿绝缘靴或未站在绝缘台上作业，可能造成机电事故。

(13) 用水冲洗电气设备，可能造成机电事故。

(14) 私自携带非防爆电子产品入井，可能造成爆炸事故。

(15) 入井时或在作业现场未随身佩戴自救器，可能造成粉尘事故。

(16) 用电作业私拉乱接，可能造成机电事故。

(17) 非作业人员在大巷行走，作业人员在大巷作业时未穿反光马甲，在井下作业时未穿反光工作服，可能造成运输事故。

二、矿井维修电工事故案例

综采二队高压检修作业电弧伤人事故

（一）事故发生经过

2021 年 11 月 30 日 16 时，机电二队电工刘某按计划检修变电所Ⅰ段母线，检修期间，综采二队电工白某、林某对 15216 综采工作面设备列车上移变开盖检查，未告知机电二队其要检修泵站移变高压侧开关。机电二队电工刘某在变电所Ⅰ段母线检修完成汇报后开始逐台开关送电，17 时 08 分时，综采二队电工白某听见“嘭”的一声后，发现泵站移变高压侧拉弧，检查发现林某右手被电弧烧伤，立即向跟班队干常某汇报，常某了解情况后，安排人员护送林某升井，并送至榆林市第二人民医院检查，诊断结果：面部深二度电弧烧伤、右手及腕部深二度电弧烧伤累计体表面积的 4%。

（二）事故原因

1. 直接原因

(1) 综采二队未按照公司《供用电管理办法》办理停电申请及工作票，未在检修协调会安排的八点班检修作业时间段内进行检修，安排林某四点班在机电二队检修上级变电所时同步检修移变。

(2) 机电二队电工刘某未执行值班室安排的“送电前先确认再送电”的指令，在变电所检修完后确认无果的情况下直接送电，导致事故发生。

2. 间接原因

机电运输中心月度检修作业安排不细致，检修当天监督管理不到位，落实公司《供用电管理办法》不到位。

（三）防范措施

(1) 综采二队要规范高压检修作业标准流程，强化内部管理，坚决执行公司《供用电管理办法》，严格执行停送电和工作票制度，杜绝违章作业。

(2) 机电二队要加强内部管理，强化员工教育培训，提高执行力，严格执行停送电管理制度和工作票、操作票制度，杜绝类似事件再次发生。

(3) 各区队要深刻吸取事故教训，认真自查分管范围内高压电气设备管理方面存在的问题，制定管控措施清单，坚决贯彻执行公司《供用电管理办法》，严格落实公司停送电管理制度和工作票制度，强化检修作业现场安全管理，促进公司安全生产形势持续稳定。

第九章　生产维修电工岗位技能与安全

第一节　生产维修电工岗位技能基础

一、生产维修电工岗位基本条件与必备技能

（一）基本条件

生产维修电工必须持“高压电工作业”或“低压电工作业”证件上岗。

（二）必备技能

(1) 掌握基础的电气知识，能正确识别和使用常用电气工具。

(2) 掌握常用电气设备的保养方法，能处理一般的故障。

(3) 掌握地面电气设备的检修技术。

二、生产维修电工安全生产责任制

(1) 负责安全高效地完成队内的各项巡查、维护、检修任务。

(2) 熟知包机区域设备运行状况和应知应会，具备所需的专业技术知识和操作技能。

(3) 紧盯现场，做好包机区域的设备隐患自查自改。

(4) 定期巡视检查设备，发现问题及时处理汇报，并做好记录。

(5) 积极学习并严格执行各项安全生产规章制度，做到无“三违”行为。

(6) 及时、准确、清楚、完整地填写检修记录。

(7) 按时完成区队和班组安排的其他工作任务。

三、“一规程四细则”及安全生产标准化对生产维修电工的规定

（一）《煤矿安全规程》相关规定

1.《煤矿安全规程》第四百八十一条

(1) 电气设备的检查、维护和调整，必须由电气维修工进行。高压电气设备和线路的修理和调整工作，应当有工作票和施工措施。

(2) 高压停、送电的操作，可以根据书面申请或者其他联系方式，得到批准后，由专责电工执行。

2.《煤矿安全规程》第六百一十八条

操作电气设备必须遵守下列规定：

(1) 非专职和非值班人员，严禁操作电气设备。

(2) 操作高压电气设备回路时，操作人员必须戴绝缘手套、穿电工绝缘靴或者站在绝缘台上。

(3) 手持式电气设备的操作柄和工作中必须接触的部分，必须有合格的绝缘。

（4）操作人员身体任何部分与电气设备裸露带电部分的最小距离应当执行国家相关标准。

（二）《煤矿安全生产标准化管理体系基本要求及评分方法（试行）》相关规定

（1）严格执行本岗位安全生产责任制。

（2）管理、技术人员掌握相关的岗位职责、管理制度、技术措施，作业人员掌握本岗位相应的操作规程和安全措施。

（3）规范作业，无“三违”行为，作业前进行岗位安全风险辨识及安全确认。

第二节　生产维修电工作业流程与故障处理

一、生产维修电工作业流程

（一）班前会准备

见本书第七章第一节。

（二）作业前准备

（1）根据工作任务，排查设备、线路运行情况，掌握设备检修内容、工艺、质量标准和安全技术措施。

（2）按工作方案准备所需的工具、材料、配件、仪表等，保证其完好。如图 9-1 所示。

（3）操作高压电气设备严格执行工作票和操作票制度，分断或关闭所检修设备的电源、气源，挂作业标示牌。

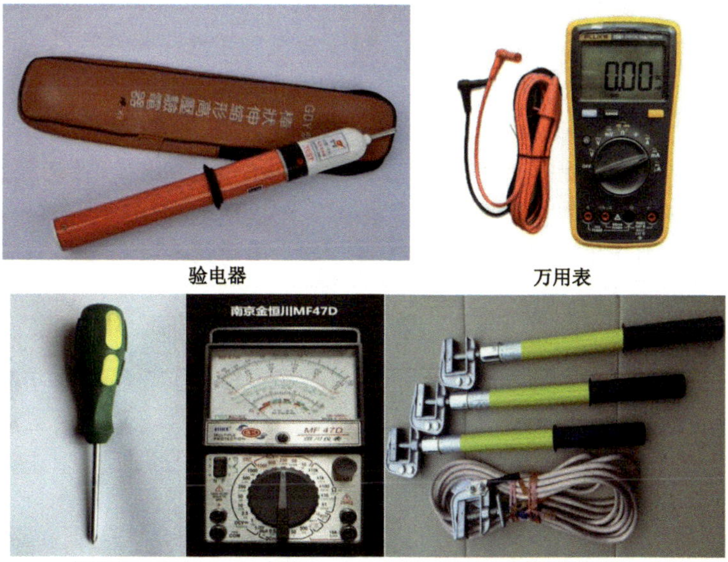

验电器　万用表

螺丝刀　摇表　三相短路接地线

图 9-1　生产维修电工常用工具

（三）作业标准

（1）检查作业现场周围环境，做到预测预想，做好防范措施。

（2）操作高压电气设备时必须使用绝缘用具，检修电气设备严格执行停电、验电、放电、装设接地线、闭锁、加锁、悬挂标示牌和装设遮栏（围栏）等保证安全的技术措施，进行设备、线路故障排查并处理。

（3）停电：

① 停电设备的各端应有明显的断开点，或应有能反映设备运行状态的电气和机械等指示，不应在只经断路器断开电源的设备上工作。

② 应断开停电设备各侧断路器、隔离开关的控制电源和合闸电源，闭锁隔离开关的操作机构。

③ 高压开关柜的手车开关应拉至“试验”或“检修”位置。

（4）验电：

① 直接验电应使用相应电压等级的验电器在设备的接地处逐相验电。验电前，验电器应先在有电设备上确证验电器良好。在恶劣气象条件时，对户外设备及其他无法直接验电的设备，可间接验电。

② 高压验电应戴绝缘手套，人体与被验电设备的距离应符合 10 kV 及以下电压等级 0.70 m、20 kV 和 35 kV 电压等级 1.00 m、110 kV 电压等级 1.50 m 的安全距离要求。

（5）放电、接地：

① 装设接地线不宜单人进行。

② 人体不应碰触未接地的导线。

③ 当验明设备确无电压后，应立即将检修设备接地（装设接地线或合接地刀闸）并三相短路。电缆及电容器接地前应逐相充分放电，星形接线电容器的中性点应接地。

④ 可能送电至停电设备的各侧都应接地。

⑤ 装、拆接地线导体端应使用绝缘棒，人体不应碰触接地线。

⑥ 不应用缠绕的方法进行接地或短路。

⑦ 接地线采用三相短路式接地线，若使用分相式接地线时，应设置三相合一的接地端。

⑧ 成套接地线应由有透明护套的多股软铜线和专用线夹组成，接地线截面不应小于 25 mm^2，并应满足装设地点短路电流的要求。

⑨ 装设接地线时，应先装接地端，后装接导体端，接地线应接触良好，连接可靠。拆除接地线的顺序与此相反。

⑩ 在配电装置上，接地线应装在该装置导电部分的适当部位。

⑪ 已装设接地线发生摆动，其与带电部分的距离不符合安全距离要求时，应采取相应措施。

⑫ 在高压回路上工作，需要拆除部分接地线时应征得运行人员或值班调度员的许可，工作完毕后立即恢复。

⑬ 因平行或邻近带电设备导致检修设备可能产生感应电压时，应加装接地线或使用个人保安线。

（6）悬挂标示牌和装设遮栏：

① 在一经合闸即可送电到工作地点的隔离开关操作把手上，应悬挂“禁止合闸，有人工作！”或“禁止合闸，线路有人工作！”的标示牌。如图 9-2(a)所示。

② 在计算机显示屏上操作的隔离开关操作处，应设置“禁止合闸，有人工作”或“禁止合闸，线路有人工作”的标记。

③ 部分停电的工作，工作人员与未停电设备安全距离不符合 10 kV 及以下电压等级 0.70 m、35 kV 电压等级 1.00 m、110 kV 电压等级 1.50 m 的规定时应装设临时遮栏，其与带电部分的距离应符合 10 kV 及以下电压等级 0.35 m、35 kV 电压等级 0.60 m、110 kV 电压等级 1.50 m 的规定。临时遮栏应装设牢固，并悬挂“止步，高压危险”的标示牌。35 kV 及以下设备可用与带电部分直接接触的绝缘隔板代替临时遮栏。如图 9-2(b)所示。

④ 在室内高压设备上工作，应在工作地点两旁及对侧运行设备间隔的遮栏上和禁止通行的过道遮栏上悬挂“止步，高压危险”的标示牌。如图 9-2(b)所示。

⑤ 高压开关柜内手车开关拉至“检修”位置时，隔离带电部位的挡板封闭后不应开启，并设置“止步，高压危险”的标示牌。

⑥ 在室外高压设备上工作，应在工作地点四周装设遮栏，遮栏上悬挂适当数量朝向里面的“止步，高压危险”标示牌，遮栏出入口要围至临近道路旁边，并设有“从此进出”的标示牌。

⑦ 若室外只有个别地点设备带电，可在其四周装设全封闭遮栏，遮栏上悬挂适当数量朝向外面的“止步，高压危险”标示牌。

⑧ 工作地点应设置“在此工作”的标示牌。

⑨ 室外构架上工作，应在工作地点邻近带电部分的横梁上，悬挂“止步，高压危险”的标示牌。在工作人员上下的铁架或梯子上，应悬挂“从此上下”的标示牌。如图 9-2(c)所示。在邻近其他可能误登的带电构架上，应悬挂“禁止攀登，高压危险”的标示牌。

⑩ 工作人员不应擅自移动或拆除遮栏、标示牌。

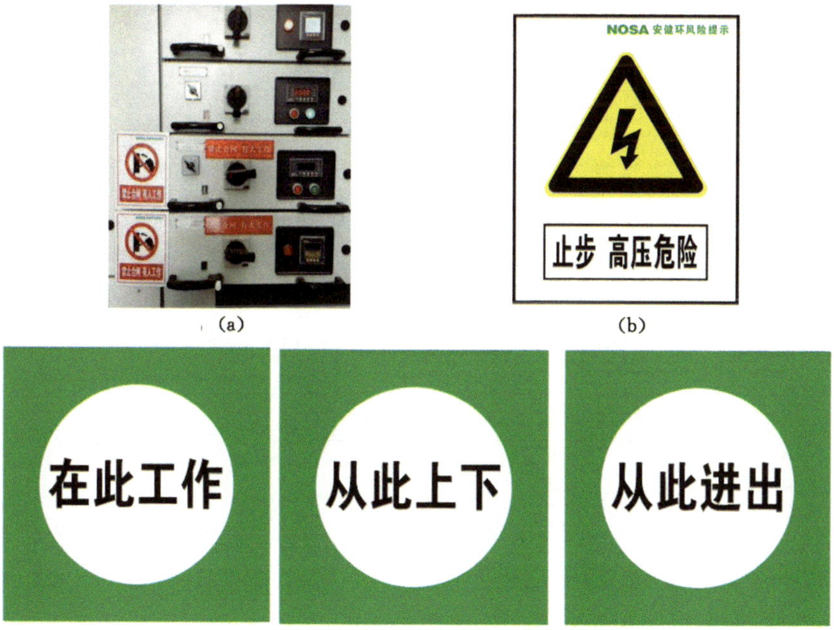

(a)　(b)　(c)

图 9-2　悬挂标示牌和装设遮栏

(7) 检修完成后，确保设备达到完好状态，清点工器具，清理设备卫生，确认此线路无误后终结工作票，方可恢复供电。

(8) 恢复供电后加强设备巡视，确认设备运行正常。

(9) 检修完成后,确保设备达到完好标准,维修工应会同值班员对维修部位进行检查验收,并将检修部位、内容、结果及遗留问题填入检修记录本。

表 9-1　日常维护、检查、检修记录表

检修时间	检修内容	检修人员	验收人员
年　月　日			
检修结果			

(四) 下班

清点工器具,备件、材料码放整齐,清理工作地点的环境与设备卫生。

生产维修电工作业流程见图 9-3。

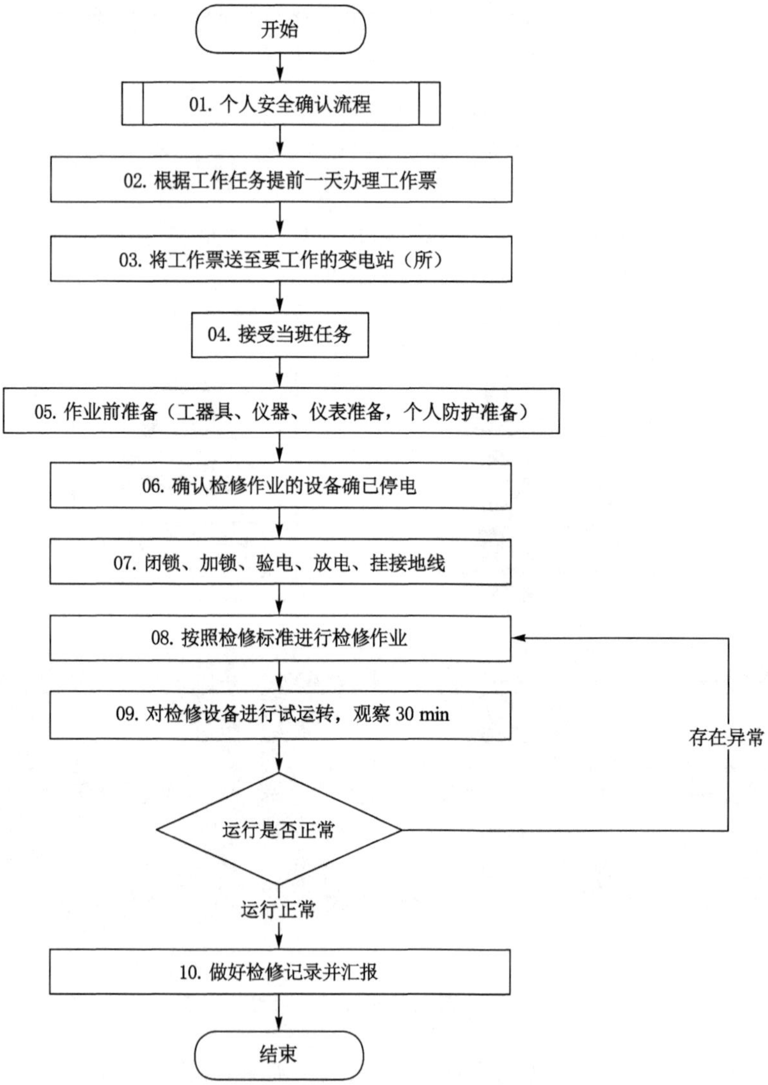

图 9-3　生产维修电工作业流程图

二、常见故障及处理方法

（一）高压开关拒合

故障分析	处理方法
高压开关断路器未合到位，限位开关未闭合	断路器合到位，限位开关闭合
综合保护器损坏或数据丢失	更换综合保护器或重新输入数据
航空插头未插好	紧固航空插头
操作机构卡死	调整操作机构

（二）高、低压线路故障

故障分析	处理方法
线路受损或绝缘层老化	维修或更换受损线路

（三）风量数据不准确

故障分析	处理方法
风量传感器故障	清理或更换风量传感器
风量监测回路断线	维修风量监测回路

（四）负压数据不准确

故障分析	处理方法
负压传感器故障	更换负压传感器
负压监测管漏风或堵塞	维修或疏通负压监测管
负压监测回路断线	维修负压监测回路

（五）电机轴承或绕组温度过高

故障分析	处理方法
电机轴承磨损	及时更换电机轴承，确保安装质量
电机轴承缺油或油脂不符合规定	按润滑周期注入合格油脂
长期过负荷运转	查明原因，调整负荷
电机绕组匝间短路	更换电机

（六）变频器无法正常启动

故障分析	处理方法
“远控/就地”或“手动/自动”选择不正确	操作时确认“远控/就地”或“手动/自动”位置正确
故障信号未复位	变频器启动前，及时复位故障信号
变频器冷却风扇故障	维修或更换变频器冷却风扇
变频器门上限位开关未闭合	关紧变频器门，确保变频器门上限位开关闭合
控制回路失电或断线	及时恢复控制回路供电

（七）变频器一次侧高压熔断器熔断

故障分析	处理方法
电源过电压	加强巡视，注意观察电网电压
熔断器容量选择不当	按照实际负荷选择熔断器容量
熔断器质量不合格	更换合格熔断器

（八）电动机故障

故障现象	故障原因	处理方法
电动机不能启动	电源未接通	检查开关、熔体、各对触点及电动机引出线头
	熔体烧断	查出原因，排除故障，按电动机规格配新熔体
	控制设备接线错误	校正接线
电动机接入电源后，熔体被灼断	单相启动	检查电源线、电动机引出线、熔断器、开关各对触点，找出断线或虚接故障后进行修复
	电动机负载过大或被卡住	将负载调至额定值，并排除负载机构故障
	熔体截面积过小	熔体对电动机过载不起保护作用，一般应按下式选择熔体：熔体额定电流＝启动电流/（2～3）
	电源到电动机之间的连接线短路	检查短路点后进行修复
电动机通电后不启动，嗡嗡响	电动机负载过大或被卡住	检查设备，排除故障
	电源未能全部接通	更换熔断器的熔体；紧固接线柱松动的螺栓；用万用表检查电源线的断线或虚接故障然后修复
	电压过低	如果△连接电动机误接成Y连接，应改回△连接，电源电压太低时，调整电压
电动机外壳带电	电源线与接地线接错	调整接线
	电动机绕组受潮，绝缘严重老化	电动机烘干处理，更换电动机
	引出线与接线盒接地	对引出线接地点进行绝缘处理，更换接线盒绝缘座
电动机启动困难，加额定负载后，电动机转速比额定转速低	电源电压过低	通过电压表或万用表判断电动机输入端电源电压大小，然后进行处理
	△连接绕组误接成Y连接	将Y连接改回△连接

续表

故障现象	故障原因	处理方法
绝缘阻值低	绕组受潮或被水淋湿	进行加热烘干处理
	绕组绝缘老化	经鉴定可以继续使用时，可经清洗干燥后重新涂漆处理；如果绝缘老化不能安全运行时，需更换电动机
电动机运行时有杂音，不正常	轴承磨损，有故障	检修更换新轴承
	电压太高或不平衡	测量电源电压，检查电压过高和不平衡的原因，并进行处理
	轴承缺少润滑脂	添加润滑脂，使其充满轴承室容积的 1/3～1/2
	风扇碰风罩或风道堵塞	修理风扇和风罩，使其尺寸正确；清理通风道
电动机过热或冒烟	电源电压过高，使铁芯磁通密度过饱和，造成电动机温升过高	如果电源电压超过额定电压的 5%以上，应调整电压
	电源电压过低，在额定负载下电动机温升过高	若是因电源线电压降过大而引起的，可更换较粗的电源线；如果是电源电压低于额定电压的 5%以上，应调整电压
	定、转子铁芯相摩擦	检查故障原因，如果轴承间隙超限，则应更换轴承；如果转轴弯曲，则需调直处理；如果铁芯松动或变形时应处理铁芯，消除故障
	电动机过载或负载机械阻力过大，使电动机发热	排除负载机械故障，减少阻力，根据电流指示，如超过额定电流，需降低负载，更换符合要求的电动机
电动机过热或冒烟	电动机频繁启动或正反转次数过多	减少电动机启动及正、反转次数，或更换合适的电动机
	风扇故障，通风不良	检查电动机风扇是否损坏，扇叶是否变形或未固定好，必要时更换风扇
电动机空载运行时电流不平衡，且相差很大	电源电压不平衡	测量电源电压，找出原因
	绕组有故障，如匝间短路、某组线圈接反等	拆开电动机检查绕组极性和故障，然后改正或消除故障

（九）螺杆空气压缩机常见故障

故障情形	可能发生原因	排除故障
无法启动	熔断器熔断	检修更换熔断器
	过载保护器动作	检查过载原因，排除故障
	控制回路接线松动或接触不良	检修控制回路，紧固接线
	电源电压低	调整电压
	电动机故障	请电气人员检修
	空气压缩机机体故障	用手盘动机体，若无法转动，对机体进行维修
	逆、欠相保护动作	检查电源线及各接点

续表

故障情形	可能发生原因	排除故障
运转电流高，压缩机自行停车	电源电压低	调整电压
	排气压力超过规定值	检查压力开关或压力传感器
	电路接点接触不良	检修
	润滑油规格不正确	检查油号，更换油品
	皮带传动松	检查并调整
	油细分离器堵塞	更换油细分离器
	压缩机机体故障	用手盘动机体，若无法转动，对机体进行维修
运转电流低于正常值	空气消耗量太大	检查消耗量，必要时增开压缩机
	空气过滤器堵塞	清洁或更换
	进气阀动作不灵活	拆卸清洗并加润滑油脂
	压力设定不当	重新调整设定压力
	环境温度太低	减小冷却器散热面积
	空车太久	增加空气消耗量
	温度控制元件故障	调整或更换
	热控制阀故障	更换热控制阀
排气温度高，空气压缩机自动跳闸	润滑油量不足	检查油位，若油量不足，请停车加油
	环境温度高	改善环境，降低室温
	冷却器不清洁或堵塞	检查进出口温差，正常温差为5～8 ℃，如低于5 ℃，则以低压空气清洁或拆下用药剂清洗
	润滑油规格不正确或变质	检查油号，更换油品
	热控制阀故障	检查油是否经过油冷却器冷却，若无则更换热控制阀
	油过滤器堵塞	更换
	前置过滤器堵塞	清洁
	冷却风扇故障	检修或更换
	温度控制元件故障	检修或更换
空气中含油分高，润滑油添加周期短	油位太高	检查油位并适当排放润滑油
	回油管路堵塞	拆卸清洁
	回油止回阀损坏	更换
	排气压力太低	调整检修压力控制元件
	油细分离器破损、失效	更换新品
	压力维持阀弹簧疲劳	更换弹簧
	油细分离器芯管“O”形圈破损	更换
无法全载运转	压力控制元件故障	检修或更换
	电磁阀故障	检修或更换
	进气阀动作不良	拆卸清洗后加注润滑油脂检查控制管路是否畅通
	压力维持阀动作不良	拆卸检查阀座及止回阀片是否磨损，如磨损则更换
	控制管路泄漏	检查泄漏位置并锁紧
	电气线路故障	检修或更换

续表

故障情形	可能发生原因	排除故障
无法空车，空车时压力仍保持工作压力或继续上升，安全阀动作	压力控制元件失效	检修或更换
	进气阀动作不良	拆卸清洗后加润滑油脂
	电磁阀失效或泄放管路阻塞	检修或更换
	电气线路故障	检修或更换
压缩机风量低于正常值	进气过滤器堵塞	清洁或更换
	进气阀作动不灵敏	拆卸清洗后加润滑油脂
	油细分离器堵塞	更换
	泄放电磁阀或管路泄漏	检修，必要时更换
空/重车频繁	管路泄漏	检查泄漏位置并锁紧
	压力控制元件设定错误或故障	检修或更换
	压力维持阀泄漏	检修或更换
停机时油雾从空气过滤器冒出	进气阀关闭不严或卡死	检查进气阀如卡住，拆卸清洁后加润滑油脂
	压力维持阀泄漏	检修或更换
	泄放电磁阀故障	检修或更换
	止回阀故障	检修或更换

第三节 生产维修电工事故类型与案例

一、生产维修电工常见事故类型

（1）未正确佩戴安全帽，可能造成其他事故。

（2）未执行“两票三制”，可能造成机电事故。

（3）操作高压电气设备未戴绝缘手套、穿绝缘靴或未站在绝缘台上作业，可能造成机电事故。

（4）人为甩电气设备保护；未按规定设置设备整定值，可能造成机电事故。

（5）电气设备检修时未按规定停电、验电、放电、挂接地线、闭锁、加锁、挂停电牌，未执行专人专锁，可能造成机电事故。

二、生产维修电工事故案例

检修工违反操作规程被电击伤事故

（一）事故发生经过

2021 年 10 月 12 日，机电一队八点班班前会，检修班班长安排王某、麻某到一号风井主通风机房 10 kV 配电室进行主要通风机倒机后备用风机供电设备检修保养工作，停电工作由当班主通风机房值班员完成。

约 10 时 15 分，主通风机房值班员张某将备用风机 1 号电机、2 号电机对应的高压开关柜由热备用状态转至检修状态，并在开关柜断路器操作把手处悬挂“有人工作，禁止合闸”标示牌。之后检修工王某和麻某开始检修高压变频器，两人将变频器空气滤网拆下，由麻某拿到配电室外清理。10 时 19 分，王某打开高压变频器柜门，在清理变频器整流单元粉尘时，右手不慎触碰到变频器输出端 R 相被电击伤。

（二）事故原因

1. 直接原因

王某违反操作规程的规定，检修变频器时未严格执行停电、验电、放电、挂接地线的工作流程，未穿戴绝缘保护用品，未遵守变频器断电 5 min 后方可开门的规定。

2. 间接原因

王某安全意识淡薄，在监护人员未在场的情况下，检修人员仍然进行电气检修作业，违反“电气作业必须一人操作、另一人监护”的规定。

（三）防范措施

（1）要切实吸取此次事件教训，深刻反思，立即组织区队全员学习《电力安全工作规程（发电厂和变电站电气部分）》和公司《供用电管理办法》，提升区队全员安全意识。

（2）强化员工安全教育培训，杜绝员工违章作业，全面提高员工的安全自保、互保、联保意识。对多人作业的工作岗位必须明确现场负责人及各自岗位职责。

（3）本区队员工作业前必须开展安全预测、预想，进行岗位安全风险评估，对可能存在安全风险的作业，在工作前必须做好防范措施。

第十章　矿井维修钳工岗位技能与安全

第一节　矿井维修钳工岗位技能基础

一、矿井维修钳工岗位基本条件与必备技能

（一）基本条件

矿井维修钳工必须持“煤矿井下电气作业”证件上岗。

（二）必备技能

(1) 熟悉设备检修内容、工艺过程、质量标准和安全技术措施。

(2) 设备检修前要将检修用的备件、材料、工具、设备和安全保护用具准备齐全，检查各种工具是否完好。

(3) 熟悉所维修设备的结构、性能、技术特征、工作原理，具备一定的钳工基本操作及液压基础知识，能独立工作。

(4) 定期对机电设备润滑情况进行检查，确保机电设备和润滑设备的油量、油质等符合要求。

二、矿井维修钳工安全生产责任制

(1) 按时参与班前会，负责维护制氮机、水泵等所属机械设备，按照有关规定定期检查，保证设备运行完好。

(2) 要充分利用检修时间对设备各润滑部位、运转部位、紧固部位进行检查，要做到勤检查、勤维护、勤记录，保证设备正常运转，延长设备使用寿命。

(3) 发现重大隐患和不能处理的故障要及时向区队、主管部门、公司领导等汇报，以便尽快处理解决。

(4) 提高维修质量，节约材料，修旧利废，杜绝野蛮操作，防止损坏机械。

(5) 学习本岗位工种的专业知识，掌握设备的结构特征，努力提高操作水平。

三、“一规程四细则”及安全生产标准化对矿井维修钳工的规定

（一）《煤矿安全规程》相关规定

第三百一十四条　水泵、水管、闸阀、配电设备和线路，必须经常检查和维护。在每年雨季之前，必须全面检修 1 次，并对全部工作水泵和备用水泵进行 1 次联合排水试验，提交联合排水试验报告。

水仓、沉淀池和水沟中的淤泥，应当及时清理，每年雨季前必须清理 1 次。

（二）《煤矿安全生产标准化管理体系基本要求及评分方法（试行）》相关规定

1. 煤矿机械相关规定

（1）机械设备及系统能力满足矿井安全生产需要；

（2）机械设备完好，各类保护、保险装置齐全可靠；

（3）积极采用新工艺、新技术、新装备，推进煤矿机械化、自动化、信息化、智能化建设。

2. 职工素质及岗位规范

（1）严格执行本岗位安全生产责任制；

（2）管理、技术人员掌握相关的岗位职责、管理制度、技术措施，作业人员掌握本岗位相应的操作规程和安全措施；

（3）规范作业，无“三违”行为，作业前进行岗位安全风险辨识及安全确认。

第二节　矿井维修钳工作业流程与故障处理

一、矿井维修钳工作业流程

（一）班前会准备

见本书第七章第一节。

（二）作业前准备

见本书第七章第二节。

（三）接班

（1）准时进入工作地点，对沿途有关设备进行检查以及现场环境排查，现场交接班。

（2）询问交班人员上一班设备运行情况，查看设备存在问题及有关注意事项。

（3）对职责范围内各设备进行现场检查，发现问题及时处理。

（4）对常用备品备件以及工器具进行检查。

（四）作业标准

1. 巡查

（1）检查设备完好、运行情况。如图 10-1(a)所示。

（2）对区域进行卫生清洁。如图 10-1(b)所示。

（3）填写对应的巡查记录。如图 10-1(c)所示。

2. 主排水泵检修维护作业流程

（1）水泵及电机表面必须保持清洁，各连接螺栓必须紧固可靠。

（2）联轴节间隙符合规定，防护罩安全可靠，排除不正常的漏水现象。

（3）轴承润滑油合格，油量适当。

（4）各阀门开启、关闭灵活，开关位置正常。

（5）水泵运行中，注意检查水泵电机的温度情况。

（6）吸水管路、排放水管路、吸水高度符合规定。

（7）电控系统必须完好，接地系统应符合规定。如图 10-2(a)所示。

（8）水泵机组有无振动及异响。

（9）盘车 2～3 圈，泵组转动灵活无卡滞现象。

（10）水仓内应无大量堆积淤泥。

(a)

(b)

日期：　　年　　月　　日

部位	巡检项目	零点班	八点班	四点班
压力表	外观、指针			
真空表	外观、指针			
截止阀	外观			
逆止阀	外观			
吸水井	篦子			
管道	外观			
联络阀	外观			
主控台	按钮、屏幕			
流量计	屏幕、进出线			
电话	按键			
	电话线			
	手柄			
防火门	门扇			
	门轴			
	栅栏窗			
防水门	门扇			
	门框			
	楔形块			
	门轴			
	螺栓			
	拉紧螺杆			
	密封条			
消防器材	沙箱			
	沙袋			
	消防锹			
	消防钩			
	消防斧			
	灭火器			
温度	室内环境			
文明卫生	设备、环境卫生			
记录	记录本			
办公桌椅	桌面、桌腿、铁			
制度牌板	牌板、边框			
护栏	铁艺、框架			
洗靴池	水管、池子			
电缆沟	盖板、电缆			
照明灯	外观			
	亮度			
	LED 颗粒			
	进出线			
高低压设备	完好、运行			
巡检人员：				

图 10-1　矿井维修钳工作业巡查

(11) 水仓外防护栏完整可靠。

(12) 各阀门管道无跑、冒、滴、漏现象,压力表读数应正常。如图 10-2(b)所示。

(13) 电机接线盒有无发热现象。检查密封盘根的密封度,发现密封不好时,及时更换盘根。

(a)　　(b)

图 10-2　主排水泵检修作业标准

3. 加压泵检修维护作业流程

(1) 加压泵及电机表面必须保持清洁,各连接螺栓必须紧固可靠。

(2) 轴承润滑油合格,油量适当。

(3) 各阀门开启、关闭灵活,开关位置正常。

(4) 加压泵运行中,注意检查加压泵及电机的温度情况。

(5) 进水管路、排放水管路符合规定。

(6) 电控系统必须完好,接地系统应符合规定。

(7) 加压泵机组有无振动及异响。

(8) 加压泵站外防护栏完整可靠。

(9) 各阀门管道无跑、冒、滴、漏现象,压力表读数应正常。

(10) 电机接线盒有无发热现象。

(11) 检查密封磨损情况,发现密封不好时,及时更换或修理。

4. 制氮机检修维护作业流程

(1) 检查控制电源否正常,电气设备接地是否良好。

(2) 检查各指示仪表是否齐全可靠,指示正确。

(3) 检查空气储气罐的放空阀、进气阀是否正常。

(4) 检查氮气储气罐下部的放空阀是否正常。

(5) 运转期间注意观察注氮系统各管道是否漏气,运行温度、电压、电流、氮气纯度、氮气压力等指示是否正常。

5．检修作业

（1）根据工作任务，分断或关闭所检修设备的电源、水源、气源，挂作业警示牌。

（2）对水泵、加压泵、制氮机、管路等设备进行检修维护，检查各转动部位有无异响、异振，检查设备的紧固件、连接件是否齐全完好；对易损零部件重点检查、维护。

（3）拆卸设备时，必须按规定的程序进行，拆卸较大的零部件时，必须采取可靠的安全防护措施。

（4）在检修时需要打开机盖、箱盖换油、加油时，必须遮盖好，以防落入杂物、淋水等。

（5）在装备滚动轴承且无条件进行轴承预热处理时，应用软金属衬垫锤击或顶压装配。

（6）交叉作业时，必须由专人统一指挥。

（7）维修后应将工具、材料、换下的零部件等进行清点，对设备内部进行全面检查，不得将无关的工具、零部件等物品遗留在机腔内，在试运转前应由专人复查一次。

（8）需盘车的设备，必须盘车 2～3 圈。

（9）维修中被拆除或甩掉的安全保护装置，应由专人进行恢复、检查，并确保动作可靠。

6．安全注意事项

（1）设备检修后的试运转工作应由工程负责人统一指挥，与各点联络时命令准确、信号清晰。由司机操作的部位，在主试运转。

（2）设备经检修后，主要部位应设专人进行监视，发现问题，及时处理。

（3）试运转时，监视人员应特别注意：轴承等转动部分的温度情况；转动及传动部分的振动情况、转动声音及润滑情况。

（4）检修人员传递工具、工件时，必须等对方接妥后，送件人方可松手；远距离传递必须拴好吊绳，禁止抛掷。高空或井筒作业时，工具应拴好保险绳，防止坠落。

（5）检修后应将工具、材料、换下的零部件等进行清点核对。对设备内部进行全面检查，不得将无关的零件、工具等物品遗留在机腔内，在试运转前应由专人复查一次。

（6）检修中被临时拆除或甩掉的安全保护装置，应指定专人进行恢复，并确保动作可靠。

（7）认真填写检修记录，如检修部位、内容、结果及遗留问题等，并将检修资料整理存档。

（五）交班

（1）交班前，对职责范围内的设备进行自检。

（2）向接班人员如实汇报本班设备的运转及注意事项。

（3）协助接班人员进行现场检查，发现问题及时处理。

（4）交班时保持好作业区域文明卫生。

（5）对备品备件以及工器具进行检查。

矿井维修钳工作业流程如图 10-3 所示。

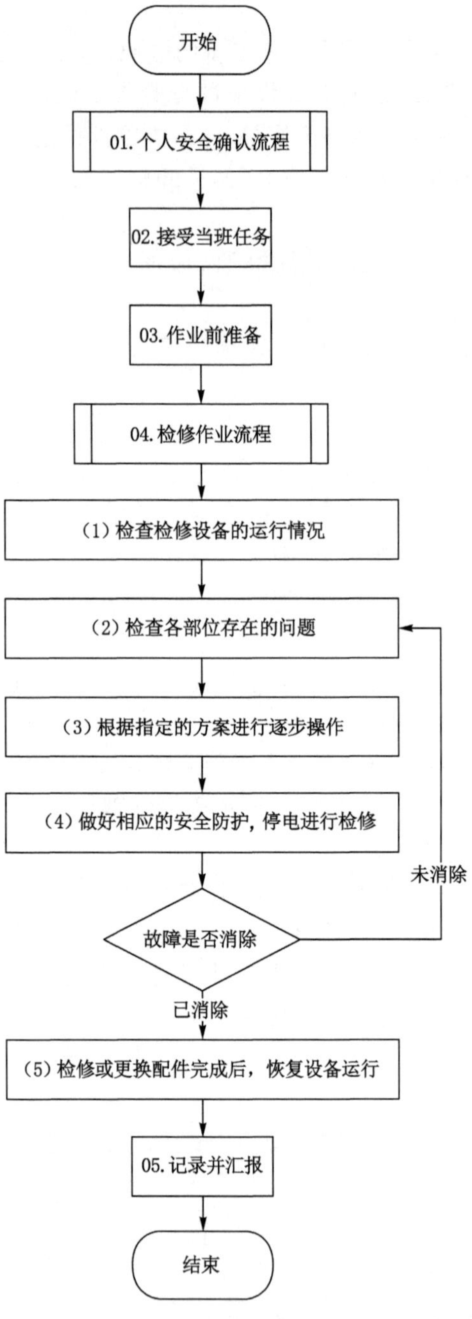

图 10-3　矿井维修钳工作业流程图

二、常见故障及处理方法

（一）阀门

常见故障	原因分析	处理方法
管路阀门损坏	机械疲劳;外力撞击;阀门阀舌脱落	更换阀门

(二) 设备

常见故障	原因分析	处理方法
水泵不出水	水泵转速不够	检查电源电压
	水泵转向不对	重新接线
	吸水高度过大	降低吸水高度
主排泵出口压力低或流量不够	泵内有气体	排出泵内气体
	进口过滤网或进出口管堵塞	清洗进口过滤网或疏通进出口管
	叶轮中有异物或叶轮磨坏	清理叶轮异物或更换叶轮
	压力表或流量计指示不准确	校验压力表、流量计
主排泵泵体、电机振动大或异响	基础螺栓松动	紧固螺栓
	轴承损坏	更换轴承
	窜轴造成对轮撞击	调整对轮间隙
泵壳局部发热	水泵在闸门关闭的情况下启动时间较长	水泵启动后及时打开闸阀
	平衡盘导水管堵塞	清理导水管
主排泵真空管堵塞或漏气	泵体球阀未及时关闭	及时关闭泵体球阀
	管路有杂物	清除管路杂物
	管路连接口松动	紧固管路连接口
	盘根磨损严重	更换盘根

(三) 管路

常见故障	原因分析	处理方法
管路出现砂眼	管路锈蚀	安装抱箍或更换管路
管路法兰漏水	钢垫损坏	更换钢垫
	焊缝开裂	维修焊缝或更换管路
	接口螺丝松动	紧固接口螺丝

第三节　矿井维修钳工事故类型与案例

一、矿井维修钳工常见事故类型

(1) 攀爬无可靠防护运转设备,可能造成其他事故。

(2) 起吊设备不完好,可能造成运输事故。

(3) 电气设备失爆,可能造成机电事故。

(4) 人为甩电气设备保护,未按规定设置设备整定值,可能造成机电事故。

(5) 未执行“两票三制”,约定时间、传话送电或强行送电,带负荷拉合隔离刀闸,可能造成机电事故。

(6) 特种作业人员无证、未持证、持假证上岗作业,可能造成其他事故。

(7) 辅助运输线路未执行“行车不行人,行人不行车”规定,可能造成运输事故。

(8) 电气“三大保护”不齐全,可能造成机电事故。

(9) 电气设备检修时未按规定停电、验电、放电、挂接地线、闭锁、加锁、挂停电牌,未执行专人专锁,可能造成机电事故。

(10) 用水冲洗电气设备,可能造成机电事故。

(11) 高空抛掷物件,高空作业未采取工器具防坠落措施,可能造成其他事故。

(12) 转动部位防护装置不全,可能造成机电事故。

(13) 私自携带非防爆电子产品入井,可能造成爆炸事故。

(14) 入井时和作业现场未佩戴自救器,可能造成其他事故。

(15) 非作业人员在大巷行走,作业人员在大巷作业时未穿反光马甲,在井下作业时未穿反光工作服,可能造成运输事故。

二、矿井维修钳工事故案例

某矿“9·1”堆取料机伤人事故案例

(一) 事故发生经过

2006 年 9 月 1 日 7 时 40 分许,选煤厂原煤车间副主任吴某在该车间会议室,组织当天三个机电组的出勤人员召开班前会。班前会后,各组组长对本组出勤人员进行了岗位分工。10 时 40 分许,机电一组机电维护工(综采维修钳工)牛某和陈某在检修完取料刮板输送机,完成当班检修任务后返回控制室时,牛某听到堆料胶带上有异响,便跟陈某说了一声“我上去看看”,说完牛某沿着堆取料机中柱爬梯爬到堆料带式输送机平台上进行检查,陈某随后也向上爬,爬至中部时,听到牛某喊叫了一声后,立即爬到堆料带式输送机平台上拉下胶带紧急制动拉绳,看到牛某倒在堆料带式输送机机尾底胶带上(滚筒后横梁与清带器之间),便开始呼救。听到呼救声的原煤车间副主任吴某和改造组副组长赵某等人先后赶到现场,紧急将牛某送往矿医院进行救治。12 时 10 分许,牛某经抢救无效死亡。

(二) 事故原因

1. 直接原因

机电维护工(综采维修钳工)牛某在检查胶带响声时,在堆料带式输送机胶带运行的情况下,自保能力差,且站立位置不当,违章检查胶带清带器,不慎落入底胶带上,被运行的胶带挤伤头部致死,造成本次事故发生。

2. 间接原因

(1) 选煤厂原煤车间 2# 均质混煤场堆料带式输送机机尾底胶带清带器区域护栏空隙大,安全防护装置不规范。

(2) 选煤厂原煤车间制定的《维修钳工安全技术操作规程》中,未明确综采维修钳工在设备运行中检查的安全注意事项,规程制定得不完善。

(3) 选煤厂原煤车间新工人多,技术素质不高,经验不足,安全技术培训不到位,自保能力差。

(4) 相关部门业务保安和监督检查不到位。

(5) 矿领导对职工安全思想教育不够。

（三）防范措施

（1）选煤厂原煤车间要进一步强化职工的安全技术培训，做到经常化、规范化、制度化，提高职工的安全意识、安全素质，增强职工的自主保安能力。

（2）选煤厂原煤车间要对运转的带式输送机安全防护装置开展一次拉网式安全检查，对无安全防护装置或不完善、不规范的安全防护装置要限期整改，危险地段要悬挂警示标志。

（3）选煤厂原煤车间要进一步明确、完善大班机电维护工（综采维修钳工）在检查机电设备过程中的安全注意事项，修订《机电设备操作规程》《岗位安全责任制》，规范职工的操作行为。

（4）选煤厂要针对职工队伍存在的新工人多、技术素质偏低、经验不足和自保能力差等问题，采取针对性的措施，提高职工的安全意识和技术素质。

（5）选煤厂要加强现场安全管理，加强安全技术操作规程的落实与监督检查，完善监督检查机制，确保操作人员按章作业。

（6）相关业务部门要加大对选煤厂的安全管理力度，加强对现场的安全监督检查，严格把关，确保监督检查到位。

（7）各单位要举一反三，认真吸取该矿今年来发生的两起事故教训，深刻开展事故反思活动，自查自纠，做好职工培训和隐患排查工作，扎扎实实搞好安全管理工作，杜绝各类事故发生，确保全矿安全生产。

第十一章 矿井水泵工岗位技能与安全

第一节 矿井水泵工岗位技能基础

一、矿井水泵工岗位基本条件与必备技能

（一）基本条件

矿井水泵工必须持“煤矿井下电气作业”证件上岗。

（二）必备技能

(1) 熟练掌握水泵的性能和操作方法，熟悉各排水系统的管路联系。

(2) 能够根据水位变化及时启动或停止水泵运行，能够对水泵及控制设备进行预防性的检查和维护，使井下电气设备达到完好标准。

(3) 水泵工应熟悉矿井巷道布置，了解作业地点的瓦斯浓度，熟悉在灾害情况下的停电顺序及人员撤离路线。

二、矿井水泵工安全生产责任制

(1) 按时参与班前会，学习钻研业务技术，熟悉水泵的性能、工作原理、维修等知识。

(2) 严格执行“三大规程”，严禁违章操作。

(3) 坚守工作岗位，时刻注意观察涌水量情况和水泵的运转情况，发现问题，及时上报处理。

(4) 坚持班检制度，经常维修保养，保证各零部件齐全、紧固，进水口处无杂物，保证设备处于完好状态。

(5) 水泵及电气设备发生故障时，要及时汇报。

(6) 执行好交接班制度，填写好设备运行记录。

三、“一规程四细则”及安全生产标准化对矿井水泵工的规定

（一）《煤矿安全规程》相关规定

第三百一十四条 水仓、沉淀池和水沟中的淤泥，应当及时清理，每年雨季前必须清理1次。

第三百一十六条 井下采区、巷道有突水危险或者可能积水的，应当优先施工安装防、排水系统，并保证有足够的排水能力。

（二）《煤矿安全生产标准化管理体系基本要求及评分方法（试行）》相关规定

1. 职工素质及岗位规范

(1) 严格执行本岗位安全生产责任制。

(2) 管理、技术人员掌握相关的岗位职责、管理制度、技术措施，作业人员掌握本岗位相应的操作规程和安全措施。

(3) 规范作业，无“三违”行为，作业前进行岗位安全风险辨识及安全确认。

2. 文明生产

(1) 现场设备设置规范、标识齐全，设备整洁。

(2) 管网设置规范，无跑、冒、滴、漏现象。

(3) 机房、硐室以及设备周围卫生清洁。

(4) 机房、硐室以及巷道照明符合要求。

(5) 消防器材、绝缘用具齐全有效。

第二节　矿井水泵工作业流程与故障处理

一、矿井水泵工作业流程

(一) 班前会准备

见本书第七章第一节。

(二) 作业前准备

见本书第七章第二节。

(三) 接班

(1) 准时进入工作地点，对沿途有关设备及周围环境进行检查。

(2) 询问交班人员上班设备运行情况、存在问题和注意事项。

(3) 对水泵、管路、控制设备等进行现场检查。交接班记录如图 11-1 所示。

(四) 作业标准

1. 现场检查

(1) 检查设备运行情况，设备故障、缺陷以及处理结果。

(2) 查阅各种记录填写是否规范、准确、完整。

(3) 查看水泵及电机的声音、温度、流量是否正常，管路是否存在跑、冒、滴、漏现象。

(4) 查看水泵压力表、流量计、电流、电压等各种仪表的指示情况。

(5) 查看水泵状态标志牌是否齐全，是否和实际运行情况相符。

(6) 检查安全用具、绝缘用具、工具、仪器、通信和消防器材是否齐全完好。

2. 水泵启动前相关部位检查

(1) 设备各部件螺栓应齐全、紧固。

(2) 联轴器间隙应符合规定，防护罩应可靠。

(3) 轴承润滑油质合格，油量适当，管路完好。

(4) 辅助上水系统、吸水管道应正常，吸水高度应符合规定，吸水井内无影响吸水的杂物。

(5) 电控设备各开关手把应在停车位置。

(6) 电压、电流、压力、真空等各种仪表指示正常，电源电压应符合电动机启动要求，填充料的松紧应适当。

(7) 先盘车 2～3 圈，检查水泵转动是否灵活正常。

3. 水泵启、停操作

(1) 水位达到开泵要求时开启真空泵，要求泵体充满水。

(2) 按下启动按钮，打开主排管闸阀，观察压力表指示是否正常。

交接班记录

日期：　　年　　月　　日

部位	项　　目	内　　容	标　　准	班　　次					
				零点		八点		四点	
控制台	控制箱	外壳和螺栓	完好						
		指示灯/按钮	无裂纹、异常						
	标识标志检查	齐全、完整	齐全、完整						
电动机	本体	地脚及各部螺栓	无松动变形损伤						
		温度/振动	小于75℃/平稳						
		本体、护罩损伤	无损伤						
		轴承温度/声音	小于65℃/无异响						
		机电完好	符合要求						
	对轮	对轮胶垫/销子	完好有弹性/无磨损						
		护罩	牢固，无变形破损						
	标识标志检查	齐全、完整、与实际相符	齐全、完整、与实际相符						
水泵	泵体	地脚螺栓	无松动						
		损伤/振动	无损伤/无振动						
		轴承温度/声音	小于65℃/无异响						
		盘根	有余量无拉风						
	标识标志检查	齐全、完整、与实际相符	齐全、完整、与实际相符						
交接班签字确认									
注：正常画“√”，异常画“X”，无此项画“—”			签字	交班	接班	交班	接班	交班	接班
			时间						

图 11-1　交接班记录

(3) 观察主排泵电压、电流、流量、压力等指示情况，泵体无振动和漏水，确认启泵成功。

(4) 水位达到最低位，关闭主排管闸阀，按下停止按钮，水泵停止运转。

4. 水泵紧急停机

(1) 遇下列情况应紧急停机：

① 泵组异常振动或故障性异响。

② 水泵不上水。

③ 泵体、闸阀或法兰漏水。

④ 启动时间过长，电流信号不反馈。

⑤ 电动机高温或异响。

(2) 紧急停机操作流程：立即按下停止按钮→关闭水泵出水阀门→汇报值班室→做好记录。

(3) 下列情况，水泵不得投入运行：

① 水泵、电动机故障没有排除，控制设备、电压表、电流表、压力表、真空表失灵。

② 泵体或管路漏水。

③ 吸、排水管路堵塞。

④ 电压异常。

5. 班中巡检

(1) 检查各轴承温度、油质、油量。

(2) 检查各连接螺栓、销、键是否松动，各闸阀逆止阀是否灵活可靠，各部位是否漏水、漏气，水仓涌水量及沉煤情况，泵体和电机有无振动和异常响声。

(3) 检查真空表、压力表、电流表、电压表是否正常，各保护装置是否完好。

(4) 检查吸水井水位。

(5) 如遇检修工检修时，断开被检修水泵上一级电源，协助检修工检修，并做好安全监护工作。

(五) 交班

(1) 向接班人汇报本班工作情况及设备运行状况，并做好相关记录。

(2) 整理好各种记录，做好水泵房卫生的清洁工作。

(3) 协助接班人进行现场检查和安全确认。

(4) 发现问题立即协同处理，对遗留问题及落实责任向值班室汇报。

(5) 到达指定地点候车升井。

矿井水泵工作业流程如图 11-2 所示。

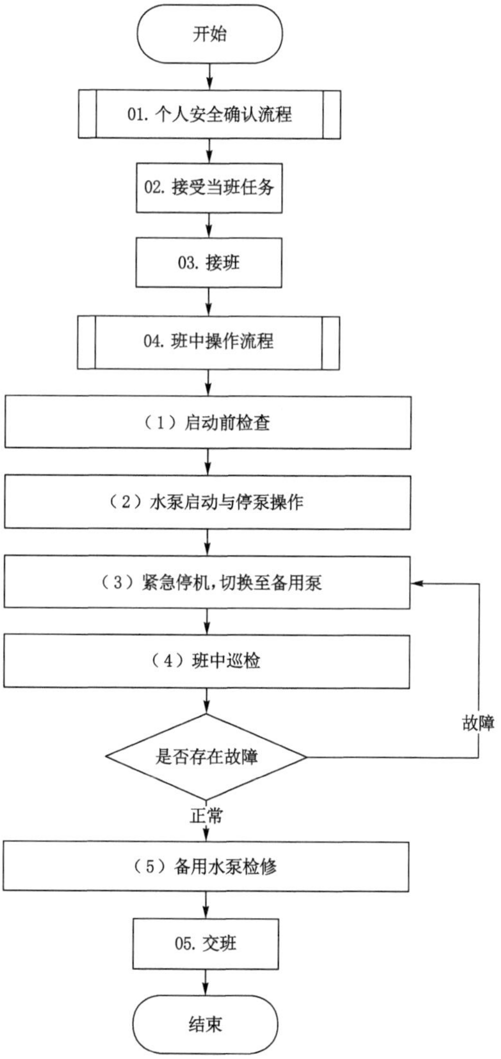

图 11-2　矿井水泵工作业流程

二、常见故障及处理方法

（一）设备

常见故障	故障分析	处理方法
水泵不出水	水泵转速不够	检查电源电压
	水泵转向不对	重新接线
	吸水高度过大	降低吸水高度
主排泵出口压力低或流量不够	泵内有气体	排出泵内气体
	进口过滤网或进出口管堵塞	清洗进口过滤网或疏通进出口管
	叶轮中有异物或叶轮磨坏	清理叶轮异物或更换叶轮
	压力表或流量计指示不准确	校验压力表、流量计
主排泵泵体、电机振动大或有异响	基础螺栓松动	紧固螺栓
	轴承损坏	更换轴承
	窜轴造成对轮撞击	调整对轮间隙
泵壳局部发热	水泵在闸门关闭的情况下启动时间较长	水泵启动后及时打开闸
	平衡盘导水管堵塞	清理导水管
主排泵真空管堵塞或漏气	泵体球阀未及时关闭	及时关闭泵体球阀
	管路有杂物	清除管路杂物
	管路连接口松动	紧固管路连接口
	盘根磨损严重	更换盘根

（二）管路

常见故障	故障分析	处理方法
管路砂眼	管路锈蚀	安装抱箍;更换管路
管路法兰漏水	钢垫损坏	更换钢垫
	焊缝开裂	维修焊缝或更换管路
	接口螺丝松动	紧固接口螺丝

（三）阀门

常见故障	故障分析	处理方法
管路阀门损坏	机械疲劳;外力撞击;阀门阀舌脱落	更换阀门

第三节　矿井水泵工事故类型与案例

一、矿井水泵工常见事故类型

（1）攀爬无可靠防护运转设备，可能造成其他事故。

(2) 起吊设备不完好，可能造成运输事故。

(3) 电气设备失爆，可能造成机电事故。

(4) 人为甩电气设备保护，未按规定设置设备整定值，可能造成机电事故。

(5) 特种作业人员无证、未持证、持假证上岗作业，可能造成其他事故。

(6) 辅助运输线路未执行“行车不行人，行人不行车”规定，可能造成运输事故。

(7) 操作高压电气设备未戴绝缘手套、穿绝缘靴或未站在绝缘台上作业，可能造成机电事故。

(8) 用水冲洗电气设备，可能造成机电事故。

(9) 转动部位防护装置不全，可能造成机电事故。

(10) 私自携带非防爆电子产品入井，可能造成爆炸事故。

(11) 进入井下生产系统未佩戴安全帽，佩戴安全帽未系帽带，可能造成其他事故。

(12) 非作业人员在大巷行走，作业人员在大巷作业时未穿反光马甲，在井下作业时未穿反光工作服，可能造成运输事故。

二、矿井水泵工事故案例

吊挂水泵伤人事故

(一) 事故发生经过

2012 年 9 月 21 日八点班，机电队检修工在 5^{-2}煤 15203103 回风平巷更换 45 kW 水泵时，由于吊挂固定不牢固，致使水泵掉落砸伤检修工徐某的右脚，经队里及时送往医院救治。

(二) 事故原因

1. 直接原因

检修班徐某施工工序错误，吊挂水泵没有认真排查安全隐患，安全意识薄弱，没有把顶板吊环进行牢固，造成该起事故的发生。

2. 间接原因

机电队管理人员检查不详细，未能及时发现电缆吊挂施工中存在的隐患。

(三) 防范措施

(1) 要加强员工危险源的辨识工作，特别是本岗位的危险源一定要牢记在心，并能熟练地应用。

(2) 吊挂水泵时一定要牢固，并经常检查，发现隐患及时处理。

(3) 加强职工安全知识、操作技能的培训，班前会上，要有针对性地对职工进行安全教育，必须让职工对井下作业环境做到心中有数。不做违章事，不干违章活。

(4) 对本队的所有工作任务再次进行危险源辨识和评估，并制定相应的管理标准和管理措施。

第十二章　高压电工岗位技能与安全

第一节　高压电工岗位技能基础

一、高压电工岗位基本条件与必备技能

（一）基本条件

高压电工是指公司110 kV及35 kV变电站变配电工，必须持“高压电工作业”证件上岗。

（二）必备技能

（1）熟悉电气设备的基本构造和工作原理。

（2）熟悉《电力安全工作规程 发电厂和变电站电气部分》(GB 26860)的内容。

（3）掌握高压电气设备的操作方法，能熟练使用电气检测仪器和设备。

（4）熟悉供配电系统，能够识别和处理设备故障。

二、高压电工安全生产责任制

（1）持证上岗，熟知岗位设备和应知应会，具备所需专业技术知识和操作技能。

（2）负责电力安全监控系统的运行监视和远程规范操作。

（3）严格执行各种规章制度，按时准确抄录表计。

（4）定期巡视检查设备，发现问题及时汇报，并做好记录。

（5）负责接收和审查工作票，按照“两票”内容布置设备检修前的现场安全措施和检修后的验收恢复运行工作。

（6）执行调度指令，认真填写倒闸操作票，操作高压电气设备时必须一人操作、一人监护。

（7）坚守工作岗位，不擅离职守，班中不做与工作无关的事。

三、“一规程四细则”及安全生产标准化对高压电工的规定

（一）《煤矿安全规程》相关规定

1.《煤矿安全规程》第六百二十条

采场内（变电站、所及以下）配电线路的停送电作业应当遵守下列规定：

（1）计划停送电严格执行工作票、操作票制度。

（2）非计划停送电，应当经调度同意后执行，并双方做好停送电记录。

（3）事故停电，执行先停电，后履行停电手续，采取安全措施做好记录。

（4）严禁约时停送电。

2.《煤矿安全规程》第六百二十一条

高压变配电设备和线路的检修及停送电，必须严格执行停电申请和工作票制度。停电线路检修作业必须遵守下列规定：

（1）必须由负责人统一指挥。

（2）必须有明显的断开点，该线路断开的电源开关把手，必须专人看管或者加锁，并悬挂警示牌。

（3）停电后必须验电，并挂好接地线。

（4）作业时必须有专人监护。

（5）确认所有作业完毕后，摘除接地线和标示牌，由负责人检查无误后通知调度恢复送电。

（二）《煤矿安全生产标准化管理体系基本要求及评分方法（试行）》相关规定

1. 人员岗位规范

（1）严格执行本岗位安全生产责任制。

（2）管理、技术人员掌握相关的岗位职责、管理制度、技术措施，作业人员掌握本岗位相应的操作规程和安全措施。

（3）规范作业，无"三违"行为，作业前进行岗位安全风险辨识及安全确认。

2. 设备岗位规范

（1）现场设备设置规范、标识齐全，设备整洁。

（2）机房与设备周围卫生清洁。

（3）机房照明符合要求。

（4）消防器材、绝缘用具齐全有效。

第二节　高压电工作业流程与故障处理

一、高压电工作业流程

（一）班前会准备

见本书第七章第一节。

（二）作业前准备

见本书第七章第二节。

（三）接班

（1）接班人准时进入工作地点。

（2）询问交班人上班设备运行情况、上级有关命令、停电申请单和工作票执行情况。

（3）检查设备运行情况、设备故障、缺陷以及处理结果：

① 安全用具、绝缘用具、工具、仪器及通信、消防器材是否齐全完好。

② 设备运行情况，变压器的声音、温度是否正常。

③ 各开关的停送电标志牌是否齐全，是否与实际运行情况相符。

④ 各种仪表的指示情况是否正确。

（4）查阅各种记录填写是否规范、准确、完整。

（5）事故状态或重大倒闸操作时，不得进行交接班，此时的操作由接班人协助交班人完成。

(6) 履行交接班手续，在交接班记录上签字，并向队值班室汇报。交班记录见表12-1。

表12-1 高压电工交接班记录表

班次：　年　月　日

序号	交班内容	执行标准	备注
1	运行方式及负荷分配	站内运行方式是否与运行记录一致，设备有无过负荷	
2	当班所进行的操作情况及未完成的操作任务	当班期间所进行的倒闸操作内容、执行情况、汇报情况；若有未完成的倒闸操作，应说明原因	
3	执行中的和已收到的工作票	当班期间收到的工作票工作内容及工作票执行情况	
4	使用中的接地线号数及装设地点	站内接地线保留及使用情况，结合当日工作内容说明使用中接地线的编号、装设地点	
5	发现的缺陷	当值期间是否发现、处理缺陷，处理情况等	
6	继电保护、自动装置动作和投退变更情况	当值期间保护及自动装置是否投退，记录是否齐全	
7	直流系统运行情况	直流系统运行有无缺陷及异常	
8	事故异常处理情况	事故异常具体发生时间、现象、处理情况及有关交代事项	
9	设备检修试验情况	所进行的工作内容及工作完成情况	
10	维护工作情况	当值期间进行哪些维护工作以及完成情况	
11	微机及管理系统	网络是否畅通，管理系统是否运行正常	
12	防误闭锁装置	防误闭锁装置完备	
13	受控站监控画面	检查各受控站监控画面与运行方式相符；遥测、遥信数据正确；遥视系统工作正常	
14	室内环境卫生	主控室、继电保护小室环境卫生是否整洁、符合要求	
15	其他	上级指令、指示内容和执行情况等	
序号	接班内容	执行标准	备注
1	核对运行记录	查阅上次下班到本次接班的值班记录及有关记录	
2	核对模拟屏	核对实际运行方式变化情况	
3	检查设备情况	结合交接班巡视检查设备情况，了解设备缺陷及异常情况	
4	负荷电流	结合运行方式检查	
5	检查试验中央信号及各种信号灯	检查试验中央信号及各种信号灯指示正确，无异常信号	
6	检查直流系统绝缘及浮充电流	直流系统运行正常	
7	检查温度表、压力表、油位计等重要表计指示	表计指示正确，无异常信号，无新增缺陷	
8	核对接地线编号和装设地点	核对接地线编号正确，装设地点与记录一致	
9	核对保护压板的位置	保护压板投退正确	
10	检查室内外卫生	室内卫生整洁，主控室无杂物	
交班人		接班人	

（四）作业标准

1. 作业前准备

（1）戴绝缘手套、穿绝缘靴或站在绝缘台上。

（2）绝缘手套使用前采用充气挤压法检查是否漏气。

（3）核对操作设备的双重编号与操作指令。

2. 停电操作流程

接受操作任务→在后台机上核对要操作的开关→填写操作票→五防机模拟操作→五防机发送指令→确认五防钥匙→核对开关编号→进行远控“停电”操作→确认开关状态及仪器仪表指示→汇报队值班室→做好相关记录。

3. 送电操作流程

接受操作任务→在后台机上核对要操作的开关→填写操作票→五防机模拟操作→五防机发送指令→确认五防钥匙→核对开关编号→进行远控“送电”操作→确认开关状态及仪器仪表指示→汇报队值班室→做好相关记录。

4. 班中变压器的巡视

（1）变压器正常巡视：

① 变压器油枕的油温、油位正常，各部位无渗油、漏油现象。

② 套管外部无破损，无裂纹，无严重油污，无放电痕迹及其他异常现象。

③ 变压器运行声音正常。

④ 呼吸器内干燥剂颜色正常。

⑤ 各引线接头无过热现象。

⑥ 有载调压分接头开关挡位指示正确。

⑦ 变压器接地良好。

（2）变压器特殊巡视：

① 气温骤变时，应检查瓷套管，以及变压器油枕的油位有无变化。

② 降黏雪、浓雾、结冰时，检查瓷瓶有无放电及有无冰棒。

③ 大风时检查各部位引线摆动情况和松动现象，设备上有无挂落杂物。

④ 大雪后在各接触点上的积雪不应有立即融化和冒蒸汽现象。

⑤ 大雾中各部位无火花放电等其他异常现象。

⑥ 变压器过负荷时检查声音、油面变化情况，并监视负荷。

⑦ 经过短路电流冲击后，检查套管引线有无放电现象，各部位端子有无变化或变位，声音是否正常。

⑧ 雷雨天气检查瓷套管有无放电闪络现象。

⑨ 新投入或经过大修改造后的变压器在投运 72 h 内，每半小时巡视一次。

5. 班中高压断路器的巡视

（1）高压断路器的正常巡视：

① 检查开关柜外观良好，开关表面完好。

② 开关状态、控制模块显示正常。

③ 电流表显示正常并在额定电流范围内运行。

④ 开关运行声音正常，无异响及气味。

⑤ 柜内照明完好，接地良好。

⑥ GIS(六氟化硫气体绝缘封闭开关设备)室内无异味。

⑦ 触头接触良好，无局部过热，蜡片不融化。

⑧ SF_6(六氟化硫)气体压力正常，操作柜各显示正常。

⑨ 各旋钮位置正确。

(2) 高压断路器的特殊巡视(保护动作时)：

① 检查开关位置显示及保护动作情况。

② 瓷质及外壳有无破损及放电闪络痕迹。

③ 有无异味及冒烟。

④ 雷击后应进行巡视检查。

⑤ 每周进行一次夜间熄灯巡视。

6. 班中直流系统的巡视

除交接班检查外，每天对直流系统巡视一次，巡视内容有：

(1) 直流母线电压应正常，单个蓄电池电压应正常。

(2) 测量和记录直流母线电压、室内环境温度。

(3) 检查蓄电池是否清洁，端子、外壳及壳盖有无损坏及过热痕迹。

(4) 室内应清洁，无强酸气味，照明、通风应良好。

(5) 检查壳盖、极柱周围是否有渗液或酸雾析出。

(6) 导线连接处不锈蚀，螺丝应紧固，并涂有凡士林保护层。

(7) 天花板、墙壁、电池架应无腐蚀，房顶无漏雨。

7. 应急操作

(1) 110 kV 进线线路出现故障，导致一台主变停止运行。

① 查看报警信号，查看监控后台，查出故障线路、故障类型及故障影响范围，及时向调度室和队值班室汇报。

② 拉开故障线路隔离开关，拉开 35 kV 失电母线进线开关，合上 35 kV 母联开关，恢复 35 kV 母线供电。拉开 10 kV 失电母线进线开关，合上 10 kV 母联开关，恢复 10 kV 母线供电。

③ 值班室指挥各下级变电所恢复各下级变电所线路供电。

④ 复位报警信号，汇报调度室和队值班室。

(2) 35 kV 或 10 kV 出线线路出现故障，导致 35 kV 或 10 kV 其中一段母线进线开关跳闸，母线失电。

① 查看报警信号，查看监控后台，查出故障线路、故障类型及故障影响范围，及时向调度室和队值班室汇报。

② 断开故障线路开关，合上进线开关，恢复母线供电。

③ 复位报警信号，汇报调度室和队值班室。

(3) 35 kV 或 10 kV 母线出现故障，导致 35 kV 或 10 kV 其中一段母线进线开关跳闸，母线失电。

① 查看报警信号，查看监控后台，查出故障线路、故障类型及故障影响范围，及时向调度室和队值班室汇报。

② 拉开故障母线进线隔离开关，指挥各下级变电所合上母联开关，恢复下级变电所两段供电。

③ 复位报警信号，汇报调度室和值班室。

8. 检修

(1) 检修时，严格按“两票”制度做好检修回路的停、送电工作。

(2) 做好检修工的安全监护工作。

变电站巡检记录见表12-2。

表12-2　变电站巡检记录表

部位	巡检项目	巡检周期/h	1号	2号	…	6号	7号	…	23号	…	30号	31号
点检表	点检执行	2										
记录本	记录	2										
绝缘用具	绝缘手套、靴	2										
	验电器	2										
	绝缘用具编号	2										
消防器材	沙箱	1										
	沙袋	2										
	消防锹、钩、斧	2										
	灭火器	2										
温度	室内环境	2										
	高低压柜	2										
文明卫生	设备、环境卫生	2										
巡检员												

(五) 交班

(1) 整理好各种记录，做好文明生产工作。

(2) 向接班人员汇报本班工作情况，协助接班人员现场检查。

(3) 事故状态或重大倒闸操作时不得进行交接班，接班人员协助交班人员完成相关操作。

(4) 填写交接班记录，履行交接班手续，向队值班室汇报。

高压电工作业流程如图12-1所示。

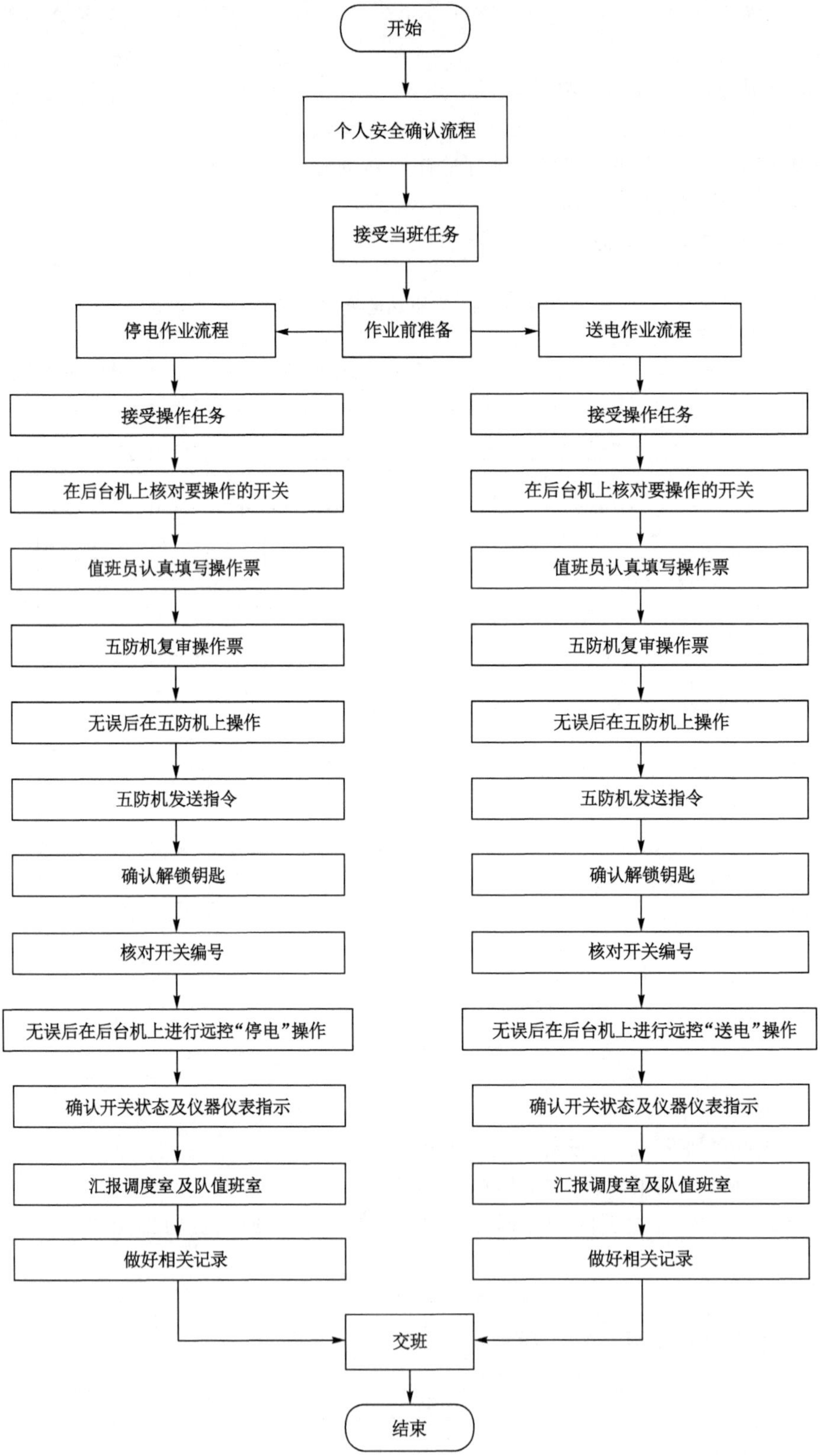

图 12-1　高压电工作业流程

二、常见故障及处理方法

（一）高压线路出现异常跳闸

故障分析	处理方法
短路	向值班室汇报，待故障处理后按照值班室指令进行送电
过流或过载	向值班室汇报，根据过流电流大小，在规定值内可试送一次
单相接地	查看电压互感器(PT)及小电流接地选线装置，确定接地线路后向值班室汇报，按照值班室指令进行相应操作

（二）高压开关柜拒控

故障分析	处理方法
高压开关柜智能操控装置在“就地”状态	将高压开关柜智能操控装置旋至“远控”状态，如“远控”不能操作则汇报值班室，按照值班室指令进行“就地”操作
后台与高压开关柜保护器通信中断(插头松动、线路损坏)	紧固通信插头或维修线路
后台监控“死机”	重启后台监控系统
断路器本体故障	汇报值班室处理

（三）变压器上下油面温度、绕组温度显示不正常

故障分析	处理方法
主变压器与保护柜温度显示仪的连接线松动	紧固连接线
数字显示屏或控制器损坏	更换显示仪

（四）操控装置开关位置显示不正确

故障分析	处理方法
操控装置故障	更换操控装置
分合闸操作回路信号未给到操控装置分合闸信号端子，线路断线	检查断路器至操控装置之间的连接端子及插座

第三节　高压电工事故类型与案例

一、高压电工常见事故类型

（1）不经过防误操作系统直接操作电气设备，可能造成机电事故。

（2）未正确佩戴安全帽，可能造成其他事故。

（3）未执行“两票三制”，可能造成机电事故。

(4) 操作高压电气设备未戴绝缘手套、穿绝缘靴或未站在绝缘台上作业，可能造成机电事故。

(5) 人为甩电气设备保护，未按规定设置设备整定值，可能造成机电事故。

(6) 电气设备检修时未按规定停电、验电、放电、挂接地线、闭锁、加锁、挂停电牌，未执行专人专锁，可能造成机电事故。

二、高压电工事故案例

违规操作带电合接地刀闸导致短路事故

(一) 事故发生经过

2021 年 4 月 12 日，变电站运行值班人员在进行 10 kV 电容器 961 开关由热备用转冷备用的操作过程中，由于刀闸传动轴变形，分闸不到位，操作人员也未按规定逐项核查刀闸实际位置，发生一起带电合接地刀闸违规操作事故。

4 月 12 日，110 kV 变电站 10 kV 1 号电容器 961 开关弹簧储能不到位，控制回路异常，操作人袁某、监护人杨某执行将 10 kV 1 号电容器 961 开关由热备用转冷备用操作。当拉开 1 号电容器 9611 刀闸后，刀闸操作把手及分合闸指示均在分闸位置，但未认真检查刀闸触头位置。在操作合上 1 号电容器 96110 接地刀闸时，发现有卡涩现象，并向当班班长王某进行了汇报。当班班长王某到现场未对 9611 刀闸实际位置进行认真核实便同意继续操作，导致三相接地短路。

(二) 事故原因

1. 直接原因

10 kV 电容器 9611 刀闸传动轴弯曲变形，9611 刀闸分闸未到位，操作连锁机构不能正常闭锁接地刀闸，造成带电合 9611 接地刀闸。

2. 间接原因

当值运行人员违反倒闸操作规定，未认真检查刀闸操作后的实际位置，仅凭分合闸指示来判断倒闸位置，操作发生异常时未认真检查设备。

(三) 防范措施

(1) 停送电操作必须严格执行《电力安全工作规程 发电厂及变电站电气部分》(GB 26860)及公司《供用电管理办法》相关规定。

(2) 发现设备异常时应及时检查确认，运行人员无法处理的故障应联系检修人员，并做好记录。

第十三章　主要通风机司机岗位技能与安全

第一节　主要通风机司机岗位技能基础

一、主要通风机司机岗位基本条件与必备技能

（一）基本条件

主要通风机司机必须持“高压电工作业”证件上岗。

（二）必备技能

（1）掌握矿井通风的基本原理、主要通风机的构造及性能参数。

（2）掌握主要通风设备、设施的布置方式和巡检要求。

（3）熟悉矿井地面主通风系统，能正确对主要通风机进行操作、维护保养，并能对常见故障进行处理。

二、主要通风机司机安全生产责任制

（1）必须经过专业培训，经考试合格后持证上岗。

（2）必须熟悉设备的构造、性能，掌握主通风机和供电系统的基本原理。

（3）能正确无误地操作主通风机，包括切换备用风机和反风操作。

（4）爱护设备、精心保养，经常保持设备和机房的清洁卫生。

（5）掌握设备状态，及时填写各种记录，发现不能处理的异常情况要及时向有关领导汇报，对简单故障要及时排除。

（6）对工具、备件、材料、防火器材的保管数量、用途要清楚明确。

（7）坚守岗位，班中不做与工作无关的事。禁止无关人员进入工作场所，入室人员做好登记。

三、“一规程四细则”及安全生产标准化对主要通风机司机的规定

（一）《煤矿安全规程》有关规定

1．主要通风机的安装和使用应当符合的要求

（1）主要通风机必须安装在地面；装有通风机的井口必须封闭严密，其外部漏风率在无提升设备时不得超过5％，有提升设备时不得超过15％。

（2）必须保证主要通风机连续运转。

（3）必须安装2套同等能力的主要通风机装置，其中1套作备用，备用通风机必须能在10 min内开动。

（4）严禁采用局部通风机或者通风机群作为主要通风机使用。

（5）装有主要通风机的出风井口应当安装防爆门，防爆门每6个月检查维修1次。

（6）至少每月检查1次主要通风机。改变主要通风机转数、叶片角度或者对旋式主要

通风机运转级数时，必须经矿总工程师批准。

(7) 新安装的主要通风机投入使用前，必须进行试运转和通风机性能测试，之后每 5 年进行 1 次性能测试。

(8) 主要通风机技术改造及更换叶片后必须进行性能测试。

(9) 井下严禁安设辅助通风机。

(10) 生产矿井主要通风机必须装有反风设施，并能在 10 min 内改变巷道中风流方向；当风流方向改变后，主要通风机的供风量不能小应正常供风量的 40%。

(11) 每季度应当至少检查 1 次反风设施，每年应当进行 1 次反风演习。

2. 严禁主要通风机房兼作他用

(1) 主要通风机房内必须安装水柱计(压力表)、电流表、电压表、轴承温度计等仪表，还必须有直通矿调度室的电话，并有反风操作系统图、司机岗位责任制和操作规程。

(2) 主要通风机的运转应当由专职司机负责，司机应当每小时将通风机的运转情况记入运转记录簿内；发现异常，立即报告。

(3) 实现主要通风机集中监控、图像监视的主要通风机房可不设专职司机，但必须执行巡检制度。

3. 矿井必须制定主要通风机停止运转的应急预案

(1) 因检修、停电或者其他原因停止主要通风机运转时，必须制定停风措施。

(2) 变电所或电厂在停电前，必须将预计停电时间通知矿调度室。

(3) 主要通风机停止运转时，必须立即停止工作、切断电源，工作人员先撤到进风巷道中，由值班矿领导组织全矿井工作人员全部撤出。

(4) 主要通风机停止运转期间，必须打开井口防爆门和有关风门，利用自然风压通风。

(5) 对由多台主要通风机联合通风的矿井，必须正确控制风流，防止风流紊乱。

(二)《煤矿安全生产标准化管理体系基本要求及评分方法(试行)》相关规定

1. 人员岗位规范

(1) 严格执行本岗位安全生产责任制。

(2) 管理、技术人员掌握相关的岗位职责、管理制度、技术措施，作业人员掌握本岗位相应的操作规程和安全措施。

(3) 规范作业，无"三违"行为，作业前进行岗位安全风险辨识及安全确认。

2. 设备岗位规范

(1) 现场设备设置规范、标识齐全，设备整洁。

(2) 机房及设备周围卫生清洁。

(3) 机房照明符合要求。

(4) 消防器材、绝缘用具齐全有效。

第二节　主要通风机司机作业流程与故障处理

一、主要通风机司机作业流程

(一) 班前会准备

见本书第七章第一节。

（二）作业前准备

见本书第七章第二节。

（三）接班

（1）准时进入工作地点，对沿途有关设备及周围环境进行检查，现场交接班。

（2）询问交班人员上一班设备运行情况，查看存在问题及有关注意事项。

（3）对职责范围内各设备进行现场检查，发现问题及时处理。

（4）对常用备品备件以及工器具进行检查。

（5）填写交接班记录。主要通风机房交接班记录见表 13-1。

表 13-1　主要通风机房交接班记录

日期：　　年　　月　　日

部位	项目	内容	标准	班次					
				零点		八点		四点	
风机	外部螺栓	是否松动	无松动						
		是否折断、脱落	无折断、脱落						
	轴承	温度	小于 60 ℃						
		有无异响	无异响						
	电机	温度	小于 90 ℃						
		有无异响	无异响						
风门	钢丝绳/执行机构	有无断丝及连接情况	无断丝，连接紧固						
	绞车/行走电机	是否完好	完好						
	风门	有无破损	完好灵活						
配电柜	各部位螺栓	是否松动	无松动						
		是否折断、脱落	无折断、脱落						
	本体	有无损伤	无损伤						
	指示表	负压指示	正常						
		电压表	正常						
		电流表	正常						
		功率因数表	正常						
		指示灯	正常						
		按钮	无裂纹、异常						
	高压手车	机构	灵敏可靠						
		动静触头	配合紧密						
	标识标志检查	是否齐全完整	齐全完整，与实际相符						
绝缘用具	绝缘手套、靴	检查、试验	无破损，无漏气						
	三相短路接地线	外观检查	齐全完整						
	验电器	外观检查、试验	完好，有声光信号						
	绝缘用具编号	是否齐全无破损	齐全完整						

表 13-1(续)

部位	项目	内容	标准	班次					
				零点		八点		四点	
消防器材	沙箱	沙量	大于 2/3						
	沙袋	数量	覆盖面积不小于 2/3						
	消防锹、钩、斧	是否齐全完好	齐全完好						
	灭火器	是否过期失效	无过期或失效						
文明生产	设备、环境卫生	是否干净整洁	干净整洁						
记录	记录本	是否齐全完整	齐全完整						
交接班签字确认									
注:正常画"√",异常画"×",无此项画"—"			签字	交班	接班	交班	接班	交班	接班
			时间						

(四) 作业标准

1. 通风设备巡检

(1) 根据工作任务,排查设备、线路运行情况,掌握设备运行情况、操作流程和安全技术措施。

(2) 根据工作方案准备所需的工具、材料、配件、仪表等,保证其完好。巡检作业需要用到巡更仪、测温枪、手持式测振仪等。

(3) 按照每小时 1 次的要求对所有设备进行巡检,检查主要通风机、附属装置、配电系统运行及完好状况。

① 各转动部位应无异响、振动。

② 轴承温度不得超限。

③ 电动机温升不超过规定要求。

④ 各仪表指示正常。

⑤ 电机电流不超过额定值,严禁超载运行。

⑥ 电压符合电机正常运行要求,否则应报告矿主管技术人员,确定是否继续运行。

2. 通风机倒机

倒机(每月 1 次)和反风(每年 1 次)操作时,提前熟悉操作流程和应急操作程序,做好预测预想。

(1) 一号回风斜井主要通风机倒机操作流程:

① 检查备用主要通风机及操控装置状态完好,确认可以进行倒机操作。

② 汇报调度室及机电一队值班室:备用主要通风机状态良好,准备进行倒机操作,由1(2)号机倒入 2(1)号机运行。

③ 停止运行主要通风机运转。

④ 打开备用主要通风机风门,同时关闭运行主要通风机风门。

⑤ 检查备用主要通风机风门在打开位置,运行主要通风机风门在关闭位置。

⑥ 对备用主要通风机Ⅰ、Ⅱ级电机的变频器进线断路器进行合闸操作。

⑦ 设定备用主要通风机所需要的运转频率，点击备用主要通风机自动启动按钮，启动备用主要通风机运行。

⑧ 观察主要通风机运转参数，电流、转速、风量、负压等数值显示正常。

⑨ 对Ⅰ、Ⅱ段进线和母线自投装置进行切换操作。

⑩ 对停止主要通风机Ⅰ、Ⅱ级电机的变频器进线进行分闸操作。

⑪ 汇报调度室及机电一队值班室：风机倒换完毕，设备正常运行。

⑫ 做好设备巡检工作，各仪表、指示灯、开关按钮等状态都显示正常。

⑬ 认真填写倒机记录。

⑭ 给运行风机Ⅰ、Ⅱ级电机前后轴承加注二硫化钼锂基润滑脂，填写主要通风机加油记录等。主通风机房倒机记录见表 13-2。

表 13-2　主通风机房倒机记录

年　　月　　日

停止风机				启动风机	
停止时间				启动时间	
时间项目					
Ⅰ级电机	前轴承温度/℃				
	后轴承温度/℃				
	A 相绕组温度/℃				
	B 相绕组温度/℃				
	C 相绕组温度/℃				
	运行电流/A				
Ⅱ级电机	前轴承温度/℃				
	后轴承温度/℃				
	A 相绕组温度/℃				
	B 相绕组温度/℃				
	C 相绕组温度/℃				
	运行电流/A				
运行电压/kV					
10 kV 运行电流/A					
负压/kPa					
风量/(m^3/s)					
值班司机					

备注：以上记录时间为从倒机开始起每半个小时记录一次。

(2) 二号回风立井主要通风机倒机操作流程：

① 观察 1# 风机风门状态、稀油泵站压力、变频器状态、高压断路器状态、预设频率是否正确。

② 点击 1# 风机预充电合闸，待 1# 风机变频器状态栏准备就绪。

③ 点击 2# 风机变频器正转（2# 风机电机停止运行，2# 风机转为备用状态），待 2# 电机转速及电流显示为 0 时，点击远程分闸。同时关闭 2# 风机单开、双开风门。

④ 打开 1# 风机单开、双开风门。

⑤ 待 2# 风机单开、双开风门关闭到位，1# 风机单开风门开到位后，点击 1# 风机变频器正转(此时 2# 风机停止运行，1# 风机运行)。

⑥ 当 1# 风机运行频率达到预设频率时，倒机完成，向调度室及机电一队值班室汇报倒机完成。

⑦ 点击 2# 风机远程分闸(断开 2# 风机变频器高压)。

⑧ 操作完毕后观察 1# 风机和 1# 稀油泵站运转情况，并做好记录。

(3) 操作过程中随时关注控制系统画面中的各项参数。操作完成系统正常后及时完善各项记录。主要通风机运转记录如表 13-3 所示。

表 13-3　主要通风机运转记录

认真填写　保持清洁　　　　　　　　　　　　　　　　　　　　日期：　　年　月　日

运行＿＿＿号风机		0	1	2	3	4	5	6	7	8	9	10	11	12	13	14	15	16	17	18	19	20	21	22	23
风机轴承温度	Ⅰ级电机前轴承温度/℃																								
	Ⅰ级电机后轴承温度/℃																								
	Ⅱ级电机前轴承温度/℃																								
	Ⅱ级电机后轴承温度/℃																								
风机绕组温度	Ⅰ级电机 A 相/℃																								
	Ⅰ级电机 B 相/℃																								
	Ⅰ级电机 C 相/℃																								
	Ⅱ级电机 A 相/℃																								
	Ⅱ级电机 B 相/℃																								
	Ⅱ级电机 C 相/℃																								
风机运行参数	Ⅰ级电机电流/A																								
	Ⅰ级电机转速/(r/min)																								
	Ⅰ级电机功率/kW																								
	Ⅱ级电机电流/A																								
	Ⅱ级电机转速/(r/min)																								
	Ⅱ级电机功率/kW																								
变频器给定频率	1# 变频器/Hz																								
	2# 变频器/Hz																								
负压/kPa																									
风量/(m^3/s)																									
值班司机																									

(五) 交班

(1) 记录填写完整，机房卫生清理干净。

(2) 协助接班人员进行现场检查和安全确认。

(3) 发现问题立即协同处理，对遗留问题及落实责任向值班室汇报。

(4) 进行菜单式交接班。

主要通风机司机作业流程如图 13-1 所示。

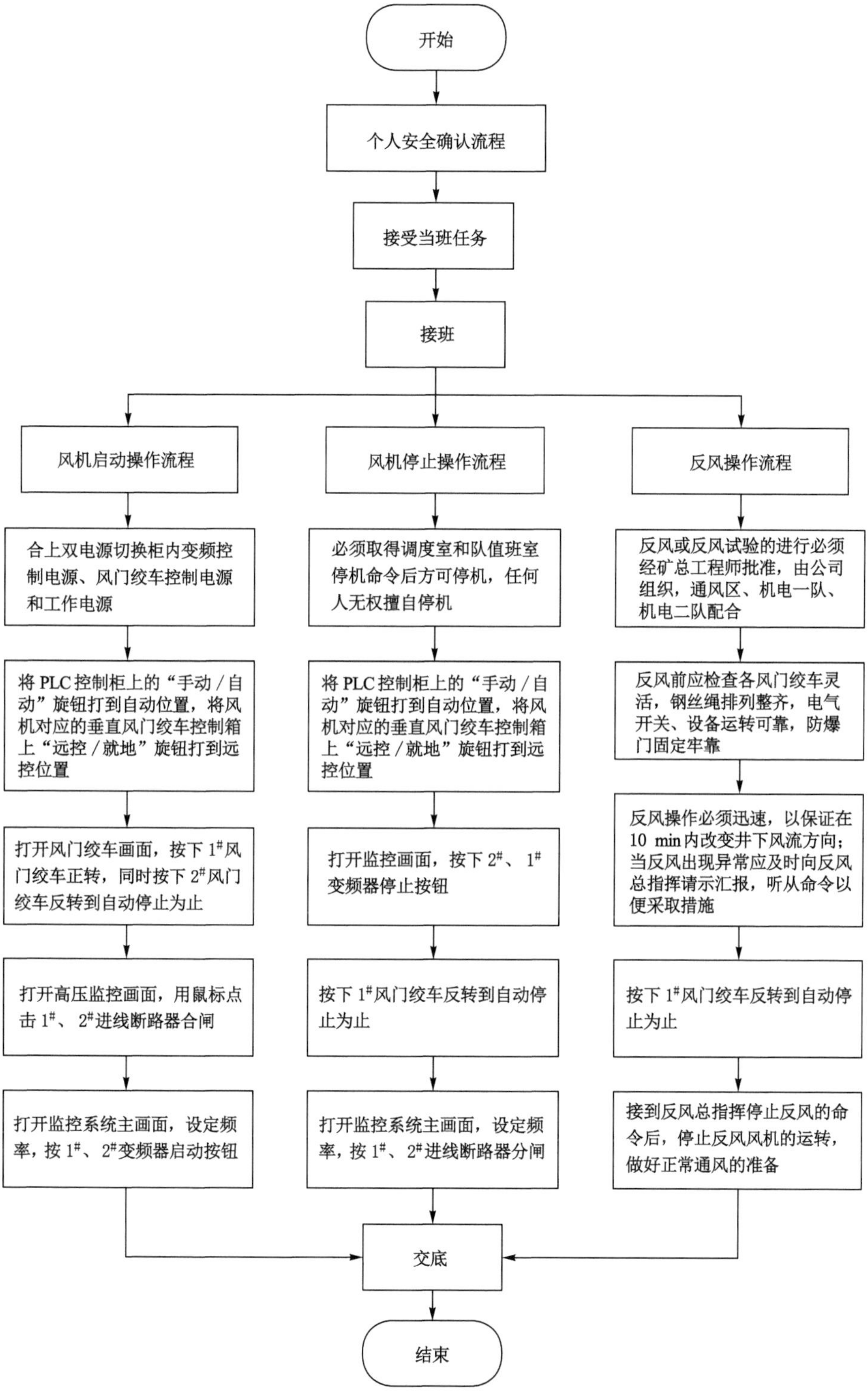

图 13-1　主要通风机司机作业流程

二、常见故障及处理方法

（一）风量数据不准确

故障分析	处理方法
风量传感器故障	清理或更换风量传感器
风量监测回路断线	维修风量监测回路

（二）负压数据不准确

故障分析	处理方法
负压传感器故障	更换负压传感器
负压监测管漏风或堵塞	维修或疏通负压监测管
负压监测回路断线	维修负压监测回路

（三）电机轴承或绕组温度过高

故障分析	处理方法
电机轴承磨损	及时更换电机轴承，确保安装质量
电机轴承缺油或油脂不符合规定	按润滑周期注入合格油脂
长期过负荷运转	查明原因，调整负荷
电机绕组匝间短路	更换电机

（四）变频器无法正常启动

故障分析	处理方法
“远控/就地”或“手动/自动”选择不正确	操作时确认“远控/就地”或“手动/自动”位置正确
故障信号未复位	变频器启动前，及时复位故障信号
变频器冷却风扇故障	维修或更换变频器冷却风扇
变频器门上限位开关未闭合	关紧变频器门，确保变频器门上限位开关闭合
控制回路失电或断线	及时恢复控制回路供电

（五）变频器一次侧高压熔断器熔断

故障分析	处理方法
电源过电压	加强巡视，注意观察电网电压
熔断器容量选择不当	按照实际负荷选择熔断器容量
熔断器质量不合格	更换合格熔断器

（六）电动机故障

常见现象	故障原因	处理方法
电动机不能启动	电源未接通	检查开关、熔体、各对触点及电动机引出线头
	熔体烧断	查出原因，排除故障，按电动机规格配新熔体
	控制设备接线错误	校正接线
电动机接入电源后，熔体被灼断	单相启动	检查电源线、电动机引出线、熔断器、开关各对触点，找出断线或虚接故障后进行修复
	电动机负载过大或被卡住	将负载调至额定值，并排除负载机构故障
	熔体截面积过小	熔体对电动机过载不起保护作用，一般应按下式选择熔体：熔体额定电流＝启动电流/(2～3)
	电源到电动机之间的连接线短路	检查短路点后进行修复
电动机通电后不启动，嗡嗡响	电动机负载过大或被卡住	检查设备，排除故障
	电源未能全部接通	更换熔断器的熔体；紧固接线柱松动的螺栓；用万用表检查电源线的断线或虚接故障然后修复
	电压过低	如果△连接电动机误接成Y连接，应改回△连接，电源电压太低时，调整电压
电动机外壳带电	电源线与接地线接错	调整接线
	电动机绕组受潮，绝缘严重老化	电动机烘干处理，更换电动机
	引出线与接线盒接地	对引出线接地点进行绝缘处理，更换接线盒绝缘座
电动机启动困难，加额定负载后，电动机转速比额定转速低	电源电压过低	通过电压表或万用表判断电动机输入端电源电压大小，然后进行处理
	△连接绕组误接成Y连接	将Y连接改回△连接
绝缘阻值低	绕组受潮或被水淋湿	进行加热烘干处理
	绕组绝缘老化	经鉴定可以继续使用时，可经清洗干燥后进行重新涂漆处理，如果绝缘老化不能安全运行时，需更换电动机
电动机运行时有杂音，不正常	轴承磨损，有故障	检修更换新轴承
	电压太高或不平衡	测量电源电压，检查电压过高和不平衡的原因，并进行处理
	轴承缺少润滑脂	添加润滑脂，使其充满轴承室容积的1/3～1/2
	风扇碰风罩或风道堵塞	修理风扇和风罩，使其尺寸正确；清理通风道

续表

常见现象	故障原因	处理方法
电动机过热或冒烟	电源电压过高，使铁芯磁通密度过饱和，造成电动机温升过高	如果电源电压超过额定电压的 5%以上，应调整电压
	电源电压过低，在额定负载下电动机温升过高	若是因电源线电压降过大而引起的，可更换较粗的电源线；如果是因为电源电压低于额定电压的 5%以上，则应调整电压
	定、转子铁芯相摩擦	检查故障原因，如果轴承间隙超限，则应更换轴承；如果转轴弯曲，则需调直处理；如果铁芯松动或变形时应处理铁芯，消除故障
	电动机过载或负载机械阻力过大，使电动机发热	排除负载机械故障，减少阻力，根据电流指示，如超过额定电流，需降低负载，更换符合要求的电动机
电动机过热或冒烟	电动机频繁启动或正反转次数过多	减少电动机启动及正、反转次数，或更换合适的电动机
	风扇故障，通风不良	检查电动机风扇是否损坏，扇叶是否变形或未固定好，必要时更换风扇
电动机空载运行时电流不平衡，且相差很大	电源电压不平衡	测量电源电压，找出原因
	绕组有故障，如匝间短路、某组线圈接反等	拆开电动机检查绕组极性和故障，然后改正或消除故障

第三节　主要通风机司机事故类型与案例

一、主要通风机司机常见事故类型

(1) 未正确佩戴安全帽，可能造成其他事故。

(2) 未执行“两票三制”，可能造成机电事故。

(3) 操作高压电气设备未戴绝缘手套、穿绝缘靴或未站在绝缘台上作业，可能造成机电事故。

(4) 人为甩电气设备保护，未按规定设置设备整定值，可能造成机电事故。

(5) 电气设备检修时未按规定停电、验电、放电、挂接地线、闭锁、加锁、挂停电牌，未执行专人专锁，可能造成机电事故。

二、主要通风机司机事故案例

主要通风机停风事故案例

(一) 事故发生经过

2012 年 5 月 28 日 18 时 6 分，某矿 35 kV 变电站值班员汇报调度室，10 kV Ⅰ、Ⅱ段系统 C 相接地；调度室下令变电站值班员检查站内设备和井下开关是否正常。

18 时 18 分，35 kV 变电站汇报 2# 主变过流跳闸(导致主要通风机停风 3 min)，调度室下令变电站值班员试送 2# 主变，试送成功。

18 时 21 分，2# 主变再次过流跳闸，检查设备，再次试送成功后，短时间又跳闸。

18 时 24 分，变电站值班员王某汇报，1# 主变过流跳闸（导致主要通风机停风 5 min），调度室下令断开 10 kV 所有出线开关，然后试送 1# 主变。

18 时 29 分，1# 主变送出，随即通风机房Ⅰ回试送成功。

18 时 35 分，变电站值班员汇报，4# 电容器开关短路将绝缘击穿，调度室下令处理。

18 时 58 分，电水暖抢修人员到达现场后，配电室烟雾较大，在值班员断开 10 kV 进线开关后（导致主要通风机停风 27 min），立即将故障设备隔离。

18 时 59 分，在地面变电站现场的通风副总工程师判断事故无法短时恢复，通知矿调度井下撤人，调度汇报各级矿领导、总调，同时通知井下人员升井。

19 时 24 分，处理完毕，通风机房馈出回路Ⅰ带电。

19 时 25 分，主要通风机恢复供电。

事故累计造成该矿主要通风机停风 35 min。

（二）原因分析

1. 直接原因

变电站 4# 电容器断路器真空泡击穿短路，导致变电站 10 kV 1#、2# 主变跳闸，造成主要通风机停风。

2. 间接原因

(1) 变电站值班员王某、贺某未发现电容器电源馈出柜故障，两次试送合闸造成断路器真空泡被击穿，配电室内产生烟雾，导致抢修人员短时间内无法进入配电室，造成主要通风机停风时间较长。

(2) 相关岗位员工日常培训不到位，值班员在故障状况下判断故障和故障应急处理能力较差。

（三）预防措施

(1) 对使用年限较长的变电所，需制定专门措施，加强日常维护检修。

(2) 加强员工的日常培训，提高值班人员在故障情况下的应急处理能力。

第十四章　矿灯管理工岗位技能与安全

第一节　矿灯管理工岗位技能基础

一、矿灯管理工岗位基本条件与必备技能

（一）基本条件

矿灯管理工必须持“其他从业人员”证件上岗。

（二）必备技能

（1）熟悉矿灯和自救器的参数、性能及完好判定标准，具备矿灯和自救器使用的基础知识。

（2）掌握必要的电气常识，懂得充电的基本操作方法。

（3）必须会正确使用常用工器具。

（4）掌握矿灯充电柜的使用、维护方法，会处理常见故障。

二、矿灯管理工安全生产责任制

（1）负责矿灯、自救器的发放与收回，损坏的矿灯、自救器、灯柜等的鉴定、更换与维护。

（2）定期检查统计完好矿灯和自救器的数量，按要求建立、完善对应台账。

（3）及时填写发放、收回和外借等记录。

（4）掌握设备状态，熟悉灯柜的构造和系统的操作方法，对简单的故障能及时排除。

（5）爱护灯房设备，经常保持设备和工作场所的清洁卫生。

（6）在岗期间妥善保管灯房内的材料备件及工具，不得随便转借他人。

（7）坚守岗位，班中不做与工作无关的事，禁止无关人员进入工作区域。

三、“一规程四细则”及安全生产标准化对矿灯管理工的规定

（一）《煤矿安全规程》对矿灯的管理和使用规定

（1）矿灯应当集中统一管理，每盏矿灯必须编号，经常使用矿灯的人员必须专人专灯。

（2）矿灯应当保持完好，出现亮度不够、电线破损、灯锁失效、灯头密封不严、灯头圈松动、玻璃破裂等情况时，严禁发放。发出的矿灯，最低应当能连续正常使用 11 h。

（3）严禁矿灯使用人员拆开、敲打、撞击矿灯，人员出井后（地面领用矿灯人员在下班后），必须立即将矿灯交还灯房。

（4）在每次换班 2 h 内，必须把没有还灯人员的名单报告矿调度室。

（5）矿灯应当使用免维护电池，并具有过流和短路保护功能。采用锂离子蓄电池的矿灯还应当具有防过充电、过放电功能。

(6) 加装其他功能的矿灯,必须保证矿灯的正常使用要求。

(二)《煤矿安全规程》对矿灯房的要求

(1) 用不燃性材料建筑。

(2) 取暖用蒸汽或者热水管式设备,禁止采用明火取暖。

(3) 有良好的通风装置,灯房和仓库内严禁烟火,并备有灭火器材。

(4) 有与矿灯匹配的充电装置。

(三)《煤矿安全生产标准化管理体系基本要求及评分方法(试行)》相关规定

1. 人员岗位规范

(1) 严格执行本岗位安全生产责任制。

(2) 管理、技术人员掌握相关的岗位职责、管理制度、技术措施,作业人员掌握本岗位相应的操作规程和安全措施。

(3) 规范作业,无“三违”行为,作业前进行岗位安全风险辨识及安全确认。

2. 设备岗位规范

(1) 现场设备设置规范、标识齐全,设备整洁。

(2) 机房及设备周围卫生清洁。

(3) 机房及巷道照明符合要求。

(4) 消防器材、绝缘用具齐全有效。

第二节 矿灯管理工作业流程与故障处理

一、矿灯管理工作业流程

(一) 班前会准备

见本书第七章第一节。

(二) 作业前检查

(1) 检查矿灯数量及完好率是否满足要求。

(2) 检查自救器数量及完好率是否满足要求。

(3) 检查便携仪数量及完好率是否满足要求。

(4) 确认每台矿灯充电架完好,充电状态指示正常。

(5) 检查矿灯充电室通风良好,室内温度应保持在 15～25 ℃,防灭火设施齐全完好。

(6) 检查充电电压、电流符合要求。

(7) 检查作业环境卫生干净整洁,充电架应保持清洁,每天应擦拭 1 次,每半年检修 1 次。

(8) 检查矿灯和便携仪智能监控发放系统正常。

(9) 检查矿灯、自救器和便携仪发放、交回情况。

(三) 作业标准

1. 矿灯保管与充电要求

(1) 矿灯、自救器实行专人专灯自助服务、集中保管。矿灯由使用者自己取用、充电,充电柜管理由专人负责。

(2) 充电时电池温度不应超过 43 ℃。

(3) 充电时应关闭灯头开关,使灯熄灭。

(4) 在充电过程中,注意充电电流大小是否正常,一般经过正常放电的蓄电池,充电开始时的充电电流约为 2 A,如有个别的充电电流特别小,则应检查充电回路内各接线和触点。

(5) 当电池不需要继续充电时,应将灯头逆时针旋转 180°,切断充电回路。

(6) 当充电过程中突然停电时,应立即将每个灯的灯头逆时针旋转 180°。

(7) 使用过的矿灯,应充足 10 h,充电电流降至 0.1 A 以下,否则应使用备用灯。

(8) 显示为红、灭灯的电池应及时更换、检修。

(9) 矿灯放完电后必须及时充电,以免长期搁置造成电池电量衰减。

(10) 使用中的矿灯应避免过放电,如有过放电,应进行过充电处理(适当延长日常充电时间)。

2. 矿灯充电操作

(1) 用智能识别卡轻触矿灯智能充电架感应触头,听到提示音"门已打开"后打开矿灯智能充电架箱门。

(2) 将矿灯灯头充电插孔插入矿灯智能充电架的充电桩上,并顺时针旋转 180°,听到提示音"矿灯正在充电"后确认矿灯已开始充电。

(3) 将矿灯(灯线、电池)、自救器放入灯箱。

(4) 将门轻轻关闭。

(5) 观察显示屏电压(5.0～6.5 V)、电流(3.0～7.0 A)是否在正常范围内。

(6) 检查矿灯智能充电架箱门是否关闭到位。

(7) 打扫矿灯智能充电架卫生。

(8) 打开充电箱门,将矿灯(灯线、电池)、自救器从灯箱取出。

(9) 将矿灯灯头逆时针旋转 180°后取出,听到提示音"矿灯充电完成"。

(10) 智能识别卡不得靠近磁场、潮湿环境。

(11) 智能识别卡轻触矿灯智能充电架感应触头,不得超过 3 s。

(12) 当智能识别卡无法识别感应触头时,应当联系矿灯充电工进行处理,不得用工具撬开箱门。

(13) 矿灯智能充电架箱门应轻轻打开或关闭,避免损坏电源。

(14) 严禁将工具、饮用水、饮料放入矿灯智能充电架内。

(15) 每周对矿灯智能充电架除尘 1 次。

3. 矿灯使用信息维护

(1) 当职工离职、调动时,应及时告知矿灯管理工更改个人信息。

(2) 矿灯管理工矿灯、自救器、充电柜、电子钥匙等的发放、领用、更换、丢失补办。

(3) 矿工信息维护。

选择菜单栏中的"数据维护"—"矿工信息维护"栏,或直接单击工具栏中的"矿工信息维护"按钮,系统弹出"矿工信息维护"界面。

① 新增矿工信息:单击"新增"按钮,在界面右侧填入相应信息,其中姓名、充电架、灯位号、矿灯配备时间以及矿灯配备前已充电次数为必填项目。在确认输入内容后,单击"保存"按钮,系统将提示信息保存成功。

② 删除矿工信息:在界面左侧的已有矿工列表中选中需删除的矿工,可多选(通过选择

充电架查看该充电架上的矿工列表)，单击“删除矿工”按钮，系统将提示是否删除所选矿工，单击“是(Y)”，完成删除操作。

(4) 设置矿工密码锁和 LCD 显示。

选择“智能充电柜管理”—“密码锁和 LCD 管理”，进入“智能门控管理”界面。通过下拉菜单选择需要设置的矿工所在充电架和矿工姓名，单击“读卡”，在读卡器上读出将要发送的钥匙密码，单击“发卡”，在得到“发送成功”的提示后，对应充电架上指定充电柜门的液晶屏上将会显示这名矿工的姓名。电子密码锁与刚在读卡器上读出密码的钥匙相对应。当钥匙不慎丢失或损坏以后，可以用相同的方法重新设置。

(5) 设置通用钥匙。

在“智能门控管理”界面下，选择需要设置通用密码的充电架，单击“读卡”，在读卡器上读出将要发送的钥匙密码，单击“设置通用密码”，在得到“发送成功”的提示后，指定充电架上的所有柜门将可以用通用钥匙打开。当钥匙不慎丢失或损坏以后，可以用相同的方法重新设置。

二、常见故障及处理方法

(一) KL4LM(D)矿灯常见故障及处理方法

1. 矿灯不亮(亮度不足)

故障分析	处理方法
电源开关未打开或接触不良	打开电源开关或调整接触状态
蓄电池未充进电;矿灯 LED 已损坏;电子保护板损坏;LED 光衰过大	更换新矿灯

2. 亮灯时间不够

故障分析	处理方法
电池未能充足电量	用 KLZC-001 充电器继续将电池电量充足
蓄电池容量衰减	更换新矿灯

3. 矿灯主、辅光源灯不能立即熄灭

故障分析	处理方法
开关故障;保护板极性接反起不到保护作用;短路保护板损坏	更换新矿灯

4. 矿灯正常使用中突然灭灯

故障分析	处理方法
保护板短路功能动作;LED 灯泡损坏;电路断线	将矿灯在开户的充电架(器)上充电 2～3 s，转动灯头开关，即亮灯;否则，更换新矿灯

(二) NYCJ-100ZX 矿灯充电架常见故障及处理方法

1. 充电架有交流输入及有矿灯负载时,直流电压表不动或指示为零,或指示灯不亮

故障分析	处理方法
交流输入熔断器烧断	更换熔断器
电源开关接触不好	检修电源开关
电压表断线	接好断线或更换连线
指示灯接触不良或烧坏	检查指示灯,更换烧坏的灯泡
直流输出侧快速熔断器烧坏	更换熔断器

2. 交流输入电压正常,直流输出电压低

故障分析	处理方法
电压调节器断路	修理或更换电压调节器
硅整流元件烧坏	更换硅整流元件

3. 交流输入电压正常,直流输出电压有跳跃现象

故障分析	处理方法
电压调节器断路或接触不良	修理或更换电压调节器

4. 矿灯充电时,充电指示器向反方向指示

故障分析	处理方法
矿灯内部极性接反;充电指示器接反	取下矿灯灯头,检查接线极性
充电架断路	找出断路点,重接

5. 充电指示器指针打至满度

故障分析	处理方法
直流输出电压高于额定值	调整充电电压
矿灯内部短路	维修或更换矿灯

6. 充电显示屏黑屏

故障分析	处理方法
智能屏损坏	检查并更换智能屏
智能屏电源插口接触不良	检查智能屏电源插头是否松动或损坏,并处理
充电模块损坏	检查并更换充电模块
充电柜电源停电	检查充电柜电源是否无电

7. 柜门打开或关闭不了

故障分析	处理方法
柜门电子锁损坏	更换柜门电子锁
系统录入信息错误	核对并录入正确的员工信息
智能监控系统故障	检查并处理智能监控系统故障
智能充电柜通信故障	检查并处理智能充电柜通信故障
充电柜电源停电	检查充电柜电源
智能 ID 读卡器电路板损坏	检查并更换智能 ID 读卡器电路板

第三节 矿灯管理工事故类型与案例

一、矿灯管理工常见事故类型

矿灯充电不当,可能造成火灾事故。

二、矿灯管理工事故案例

误操作导致矿灯充电架跳闸事故

(一)事故发生经过

2021 年 10 月 12 日,矿灯管理工李某在班长安排下进行矿灯充电架指示器更换工作,由于一条螺丝难以卸下,李某就用自制套管顶住螺丝,结果造成充电设备短路跳闸。

(二)原因分析

1. 直接原因

充电工李某安全意识淡薄,没有搞清充电设备原理而贸然工作。

2. 间接原因

运行一班班长安排工作不细致,安排工作没有讲清楚详细的安全注意事项,现场安全管理不到位。

(三)预防措施

(1)处理电气设备故障或检修电气设备时,要把安全工作布置细致,工作前进行安全预测预想,做好防范措施。

(2)岗位工要加强业务知识学习,掌握设备的维护保养方法,提高自身业务素质。

第十五章　空气压缩机操作工岗位技能与安全

第一节　空气压缩机操作工岗位技能基础

一、空气压缩机操作工岗位基本条件与必备技能

（一）基本条件

空气压缩机操作工必须持“快开门式压力容器操作”证件上岗。

（二）必备技能

（1）掌握基础的电气知识，熟悉压力容器设备基础知识。

（2）熟悉空气压缩机的安全规定，了解空气压缩机系统。

（3）熟悉空气压缩机的工作原理及其主要性能指标，掌握空气压缩机正常操作和日常维护保养知识。

二、空气压缩机操作工安全生产责任制

（1）必须经过专业培训，经考试合格后持证上岗。爱护机房设备和消防设施，保持设备和工作场所的清洁卫生。

（2）熟悉空气压缩机及其供电系统的基本结构、性能、工作原理，能独立操作。

（3）掌握每台设备的运行情况和保养周期，严格执行操作规程，保持设备正常运转。

（4）每天至少巡检3次，每次巡检后按时认真填写好各种记录，并妥善保存。

（5）遇有可能造成重大事故的紧急情况时，应立即停止设备运转，并迅速汇报队值班人员。

（6）除正常倒机外，不经队值班人员同意，无特殊情况不得擅自开停空气压缩机。

（7）巡检完毕离开机房时，必须将门关好上锁。

三、“一规程四细则”及安全生产标准化对空气压缩机操作工的规定

（一）《煤矿安全规程》对于空气压缩机的要求

第四百三十一条　矿井应当在地面集中设置空气压缩机站。

第四百三十二条　空气压缩机站设备必须符合下列要求：

（1）设有压力表和安全阀。压力表和安全阀应当定期校准。安全阀和压力调节器应当动作可靠，安全阀动作压力不得超过额定压力的1.1倍。

（2）使用闪点不低于215 ℃的压缩机油。

（3）使用油润滑的空气压缩机必须装设断油保护装置或者断油信号显示装置。水冷式空气压缩机必须装设断水保护装置或者断水信号显示装置。

第四百三十三条　空气压缩机站的储气罐必须符合下列要求：

(1) 储气罐上装有动作可靠的安全阀和放水阀,并有检查孔。定期清除风包内的油垢。

(2) 新安装或者检修后的储气罐,应当用1.5倍空气压缩机工作压力做水压试验。

(3) 在储气罐出口管路上必须加装释压阀,其口径不得小于出风管的直径,释放压力应当为空气压缩机最高工作压力的1.25～1.4倍。

(4) 避免阳光直晒地面空气压缩机站的储气罐。

第四百三十四条 空气压缩设备的保护,必须遵守下列规定:

(1) 螺杆式空气压缩机的排气温度不得超过120 ℃,离心式空气压缩机的排气温度不得超过130 ℃。必须装设温度保护装置,在超温时能自动切断电源并报警。

(2) 储气罐内的温度应当保持在120 ℃以下,并装有超温保护装置,在超温时能自动切断电源并报警。

(二)《煤矿安全生产标准化管理体系基本要求及评分方法(试行)》相关规定

1. 人员岗位规范

(1) 严格执行本岗位安全生产责任制。

(2) 管理、技术人员掌握相关的岗位职责、管理制度、技术措施,作业人员掌握本岗位相应的操作规程和安全措施。

(3) 规范作业,无"三违"行为,作业前进行岗位安全风险辨识及安全确认。

2. 设备岗位规范

(1) 现场设备设置规范、标识齐全,设备整洁。

(2) 机房及设备周围卫生清洁。

(3) 机房照明符合要求。

(4) 消防器材、绝缘用具齐全有效。

第二节 空气压缩机操作工作业流程与故障处理

一、空气压缩机操作工作业流程

(一) 班前会准备

见本书第七章第一节。

(二) 作业前准备

见本书第七章第二节。

(三) 启动前检查

(1) 检查空气压缩机各部分零件是否完好,各保护装置、仪表、阀门、管路及接头是否有损坏或松动,具体要求如下:

① 各紧固螺栓无松动。

② 传动皮带的松紧适度,无断裂、跳槽及翻扭现象。

③ 护罩安装牢靠,电气设备接地良好。

④ 各润滑油腔油脂油量合适,油路畅通,油质洁净。

⑤ 冷却水畅通,水量充足,水质洁净,水压符合规定。

⑥ 超温、超压、断油、断水保护装置灵敏可靠。

⑦ 各指示仪表齐全可靠。

⑧ 电机碳刷、滑环接触良好无卡阻，无烧伤。

⑨ 隔离开关、断路器等启动设备应在断开位置。

（2）检查油位是否在视油镜能看到液面，看不到时应补充。注意加油前确认系统内无压力（油位以停机 10 min 后观察为准，在运转中油位较停机时稍低）。

（3）检查空气压缩机设备上各种保护是否安全可靠。

（4）确认系统内无压力。

（四）开机

（1）合上高压开关柜开关。

（2）点动电机，检查风扇电机的转向。

（3）打开输气管截止阀，按下“启动”按钮即正式运转，于数秒后缓慢关闭截止阀。

（4）观察运转是否平稳，声音是否正常，空气对流是否畅通，仪表读数是否正常，是否泄漏。

（五）运转

（1）经常观察各仪表是否正常。

（2）经常倾听空气压缩机各部位运转声音是否正常。

（3）经常检查有无渗漏现象。

（4）在运转中如发现油位计上看不到油位应立即停机，10 min 后再观察油位，如不足，待系统内无压力时再补充。

（5）经常保持空气压缩机外表及周围场所干净，严禁在空气压缩机上放置任何物件，如工具、抹布、衣物、手套等。

（6）遇有特殊情况，按“急停处理”按钮。

（7）下列情况禁止操作：

① 在安全保护装置失灵情况下，禁止开机或运行。

② 在电动机、电气设备接地不良情况下，禁止开机或运行。

③ 在指示仪表损坏不安全的情况下，禁止开机或运行。

④ 在设备运行中，禁止紧固地脚螺栓。

⑤ 气缸、储气罐有压情况下，禁止敲击和碰撞。

（六）巡检

空气压缩机正常运行后，应定期巡检（一般为每小时 1 次）。如发现不正常现象，应及时汇报处理，巡检内容如下：

（1）各发热部位温升情况，并记录在运行日志内。

（2）各检测点风压、油压、电压、电流等数值。

（3）电动机、空气压缩机运行情况。

（4）注油器、压力调节器工作情况。

（5）冷却系统、供油系统、排气系统应无严重的漏油、漏气现象，各安全保护和自动控制装置动作灵敏可靠。

（七）停机

（1）按“停止”按钮，电机停止运转，开关打至停止位置。

（2）当出现下列情况之一时，应紧急停机：

① 空气压缩机或电动机有故障性异响、异振；

② 电动机冒烟、冒火或电动机电流表指示超限；

③ 油泵压力不够，润滑油中断或压力降到 0.1 MPa 以下；

④ 保护装置及仪表失灵；

⑤ 其他严重意外情况。

(3) 紧急停机按以下程序进行：

① 若发生故障时，可直接断电停机（情况允许可卸荷停机）；

② 因电源断电自动停机时，应断开电源开关；

③ 上报主管部门；

④ 在冬季停机时，当气缸温度降至室温以下时，关闭冷却水，同时放掉机体内全部冷却水。

(八) 收尾工作

(1) 如实填写并保存记录。

(2) 工具、备件等摆放整齐，搞好设备及室内外卫生。

空气压缩机启动操作流程如图 15-1 所示。

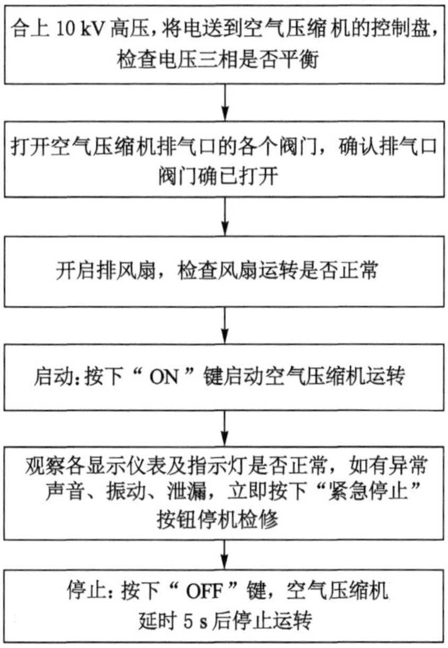

图 15-1　空气压缩机启动操作流程

(九) 其他注意事项

(1) 空气压缩机排气温度达到 95 ℃及以上时告警，达到 105 ℃及以上时停机。

(2) 螺杆空气压缩机的专用油闪点温度不得低于 200 ℃。

(3) 滤风器的作用是过滤空气中的杂质和尘埃。

(4) 压力表每半年检定 1 次，安全阀每年校验 1 次。

(5) 空气压缩机二级安全阀的关闭压力应不低于 0.8 MPa。

(6) 空气压缩机的修理必须在停机泄压后进行。

(7) 巡检时要认真检查压风机仪表、润滑系统、电气设备、机械各部件、室内消防器材、保护用具是否正常可靠,发现问题及时处理。

(8) 认真执行安全操作规程和各项规章制度,严守岗位,正确操作,运转中密切注意检查压风机电压、电流、油压、温度和声音是否正常,发现异常现象,必须及时停机检查并处理,确保安全运转。

(9) 认真填写各种记录,努力学习本职业务技术,细心维护保养设备。

(10) 操作高压电器时,应戴绝缘手套、穿绝缘胶靴,或站在绝缘台上,一人操作,一人监护。

(11) 不得随意变更保护装置的整定值。

(12) 安全阀和压力调节器必须动作可靠,安全阀动作压力不得超过额定压力的 1.1 倍,排气温度不得超过 105 ℃,气包温度不得超过 125 ℃,气包压力不得超过 0.85 MPa。

(13) 检查供电系统、冷却系统、供油系统、排气系统压力及温度保护工作情况,有无漏水、漏油、漏气现象,每天风包自动进行 1 次油水排出,每月试验油压及超温保护、压力调节器 1 次。

(14) 空气压缩机只能单向转动,如反向转动将产生转子卡死等严重后果。虽然空气压缩机配有逆向保护功能(即相序接反时机组不能启动),但第一次开机、电源线变动或电动机修理后再开机,测试转向是否正确仍然是必须的,以确保机头不因反转而受损。

(15) 开机时应确保机组内无人,关上机组门,并先通知机组周围维修人员。检修时开机尤须注意确保无人或工具碰触机内转动部位。

(16) 空气压缩机不能在高于铭牌规定的排气压力下工作,否则会导致电机过载停机或烧毁。

(17) 空气压缩机运行过程中禁止将手接近风扇、皮带、联轴器等高速旋转的部件,以免发生危险。

(18) 空气压缩机运转时某些部件表面温度很高,如油气桶、油冷却器、油管、排气管等,在运行状态检查机组时,请务必注意不要使皮肤直接接触这些部件表面。维护及检修应在压缩机停机并冷却后方能进行,以防被烫伤。

(19) 在空气压缩机发生故障或有不安全因素存在时,切勿强行开机。此时应切断电源,并做出显著标记。

(20) 使用中的机组应经常检查,严格按保养周期进行保养。有故障征兆时,应及时停机处理,不应拖延,以免造成严重后果。

(21) 空气压缩机内有压力容器,请注意当地有关压力容器的法规。

(22) 空气压缩机润滑油是可燃品,请不要将烟头、火种等靠近润滑油。机组附近应配有适当的灭火器。

(23) 空气压缩机的冷凝水排放应与废水处理系统连接。换下的润滑油、过滤器等不得随意排放、丢弃,应参照当地环保法规处理。

(24) 须定期检查安全阀、停机保护系统,确保其灵敏可靠。一般每年应检验 1 次。

(25) 清洗机组零部件时,严禁使用易燃易爆、易挥发的清洗剂,应采用无腐蚀性的安全溶剂。

(26) 做各种保养和检修时,必须切断电源,并锁闭电闸,且在电闸处挂检修及禁止合闸标志，以防他人合闸送电。

（27）机组运行过程中禁止打开油气桶、冷却器、水分离器的泄油和泄水球阀、堵头。检修或维护保养时应确保整个空气压缩机系统里压缩空气完全释放。

（28）空气压缩机内部任何零部件未经合格认证和完好检查，不得自行调整、拆装或改造。

（29）空气压缩机运行期间要保持运行环境中的进气量充足。

（30）冬季应保持空气压缩机运行环境温度不得低于－5 ℃，夏季不得高于 34℃。

二、常见故障及处理方法

故障情形	可能发生原因	排除对策
无法启动（先查看液晶屏故障显示，再对症解决）	保险丝烧毁	请电气人员检修更换
	过载保护器动作	请电气人员检修
	接线松动或接触不良	检修紧固
	电压太低	请电气人员检修
	电动机故障	请电气人员检修
	压缩机机体故障	手动机体，若无法转动，联系空气压缩机售后服务单位
	逆、欠相保护动作	检查电源线及各接点
运转电流高，压缩机自行停机（先查看液晶屏故障显示，再对症解决）	电压太低	请电气人员检修
	排气压力太高	检查压力开关或压力传感器
	电路接点接触不良	检修
	润滑油规格不正确	检查油号，更换油品
	皮带传动松	检查并调整
	油细分离器堵塞	更换油细分离器
	压缩机机体故障	手动机体，若无法转动，联系空气压缩机售后服务单位
运转电流低于正常值	空气消耗量太大（压力在设定值以下运转）	检查消耗量，必要时增加空气压缩机
	空气过滤器堵塞	清洁或更换
	进气阀动作不良	拆卸清洗并加润滑油脂
	压力设定不当	重新设定压力
排气温度低于 70 ℃	冷却水量太大	调整冷却水的出口阀
	环境温度太低	减少冷却器散热面积
	空车太久	增加空气消耗量
	温度控制元件故障	调整或更换
	热控制阀故障	更换热控制阀

续表

故障情形	可能发生原因	排除对策
排气温度高，空气压缩机自动跳闸	润滑油量不足	检查油位，若油量不足，请停车加油
	冷却水量不足	检查进出水管温差
	冷却水温度高	检查进水温度
	环境温度高	改善环境，降低室温
	冷却器不清洁或堵塞	检查进出口温差，正常温差为 5～8 ℃，如低于 5 ℃，则以低压空气清洁或拆下用药剂清洗
	润滑油规格不正确或变质	检查油号，更换油品
	热控制阀故障	检查油是否经过油冷却器冷却，若无，则更换热控制阀
	油过滤器堵塞	更换
	前置过滤器堵塞	清洁
	冷却风扇故障	检修或更换
	温度控制元件故障	检修或更换
空气中含油分高，润滑油添加周期短	油面太高	检查油面并适当排放
	回油管路阻塞	拆卸并清洁
	回油止回阀损坏	更换
	排气压力太低	调整检修压力控制元件
	油细分离器破损、失效	更换
	压力维持阀弹簧疲劳	更新弹簧
	油细分离器芯管“O”形圈破损	更换
无法全载运转	压力控制元件故障	检修或更换
	电磁阀故障	检修或更换
	进气阀动作不良	拆卸清洗后加注润滑油脂，检查控制管路是否畅通
	压力维持阀动作不良	拆卸后检查阀座及止回阀片是否磨损，如磨损则更换
	控制管路泄漏	检查泄漏位置并锁紧
	电气线路故障	检修或更换
无法空车，空车时压力仍保持工作压力或继续上升，安全阀动作	压力控制元件失效	检修或更换
	进气阀动作不良	拆卸清洗后加润滑油脂
	电磁阀失效或泄放管路阻塞	检修或更换
	电气线路故障	检修或更换
空气压缩机风量低于正常值	进气过滤器堵塞	清洁或更换
	进气阀作动不良	拆卸清洗后加润滑油脂
	油细分离器堵塞	更换
	泄放电磁阀或管路泄漏	检修，必要时更换

续表

故障情形	可能发生原因	排除对策
空/重车频繁	管路泄漏	检查泄漏位置并锁紧
	压力控制元件设定错误或故障	检修或更换
	空气消耗量不稳定	增加储气罐容量
	压力维持阀泄漏	检修或更换
停机时油雾从空气过滤器冒出	进气阀关闭不严或卡死	检查进气阀，如卡住，拆卸清洁后加润滑油脂
	重车停机	避免重车停机
	压力维持阀泄漏	检修或更换
	泄放电磁阀故障	检修或更换
	止回阀故障	检修或更换

第三节　空气压缩机操作工事故类型与案例

一、空气压缩机操作工常见事故类型

（1）未正确佩戴安全帽，可能造成其他事故。

（2）未执行“两票三制”，可能造成机电事故。

（3）操作高压电气设备未戴绝缘手套、穿绝缘靴或未站在绝缘台上作业，可能造成机电事故。

（4）人为甩电气设备保护，未按规定设置设备整定值，可能造成机电事故。

（5）电气设备检修时未按规定停电、验电、放电、挂接地线、闭锁、加锁、挂停电牌，未执行专人专锁，可能造成机电事故。

二、空气压缩机操作工事故案例

保养设备时粗心大意导致手部烫伤

（一）事故发生经过

2020 年 5 月 23 日，某队召开八点班班前会，班长邢某安排空气压缩机操作工王某保养 2 号空气压缩机房 5 号空气压缩机，保养项目包括更换油滤清器、空气滤清器和油细分离器。王某到现场后按照流程停止了 5 号机运行，并按下了空气压缩机急停按钮。待机体压力泄放完毕后，王某开始保养工作。在拆卸油滤清器时，右手被流出的高温油液烫伤。

（二）原因分析

1. 直接原因

王某安全意识淡薄，作业时未注意设备安全提示，空气压缩机停机闭锁后未充分冷却即开始保养，是事故发生的直接原因。

2. 间接原因

检修班班长安排工作不细致，未仔细说明空气压缩机保养的安全注意事项，保养设备未安排专人现场监护，是事故发生的间接原因。

（三）预防措施

（1）安排检修维护设备的工作时，必须将安全风险和注意事项强调到位，现场作业时不得安排单人单岗作业。

（2）所有包机人员必须掌握设备的操作规程和检修保养方法，作业时仔细认真。

第十六章　制氮机操作工岗位技能与安全

第一节　制氮机操作工岗位技能基础

一、制氮机操作工岗位基本条件与必备技能

（一）基本条件

制氮机操作工必须持“快开门式压力容器操作”证件和“其他从业人员”证件上岗。

（二）必备技能

(1) 熟练掌握制氮机的性能和操作方法。

(2) 熟悉各制氮系统的管路走向。

(3) 能够根据气体变化及时启动或停止制氮机运行。

(4) 能够对制氮机及控制设备进行预防性的检查和维护。

二、制氮机操作工安全生产责任制

(1) 按时参与班前会，熟悉制氮机的工作原理、结构、性能、维护保养及故障排除的知识。

(2) 严格执行“三大规程”，严禁违章操作。

(3) 坚守工作岗位，做好设备运转期间的监护工作。

(4) 设备发生故障时，及时对故障进行处理并向区队汇报。

(5) 参加设备的检修工作，保持设备处于完好状态。

(6) 做好设备运行记录和检修记录的填写。

三、“一规程四细则”及安全生产标准化对制氮机操作工的规定

（一）《煤矿安全规程》相关规定

第二百七十一条　采用氮气防灭火时，应当遵守下列规定：

(1) 氮气源稳定可靠。

(2) 注入的氮气浓度不小于97%。

(3) 至少有1套专用的氮气输送管路系统及其附属安全设施。

(4) 有能连续监测采空区气体成分变化的监测系统。

(5) 有固定或者移动的温度观测站（点）和监测手段。

(6) 有专人定期进行检测、分析和整理有关记录、发现问题及时报告处理等规章制度。

（二）《煤矿安全生产标准化管理体系基本要求及评分方法(试行)》相关规定

1. 职工素质及岗位规范

(1) 严格执行本岗位安全生产责任制。

(2) 管理、技术人员掌握相关的岗位职责、管理制度、技术措施，作业人员掌握本岗位相应的操作规程和安全措施。

(3) 规范作业，无“三违”行为，作业前进行岗位安全风险辨识及安全确认。

2. 文明生产

(1) 现场设备设置规范、标识齐全，设备整洁。

(2) 管网设置规范，无跑、冒、滴、漏现象。

(3) 机房、硐室以及设备周围卫生清洁。

(4) 机房、硐室以及巷道照明符合要求。

(5) 消防器材、绝缘用具齐全有效。

第二节　制氮机操作工作业流程与故障处理

一、制氮机操作工作业流程

（一）班前会准备

见本书第七章第一节。

（二）作业前准备

见本书第七章第二节。

（三）接班

(1) 准时进入工作地点，对沿途有关设备、支护情况进行检查，现场交接班。

(2) 询问交班人员上一班设备运行情况，查看存在问题及有关注意事项。

(3) 对职责范围内各设备进行现场检查，发现问题及时处理。

(4) 对常用备品备件以及工器具进行检查。

（四）现场检查

(1) 检查设备运行情况，包括设备故障、缺陷以及处理结果。

(2) 查阅各种记录填写是否规范、准确、完整。

(3) 检查废水、废油的排放情况是否符合规定要求。

(4) 检查制氮机各部位是否完好，各处螺栓有无松动。

(5) 检查润滑油是否符合要求，油位是否在标尺规定的范围内，油路是否畅通，油质是否清洁，油温是否正常，有无漏油现象。

(6) 检查压力表、温度表、指示灯及各种仪表有无损坏，指示是否正确。断油、超温、超压保护及信号装置是否可靠，安全阀及压力调节阀是否灵活可靠。

(7) 配电设备是否完好，电压是否满足要求。

(8) 检查消防器材、防护用具、工器具、材料、配件等是否齐全完好。

（五）作业流程

1. 启动前的准备

(1) 检查电压是否正常。

（2）检查启动、停止按钮是否灵活，旋转装置应在卸载位置。

（3）检查仪表是否齐全可靠，指示正确。

（4）检查各保护装置是否灵敏可靠，电气设备接地是否完好。

（5）确认各电磁阀完好，制氮装置控制柜开关已断开。

2. 设备启动

（1）打开冷凝循环水。

（2）打开压风管路阀门。

（3）当空气缓冲罐压力升至 0.8 MPa 时，调节控制气源压力（三联件上压力表）调至约 0.6 MPa。

（4）启动制氮机，确认整个系统正常工作。

3. 设备运转

（1）观察电机是否正常运转，有无异常响声。

（2）观察压风管是否正常，有无漏风现象。

（3）观察各仪表指示、压力情况和排气温度。

（4）观察是否自动加载，如不加载可采用手动加载。

（5）制氮系统正常运行后，每小时巡回检查 1 次，并做好电压、电流、气压、排气温度、油位等运行记录。

（6）有下列情况时，按下控制面板上的急停按钮，实现紧急停机。

① 排气温度高于正常值（正常范围在 75～95 ℃）。

② 排气压力高于额度值（额度值为 0.8 MPa）。

③ 制氮系统有严重漏气、漏水、漏油情况。

④ 制氮系统运转中有异常声响或其他情况。

（六）停机

（1）关闭供气系统阀门。

（2）关闭流量计调节阀。

（3）关闭制氮主机。

（4）关闭空气压缩机（先卸载，15 s 后按停止按钮）。

（5）关闭冷却器循环水阀门。

（七）交班

（1）交班前，对职责范围内的设备进行自检。

（2）向接班人员如实汇报本班设备的运转及注意事项。

（3）协助接班人员进行现场检查，发现问题及时处理。

（4）交班时保持好作业区域文明卫生。

（5）对备品备件以及工器具进行检查。制氮机操作工作业流程如图 16-1 所示。

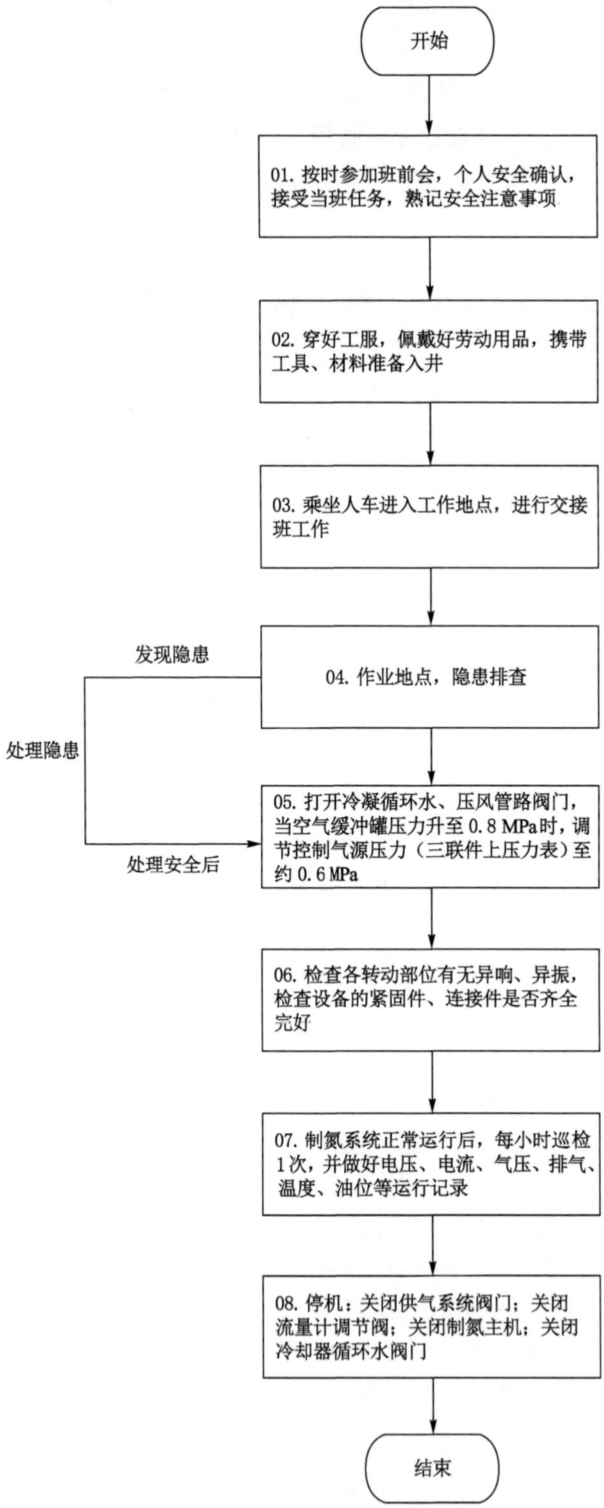

图 16-1　制氮机操作工作业流程

二、常见故障及处理方法

（一）工作压力低

故障分析	处理方法
管道泄漏	修补管道
系统阀门未关闭	关闭系统阀门
制氮机供气量过大	调整供气量

（二）工作程序不对

故障分析	处理方法
电器故障	检查电器部分
电磁阀处于手动状态	调整至自动状态
电磁阀损坏	检修电磁阀

（三）产品气纯度下降

故障分析	处理方法
管道泄漏	修补管路
阀门泄漏	更换阀垫
产气量过大	调整产气量

（四）产品气有杂质

故障分析	处理方法
膜组件污染	更换膜组件
系统阀门未关闭	检修过滤器

（五）压力不显示

故障分析	处理方法
压力表导管损坏	排除导管堵塞物
压力表损坏	更换压力表

（六）电源指示灯不亮

故障分析	处理方法
电源未接通	检查电源
保险管坏	更换保险管

（七）电源指示器灯亮，系统不工作

故障分析	处理方法
保险管	更换保险
内部有断线	检查线路

（八）电气控制箱内出现噪声

故障分析	处理方法
电磁阀故障	检修电磁阀
程控板故障	检修或更换程控板

（九）排气温度高于 95 ℃

故障分析	处理方法
风冷不畅（风扇损坏，进、出风口堵塞）	维修或更换风扇，疏通进、出风口
温度控制元件故障	维修或更换温度控制元件
热控制阀故障	维修或更换热控制阀
润滑油量不足	补充润滑油
油过滤器堵塞	清洁油过滤器

第三节　制氮机操作工事故类型与案例

一、制氮机操作工常见事故类型

（1）攀爬无可靠防护运转设备，可能造成其他事故。

（2）操作、检修带有压力系统作业时，未佩戴护目镜，可能造成运输事故。

（3）电气设备失爆，可能造成机电事故。

（4）人为甩电气设备保护，未按规定设置设备整定值，可能造成机电事故。

（5）特种作业人员无证、未持证、持假证上岗作业，可能造成其他事故。

（6）辅助运输线路未执行“行车不行人，行人不行车”规定，可能造成运输事故。

（7）电气“三大保护”不齐全，可能造成机电事故。

（8）电气设备检修时未按规定停电、验电、放电、挂接地线、闭锁、加锁、挂停电牌，可能造成机电事故。

（9）用水冲洗电气设备，可能造成机电事故。

（10）入井时和作业现场未佩戴自救器，可能造成其他事故。

（11）车辆未停稳人员上下车，人员未坐稳、车门未关牢靠启动车辆，可能造成运输事故。

二、制氮机操作工事故案例

井下氮气窒息事故

（一）事故发生经过

在一化工厂的井下作业期间，工人因为呼吸氧气不足而死亡。调查发现，作业人员在用氮气充注井下管道的过程中，意外出现氮气泄漏，由于氮气又重又可燃，在泄漏现场处形成一股氮气云。然而，由于井下各个区域的设备不同，导致浓度检测器没有起到作用。当时的工人没有及时撤离现场，因为呼吸的氮气，缺氧导致窒息，最终导致悲剧的发生。

（二）事故原因

未能及时探测氮气的泄漏，无法及时发出警报；缺乏必要的空气流通，未能将有毒、有害气体排出；缺少标准的操作规程。

（三）防范措施

（1）建立适用于井下环境的标准操作规程并落实执行，杜绝违章作业。

（2）选用高精度、高可靠性的检测器，能及时检测氮气泄漏并及时采取相应的应急措施。

（3）培训相关人员，确保经常进行检查和维护。

第十七章　起重工岗位技能与安全

第一节　起重工岗位技能基础

一、起重工岗位基本条件与必备技能

（一）基本条件

起重工必须持“流动式起重机司机”或“桥式起重机司机”证件上岗。

（二）必备技能

（1）钢丝绳的插接及其正确的使用和维护保养方法。

（2）掌握卸扣、滑车、千斤顶、撬棍、手动葫芦等起重工具及设备的正确使用和维护保养方法。

（3）掌握物件的捆绑、起吊及搬运方法，起重作业的指挥信号、安全操作及文明生产要求等。

二、起重工安全生产责任制

（1）遵守公司及厂内安全生产规章制度和安全技术操作规程，正确佩戴和使用劳动防护用品。

（2）积极参加安全教育培训，持证上岗，熟练掌握本岗位安全生产知识和技能。

（3）严格履行“自保、互保、联保”职责，坚决杜绝“三违”，做到“四不伤害”。

（4）熟知本岗位危险源，作业前进行安全风险评估，发现隐患应立即报告。

（5）熟练掌握所使用行车的性能及结构，严格按照操作规程作业。

（6）定期对行车进行维护保养，发现故障及时处理，确保安全运行。

三、起重工作业相关规定与原则

（1）起重作业严格按照起重“十不吊”标准作业。

① 吊物重量不明或超负荷不准吊。

② 信号不明确不准吊。

③ 捆绑、吊挂不牢或不平衡可能引起吊物滑动时不准吊。

④ 吊物上有人或有浮置物时不准吊。

⑤ 现场光线阴暗看不清吊物起落点不准吊。

⑥ 棱刃物与钢丝绳直接接触无保护措施不准吊。

⑦ 高压输电线不吊，爆炸性物品不吊。

⑧ 埋伏地下物拉力不清不准吊。

⑨ 安全装置失灵或带病不准吊。

⑩ 六级以上强风不准吊。

(2) 起重作业严格遵守“三不越过”原则。

① 不从人员头上越过。

② 不从设备上越过。

③ 不从车辆上越过。

(3)《起重机械安全规定》中要求：

① 起重机械用的钢丝绳应符合《重要用途钢丝绳》(GB/T 8918)要求，并必须有产品检验合格证。

② 钢丝绳在卷筒上，应能按顺序整齐排列。

③ 载荷由多根钢丝绳支撑时，应设有使各根钢丝绳受力均衡的装置。

④ 起升机构和变幅机构，不得使用编结接长的钢丝绳。使用其他方法接长钢丝绳时，必须保证接头连接强度不小于钢丝绳破断拉力的90%。

⑤ 起升高度较大的起重机，宜采用不旋转、无松懈倾向的钢丝绳。采用其他钢丝绳时应有防止钢丝绳和吊具旋转的装置和措施。

⑥ 当吊钩处于工作位置最低点时，钢丝绳在卷筒上的缠绕除固定绳尾的圈数外，必须不小于2圈。

⑦ 吊运熔化或炽热金属的钢丝绳，应采用石棉芯等耐高温的钢丝绳。

第二节　起重工岗位作业流程与故障处理

一、起重工作业流程

(一) 班前会准备

见本书第七章第一节。

(二) 作业前准备

见本书第七章第二节。

(三) 作业前检查

(1) 检查作业环境安全，室外风力达到6级及以上严禁起吊作业。

(2) 检查是否有人员在自动卷缆区域行走或停留。如图17-1(a)所示。

(3) 检查驾驶室各种仪表、操作手柄是否完好。如图17-1(b)所示。

(4) 检查遥控器手柄按钮是否完好。如图17-1(c)所示。

(5) 检查起重设备灯光、警铃是否完好。

(6) 检查起重设备的大小车、大小钩运转是否正常，吊具是否完好可靠，制动装置是否灵敏可靠。如图17-1(d)、(e)、(f)所示。

(7) 检查是否有无关人员进入作业区域。

(四) 作业标准

1. 起重作业标准

(1) 确认作业区域视线开阔、空间充足、无闲杂人员走动或逗留。

(2) 作业时必须有专人指挥，严禁接打电话、与他人交谈。

(3) 操作人员必须清楚吊物重量，选用合适的起重吊具。

(a) (b) (c) (d) (e) (f)

图 17-1　作业前检查

(4) 在吊物起吊离地时应停留一下，一是检查吊具是否起吊平衡，二是减少吊物摆动幅度。

(5) 起重设备运行过程中严禁吊物从设备或人员上方经过。

(6) 起重设备运行过程中严禁未停稳进行反向操作。

(7) 起吊重量应符合载荷中心曲线标志牌的规定。

(8) 起吊的设备材料应码放整齐。

(9) 流动式起重机工作时，起吊重量接近额定负荷时，车尾方向左、右转角不得大于45°，且不得在离地面 0.5 m 以上回转，起吊重物后不得长时间在空中停留，起吊超过 500 kg 重物时，应用四个脚架支持在地面上。流动式起重机长距离行驶时，起重臂必须放在托架上，挂好吊钩，不准吊重物行驶。

2. 使用吊钩的注意事项

(1) 吊钩、吊环表面应该光滑，在使用 1～3 年后，要进行 1 次检查。如图 17-2(a)所示。

(2) 当发现吊钩危险断面上，其磨损程度超过 10%时，应降低载荷使用。吊钩的负荷试验：将额定起重量 125%的重物悬挂 10 min，在卸载后，测量钩口，如果有永久变形和裂纹，则应更换或降低负荷使用。如图 17-2(b)所示。

(3) 吊钩发生下列情况之一时需要更换：

① 用 20 倍放大镜观察表面，有裂纹或破口现象。

② 负荷试验产生永久变形。

③ 钩尾和螺纹部分有变形及裂纹。

④ 钩尾有螺纹部分和无螺纹部分过渡圆角处有疲劳裂纹。如图 17-2(c)所示。

(a)

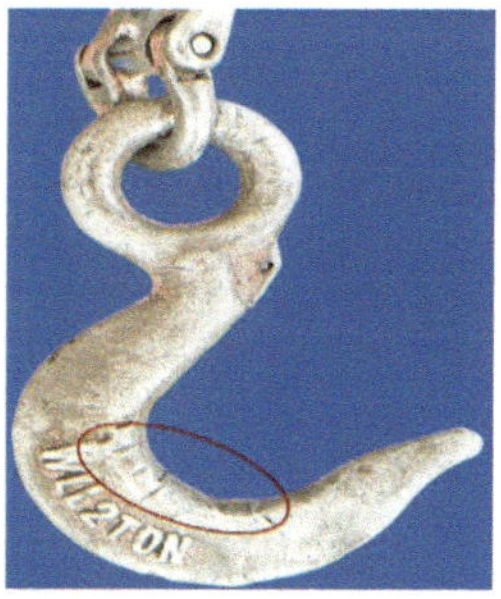

(b)

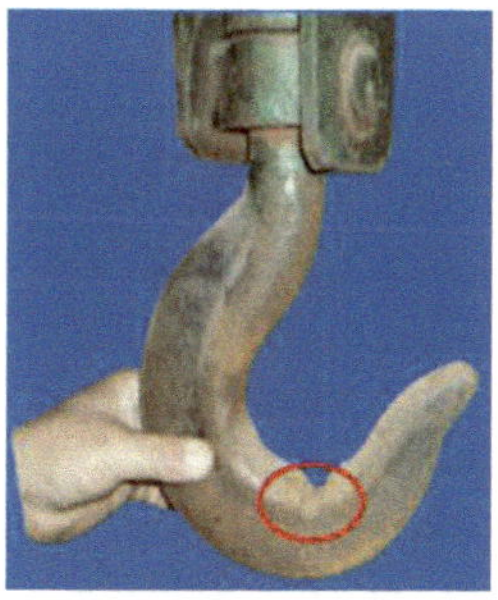

(c)

图 17-2　使用吊钩注意事项

3. 钢丝绳的维护

(1) 钢丝绳应防止损伤、腐蚀和其他物理原因、化学原因造成的性能降低。

(2) 钢丝绳开卷时，应防止打结或扭曲。

(3) 钢丝绳切断时，应有防止绳股散开的措施。

(4) 钢丝绳要保持良好的润滑状态，所用润滑剂应符合钢丝绳的要求。

(5) 钢丝绳应每天检查，对端部的固定连接、平衡轮处的钢丝绳，做出安全判断。

(五) 作业流程

(1) 根据被吊物重量选择合适的吊具。

(2) 开机前预警，清理闲杂人员。

(3) 进行施钩，确保吊挂可靠。

(4) 平稳起吊，低速运行。

(六) 作业收尾

(1) 作业结束，大小车停放到位，吊钩收至规定高度，吊钩上严禁吊挂吊具。

(2) 关闭电源并加锁，遥控器收纳至规定地点，龙门吊锁好夹轨器。

(3) 汽车吊收回大臂，吊钩固定于车前，收起支腿，收好吊具及衬垫枕木等。

(4) 清理现场卫生。

起重工岗位作业流程如图 17-3 所示。

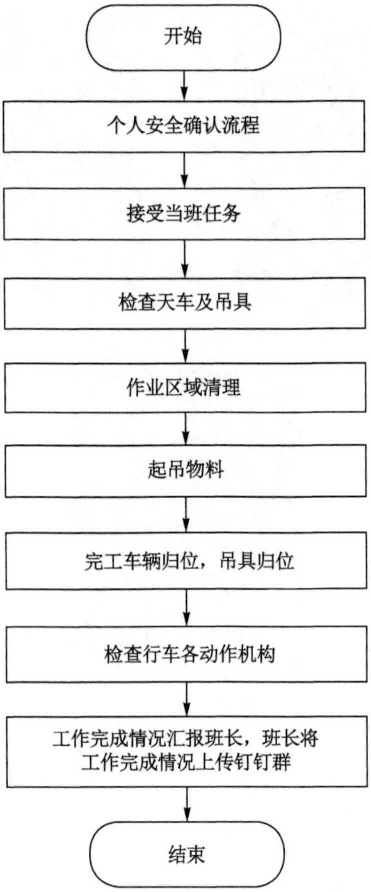

图 17-3　起重工岗位作业流程

二、常见故障及处理方法

（一）流动式起重机常见故障及处理方法

1. 回转抖动

故障分析	处理方法
吊车回转马达回转固定螺丝松动	紧固吊车回转马达回转固定螺丝
回转减速箱固定螺丝松动	紧固回转减速箱固定螺丝

2. 液压系统漏油

故障分析	处理方法
油管接头松动	拧紧油管接头
密封圈老化	更换密封圈
油管破裂	更换油管

3．液压系统噪声大

故障分析	处理方法
油管内有空气	排出管内空气
滤芯及管路堵塞	清洗滤芯及管路
油箱油量不足	加液压油到指定位置

4．滑轮故障

故障分析	处理方法
长时间工作造成导向滑轮磨损严重	更换导向滑轮
滑轮润滑不良	定期加注润滑油脂
导向滑轮装配间隙太紧	调整滑轮装配间隙

5．钢丝绳跳槽

故障分析	处理方法
钢丝绳过长	缩短钢丝绳
钢丝绳尺寸不符	选用符合要求尺寸的钢丝绳
钢丝绳与滑轮间的间隙未定期检修保养	定期检修保养钢丝绳与滑轮间的间隙

6．各铰接轴定位螺丝被剪切

故障分析	处理方法
润滑不良	定期加注润滑油脂
装配太紧	检修保证合理装配

（二）门、桥式起重机常见故障及处理方法

1．制动器不能可靠制动

故障分析	处理方法
制动器杠杆系统中部分铰链被卡住	用机油润滑被卡住的铰链
制动轮工作面上有油污	清洗制动轮工作面上的油污
制动带磨损严重	更换制动带
在电磁铁制动器中制动拉杆的锁紧螺母松脱	调紧锁紧螺母
电磁铁冲程调整不当	调整电磁铁冲程
液压推杆制动器叶轮旋转不灵活	检修推动机构和电器部分

2. 制动器不能打开

故障分析	处理方法
制动带胶黏在有污垢的制动轮上	清洗制动带和制动轮
电磁铁线圈被烧毁	更换电磁铁线圈
液压推杆制动器液压油使用不当,叶轮卡住	按时更换液压油,检修推动机构和电器部分
电压低于额定电压的85%,电磁铁吸力不足	调整电源电压

3. 减速器发生剧烈的金属锉擦声

故障分析	处理方法
齿轮中心未对正	调整对正齿轮
齿轮磨损	更换齿轮

4. 减速器润滑油沿剖分面流出

故障分析	处理方法
密封损坏	更换垫料
减速器壳体变形	检修壳体结合面
螺丝松动	紧固螺丝

5. 小车打滑

故障分析	处理方法
轨道上有油污或冰霜	去除油污或冰霜
轮压不均	调整轮压
启动过猛	改善电动机的启动方法或选择适当的电动机

6. 大车啃轮

故障分析	处理方法
车轮偏差过大	检修车轮,重新安装
安装不合理	检查电动机、制动器装配,检修传动轴、键齿轮传动情况
金属结构变形	检修矫正
轨道偏差	调整轨道

第三节　起重工事故类型与案例

一、起重工常见事故类型

（1）起吊设备不完好；起吊作业时，人员在起吊物下方或摆动范围内作业；起吊作业无专人指挥；起吊索具额定起重承载力小于规定值；起吊重物未采取防滑和防脱钩保护措施；在重物尖锐棱角处未放置保护钢丝绳垫子可能造成其他事故。

（2）特种作业人员或从业人员无证、未持证、持假证上岗作业，可能造成其他事故。

（3）高空抛掷物件，高空作业未采取工器具防坠落措施，可能造成其他事故。

（4）进入地面生产系统未佩戴安全帽，可能造成其他事故。

（5）超速行驶，可能造成运输事故。

二、起重工事故案例

钢丝绳掉道导致夹绳卡死事故

（一）事故发生经过

6 月 8 日 18 时交接班时间，班长孟某交代值班人员杨某，接班后吊卸龙门吊场地的十几张钢板。接班后 19 时许，值班人员开始吊卸钢板，在起重过程中发生钢丝绳掉道，而后在操作人员试图将重物落地时出现夹绳卡死现象。19 时 30 分，操作人员将此事汇报班长孟某。班长孟某到达现场，通知陈某将叉车开到龙门吊场地。叉车到达现场后，把板材托起并取下放置到地面，将龙门吊停放到位。20 时许，班长孟某将此事汇报值班队干司某，司某到现场查看情况后看天色已晚，联系行车维保单位第二天早上安排人员维修。

（二）事故原因

1. 直接原因

杨某安全意识淡薄，选用起吊锁具不合理。

2. 间接原因

（1）班组管理欠缺，班组长对岗位员工培训不到位，在起吊作业过程中没有安排专人指挥，自身未进行现场安全确认与跟踪。

（2）跟班队干没有在现场进行安全监督，管理松懈。

3. 防范措施

（1）联系维保厂家尽快购置更换钢丝绳，恢复设备完好状态。

（2）在钢丝绳未更换期间，设备必须停电、闭锁、加锁、挂牌，暂停使用。

（3）加强设备使用和维保管理，发现隐患及时处理，确保设备不带病作业。

（4）加强员工的培训工作，包括设备工作原理、使用注意事项、操作规程等，避免蛮干。

（5）班组长安排工作要细致、合理，杜绝单岗作业，并做好安全监管，充分发挥班组长在安全生产中的作用。

第十八章 叉车工岗位技能与安全

第一节 叉车工岗位技能基础

一、叉车工岗位基本条件与必备技能

（一）基本条件

叉车工必须持“叉车司机”证件上岗。

（二）必备技能

（1）掌握操纵叉车出车、货物装卸与搬运的技能。

（2）掌握叉车日常维护及常见故障处理的技能。

（3）掌握叉车非正常情况处理及安全防护的技能。

二、叉车工安全生产责任制

（1）遵守公司及厂内安全生产规章制度和安全技术操作规程，正确佩戴和使用劳动防护用品。

（2）积极参加安全教育培训，持证上岗，熟练掌握本岗位安全生产知识和技能。

（3）严格履行“自保、互保、联保”职责，坚决杜绝“三违”，做到“四不伤害”。

（4）熟知本岗位危险源，作业前进行安全风险评估，发现隐患应立即报告。

（5）熟练掌握所使用叉车的性能及结构，严格按照操作规程进行作业。

（6）定期对叉车进行维护保养，发现故障及时处理，确保安全运行。

三、叉车工作业相关要求与规定

（一）叉车作业“五不叉”

（1）超负载或重量不明不叉。

（2）货物中心超过货叉中心不叉。

（3）单货叉不叉。

（4）货物堆放不稳定不叉。

（5）进叉时可能损坏货物不叉。

（二）叉车作业“三个距离”

（1）叉车与站台边距离 0.5 m 以上。

（2）两车同方向行驶保持距离 5 m 以上。

（3）行走过程中，货叉升离地面不大于 500 mm。

（三）厂内机动车辆“七处减速”

（1）在道路口、交叉路口和不平坦的道路上行驶要减速。

(2) 经车间门口要减速。

(3) 下坡和转弯时要减速。

(4) 在狭窄通道中运行和视线不清时要减速。

(5) 接近目标和进叉、出叉时要减速。

(6) 叉运易碎货物要减速。

(7) 在人员、车辆较多的地方要减速。

第二节　叉车工岗位作业流程与故障处理

一、叉车工作业流程

(一) 班前会准备

见本书第七章第一节。

(二) 作业前准备

见本书第七章第二节。

(三) 作业前检查

(1) 检查作业环境是否安全。

(2) 检查叉车外机构(包括轮胎、叉架部分、驾驶室、配重部分等)有无损伤影响使用安全。

(3) 检查驾驶室各种仪表、操作手柄是否完好。

(4) 检查叉车照明、刹车、喇叭、安全带、随车阻车装置是否完好。

(5) 检查车辆无“四漏”(漏油、漏水、漏气、漏电)情况,并确保“四足”(油足、水足、气足、电足)后方可驾驶。

(四) 作业标准

(1) 确认作业区域视线开阔,作业空间充足,无闲杂人员走动或逗留。

(2) 叉运时选用合适吨位的叉车,严禁叉运超长、超宽、超高、超负荷物件。

(3) 叉运作业时严禁接打电话、与他人交谈。

(4) 叉运货物时,应按需调整两货叉间距,使两货叉负荷均衡,不得偏斜,物品的一面应贴靠挡货架,作业时叉柄应落至低位运行,门架必须后倾。

(5) 叉运大型设备作业时,须有专人指挥,低速缓行。

(6) 非特殊情况下,禁止载物急刹车。

(7) 作业过程中,叉车必须低速行驶,严禁高速急转弯和坡道急转弯。

(8) 叉车载货下坡时,应倒退行驶,以防货物跌落。

(9) 叉车作业过程中禁止人员站在叉车周围 5 m 以内,以免货物掉落伤人。

(10) 叉运物件过程中严禁左右分合货叉,防止物件掉落或损坏货叉液压系统。

(11) 货叉上严禁站人、载人。

(12) 空载时货叉距地面 50～150 mm;载货行驶时货件离地高度不得大于 500 mm,起升门架须后倾到限。

（五）作业

1. 启动发动机，检查制动系统

启动发动机，怠速运转，检查制动踏板，试拉停车制动手柄，灵敏可靠。发动机启动后应注意观察仪表盘，若显示不正常应停机检查，检查灯光齐全完好、喇叭完好。

2. 车辆行驶

观察作业现场车辆和人员，确定无障碍物，听从现场随车人员指挥，严禁叉运超过规定重量、超宽超长的物料，地面湿滑时严禁在陡坡上行走。

（六）叉车检修作业注意事项

（1）清洗各油箱、过滤网及管路，并检查有无腐蚀、撞裂情况，清洗后不得用带有纤维的纱头、布料抹擦。

（2）清洗变矩器、变速箱，检查零件磨损情况，更换新油。

（3）检查传动轴与轴承，视需要调换万向节十字轴方向。

（4）检查驱动桥各部紧固情况及有无漏油现象，疏通气孔。拆检主减速器、差速器、轮边减速器，调整轴承轴向间隙，添加或更换润滑油。

（5）拆检、调整和润滑前后轮毂，进行半轴换位。

（6）清洗制动器，调整制动鼓和制动蹄摩擦片间的间隙。

（7）清洗转向器，检查转向盘的自由转动量。

（8）拆卸及清洗齿轮油泵，注意检查齿轮、壳体及轴承的磨损情况。

（9）拆卸多路阀，检查阀杆与阀体的间隙，如无必要勿拆开安全阀。

（10）检查转向节有无损伤和裂纹，转向桥主销与转向节的配合情况，拆检纵横拉杆和转向臂各接头的磨损情况。

（11）拆卸轮胎，对轮辋除锈刷漆，检查内外胎和垫带，换位并按规定充气。

（12）检查制动机件的连接紧固情况，调整手制动杆和脚制动踏板工作行程。

（13）检查蓄电池电液比重，如与要求不符，必须拆下充电。

（14）清洗水箱及油散热器。

（15）检查货架、车架有无变形，拆洗滚轮、各附件固定是否可靠，必要时补添焊牢。

（16）拆检起升油缸、倾斜油缸及转向油缸，更换磨损的密封件。

（17）检查各仪表感应器、保险丝及各种开关，必要时进行调整。

（七）作业收尾

（1）作业结束后，叉车须放置在规定停车区，货叉落地，拉好手刹，收好钥匙，加阻车装置。

（2）清理作业现场卫生。

叉车工岗位作业流程如图 18-1 所示。

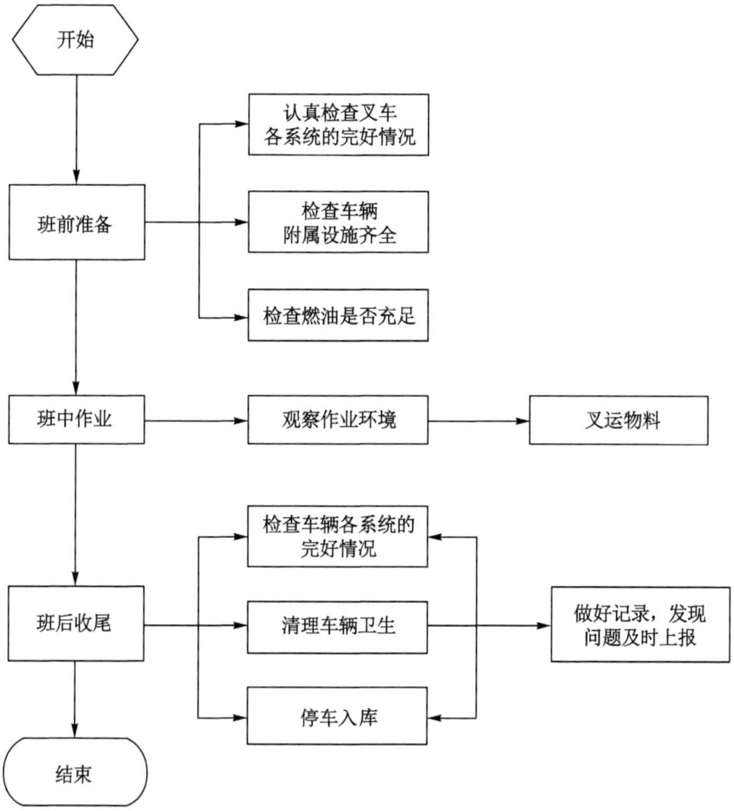

图 18-1　叉车工岗位作业流程

二、常见故障及处理方法

（一）发动机不能启动

故障分析	处理方法
电瓶亏电,连接线松动	更换电瓶,紧固连接线
启动机损坏	更换启动机
电路、油路故障	维修电路、油路

（二）发动机冒黑烟

故障分析	处理方法
车辆超载	按规定承载
空气滤芯堵塞	更换空气滤芯

（三）发动机水温过高

故障分析	处理方法
冷却液短缺	添加冷却液
风扇皮带损坏	更换风扇皮带
水泵损坏	维修、更换水泵
水箱水道堵塞	疏通水箱水道
节温器损坏	更换节温器

（四）刹车制动失效

故障分析	处理方法
刹车油短缺	添加刹车油
刹车油管损坏	更换刹车油管
刹车片磨损严重	更换刹车片

（五）液压系统故障

故障分析	处理方法
输油泵滤网堵塞	清理输油泵滤网
液压管损坏	更换液压管

第三节　叉车工事故类型与案例

一、叉车工常见事故类型

（1）特种作业人员或从业人员无证、未持证、持假证上岗作业，可能造成其他事故。

（2）站在运行的车辆上作业，可能造成运输事故。

（3）车辆运行期间驾驶人员身体某一部位伸出车辆驾驶室外或人员乘坐车辆身体某一部位伸出车体外，可能造成运输事故。

（4）超速行驶，超载运输，可能造成运输事故。

（5）进入地面生产系统未佩戴安全帽，可能造成其他事故。

二、叉车工事故案例

叉车右车门玻璃损坏事故

（一）事故发生经过

2022 年 3 月 12 日 15 时 30 分，叉车工李某驾驶 10 t 叉车在物资部二号场地进行板车棚架整理码放，叉车右侧为已码好的 3 m 高棚架，叉车左侧为正在码放的 2 米多高棚架，中间为叉车作业以及进出行驶通道。叉车司机李某在码放完左侧棚架倒车时，因右侧棚架码放不稳发生倾倒，导致右侧车门变形、玻璃被撞碎，车辆其他部位无损伤，无人员受伤。事情发生后，李某将事故情况汇报给班长吴某，吴某对事故现场进行了查看。之后两人一起将事故情况向厂长做了当面汇报。

（二）事故原因

1. 直接原因

叉车工安全意识淡薄，作业过程中麻痹大意，未能确认作业环境的安全，在码放设备材料时未能将物品摆放稳固。

2. 间接原因

（1）班长未对本项工作可能存在的不安全因素进行全面的安全评估，未进行安全叮嘱，没有去现场进行安全确认，未指派专人监督。

（2）跟、值班人员对作业现场巡检力度不够，未能及时发现并消除事故隐患。

（三）防范措施

（1）加强操作规程、规章制度的宣传贯彻，规范操作人员按章操作，严格执行安全工作要求。

（2）加强操作人员技能培养，并加强现场监督管理。

（3）加强对场外作业人员安全注意事项、安全预判问题的交底和告知。

（4）安全生产管理人员要提高安全意识，特别是加强现场跟班、巡检力度，发现安全隐患及时整改排除。

（5）定期开展设备工作原理及操作方法的理论培训，切实提高作业人员的综合作业能力。

第十九章　电气焊工岗位技能与安全

第一节　电气焊工岗位技能基础

一、电气焊工岗位基本条件与必备技能

（一）基本条件

电气焊工必须持“熔化焊接与热切割作业”证件上岗。

（二）必备技能

（1）熟悉常用电气焊机的主要技术参数、工作原理和特点。

（2）掌握电气焊机的操作规程，能正确维护、保养电气焊设备。

二、电气焊工安全生产责任制

（1）遵守公司及厂内安全生产规章制度和安全技术操作规程，正确佩戴和使用劳动防护用品。

（2）积极参加安全教育培训，持证上岗，熟练掌握本岗位安全生产知识和技能。

（3）履行“自保、互保、联保”职责，坚决杜绝“三违”，做到“四不伤害”。

（4）熟知本岗位危险源，作业前进行安全风险评估，发现隐患，立即报告。

（5）负责机械加工件的焊接工作，熟练掌握电气焊设备的性能和工作原理。

（6）定期巡查处理作业现场的安全隐患，严格执行电气焊作业管理及相关操作规定。

二、电气焊工艺与注意事项

（一）施焊工艺

（1）平焊：采用左向焊法，如间隙过大，可适当横向摆动，幅度不可过大。中厚板V形坡口对接时底面焊缝采用直线运动，上层焊缝可采用横向摆动的多层焊。平角焊和搭角焊时，左右向焊接均可，焊枪位置倾角允许在30°～50°。多层焊时，每焊完一层后，要彻底清除前层焊缝的熔渣和飞溅物。若发现有缺陷时，要立即铲除和补焊，否则不得焊下一层。每层焊缝的起点，要错开300 mm以上，首末层焊缝不得锤击，焊件在200～250 ℃不许锤击。

（2）立焊与横焊：对于熔深较大时，控制熔宽，改善焊缝成形，采用上立焊操作方法，适当做三角摆动，上立焊焊枪与工件垂线相对位置为5°～10°。对于薄板焊接，要求熔深较小，一般采用下立焊法，焊枪一般不做横向摆动。横焊多采用左右焊法，焊枪做直线运动，必要时可做小幅度的摆动，焊枪与工件垂线相对位置为5°～10°。

(3) 仰焊：采用较小的焊接电流，对于薄板多采用小幅度往复摆动，对于中厚板采用适当的横向摆动，并在接缝或坡口两侧稍停片刻，以防金属下淌，焊枪与工件垂线相对位置为5°～10°。

(4) 对接接头：对接焊时，先焊对接缝，后焊角缝；对纵横交错的焊缝，先焊所有的横缝而后焊纵缝；焊缝长度大于100 mm时，采用逆向分段法由中间向两端进行焊接。重要零件的对接接头，两面焊时，正面焊缝的熔深要大于工件厚度的一半，焊后将工件翻过来清除焊缝根部的熔渣、焊瘤的未焊透部分，直至露出金属部分，如因结构限制不能两面焊时，焊接正面焊缝，必须保证焊缝根部焊透。产品焊成后首先进行自检，然后进行互检、专检，合格后再批量加工。重要焊缝焊后要打上焊工钢印。焊接时，严禁由两端向中间焊。

(二) 交流弧焊机使用注意事项

(1) 电焊机外壳必须可靠接地。

(2) 焊钳绝缘必须可靠，禁止采用无外壳的电焊钳，防止发生意外。

(3) 更换焊条时必须戴手套，衣服被汗水浸湿后，不准靠在金属物上，避免触电。

(4) 维修电焊机必须断开电源开关，断开电源开关要有明显的断开间隙，并用电笔检验确已停电。

(5) 移动电焊机时，必须切断电源，严禁用拖拉电缆的方法移动焊机。当焊接中突然停电时，应立即切断电源。

(6) 连续焊接超过1 h后，检查焊机电缆，如温度达到80 ℃时，必须切断电源，停止焊接。

(7) 作业地点潮湿时，焊工应站在干燥的绝缘板或胶垫上作业，配合人员应穿绝缘鞋或站在绝缘板上。

(三) 二氧化碳气体保护焊机使用注意事项

(1) 导电嘴磨短、孔径磨大应换新。

(2) 送丝软管太脏应清理干净。

(3) 最大直流电超负荷运行导致焊机过热而主动停机。

(4) 导电嘴和气体罩子之间的焊渣一定要随时清除干净。

(5) 出线的速度一定要适当，太快或者太慢都会使焊接不顺。

(6) 三相焊机的电源线连接可靠，所需气体准备完好。

第二节　电气焊工岗位作业流程与故障处理

一、电气焊工作业流程

(一) 班前会准备

见本书第七章第一节。

(二) 作业前准备

见本书第七章第二节。

（三）作业前检查

（1）检查劳动保护用品及工器具是否完好。

（2）检查作业现场，严禁有易燃易爆物品，对不能清理的应采取专项措施，做好防护。

（3）检查焊机、焊把、接地线是否安全可靠。

（4）确认焊接作业的工艺和要求。

（四）作业标准

（1）必须遵守焊割设备一般安全规程及焊机安全操作规程。

（2）根据结构件所用材料、焊接工艺和焊接尺寸要求，选择施焊焊机、施焊工艺参数、施焊方法及配型的焊条或焊丝。

（3）严禁涉危作业。

（4）需要在特殊环境中施焊，必须编制安全技术措施。

（5）严禁焊接密闭的易燃易爆物品储存器，特殊情况下必须先进行存储器内易燃易爆物品的彻底清理，然后再按照规程要求施焊。

（6）作业场所必须通风良好，室内作业前应确保抽烟机设备能够正常运行。

（7）作业地点必须配备足够的消防器材。

（8）作业过程中必须穿戴好劳动防护用品，正确使用各类防护用具。

（五）作业

（1）根据图纸尺寸下料。

（2）选择合理的焊接参数。

（3）按图纸要求组装、焊接。

（4）测量工件直至达标。

（六）作业收尾

（1）加工成品件码放整齐，确保无倾倒危险。

（2）清理降温热渣、铁水等高温废料，确保无起火危险。

（3）切断焊机动力电源，盘好焊把线。

（4）切断抽烟机电源。

（5）清理作业现场卫生，清点作业工器具。

电气焊工岗位作业流程如图 19-1 所示。

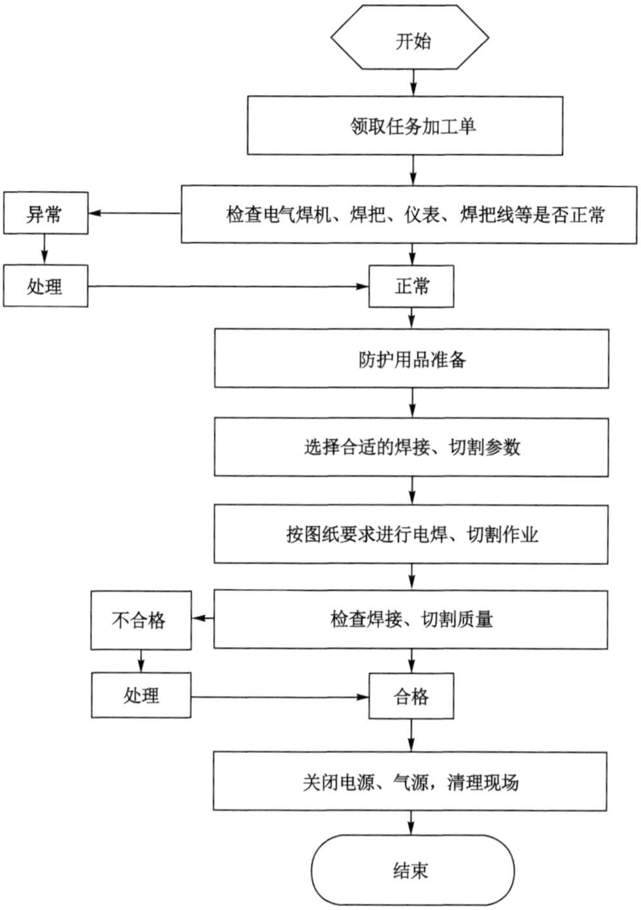

图 19-1 电气焊工岗位作业流程

二、常见故障及处理方法

（一）电气焊机不工作

故障分析	处理方法
电源开关损坏	更换开关
电源缺相	维修缺相线路

（二）电气焊机噪声变大

故障分析	处理方法
风扇风叶摩擦风圈	整理风扇支架，使其不碰风圈
风扇轴承松动或损坏	更换风扇
外壳或底架螺栓松动	紧固螺栓
动铁芯震动	调整动铁芯顶紧螺钉
线圈松动或短路	维修或更换线圈

（三）焊接电流过小

故障分析	处理方法
焊机功率过小	更换大功率的焊机或两台并联使用
电源引线和焊接电缆过长，压降过大	减小导线长度或加大线径
电源引线和焊接电缆盘成圆形，电感过大	将导线放开
焊接电缆接头松动	将接头重新接好

第三节 电气焊工事故类型与案例

一、电气焊工常见事故类型

（1）特种作业人员或从业人员无证、未持证、持假证上岗作业，可能造成其他事故。

（2）用水冲洗电气设备，可能造成机电事故。

（3）在有压力液体或压力气体的容器、管道、带电设备上进行电焊作业，可能造成爆炸事故。

（4）氧气瓶、乙炔瓶相互间距离小于 5 m，两者与火源距离小于 10 m，切割工作完毕未关闭氧气瓶、乙炔瓶阀门，未采用铁质容器盛接焊渣并冲水熄灭，可能造成爆炸事故。

（5）进入地面生产系统未佩戴安全帽，可能造成其他事故。

（6）使用角磨机未佩戴护目镜或防护用品，可能造成其他事故。

二、电气焊工事故案例

焊渣掉入防砸胶鞋烧伤脚背事故

（一）事故发生经过

8 月 8 日下午 3 时 30 分电缆框焊接期间，王某正在电缆框高位焊接，焊花飞溅，不时有焊渣掉落。在焊接边角时，焊接停留时间过长，导致焊接点受热过高，高温铁水掉落，刚好掉入王某右脚胶鞋中，王某大喊一声，不远处的呼某发现后，立即向班长汇报，班长现场查看后立即上报值班领导，随即组织人员将王某送往医务室，经医护人员诊断，王某右脚脚背烧伤严重，随即进行了伤口处理和包扎。

（二）事故原因

1. 直接原因

王某安全意识淡薄，劳动防护用品穿戴不齐全，盲目上岗，焊接作业时站位不当，胶鞋与裤腿未做好防护。

2. 间接原因

（1）班长班中巡查不及时，未能发现员工自身存在的隐患。

（2）跟班队干没有进行现场安全监督，管理松懈。

（三）防范措施

（1）切实提高员工的安全意识，杜绝在安全问题上麻痹大意。

(2) 班长在工作安排上要紧盯员工的不安全行为，及时发现，及时制止。

(3) 跟、值班领导要加大巡检力度，盯紧现场安全。

(4) 从厂内到班组编制细致的安全管理办法，建立奖罚机制，有效约束不安全行为。

(5) 加强员工业务技能、安全作业及应急处置的培训。

第二十章　车工岗位技能与安全

第一节　车工岗位技能基础

一、车工岗位必备技能

(1) 掌握机床结构、性能、操作方法和安全要求。

(2) 掌握车床加工的范围、车床常用车刀的种类及切割部位的材料要求。

(3) 掌握车床加工的作业标准和注意事项。

二、车工安全生产责任制

(1) 遵守公司及厂内安全生产规章制度和安全技术操作规程，正确佩戴和使用劳动防护用品。

(2) 积极参加安全教育培训，持证上岗，熟练掌握本岗位相关安全生产知识和技能。

(3) 履行“自保、互保、联保”职责，坚决杜绝“三违”，做到“四不伤害”。

(4) 熟知本岗位危险源，作业前进行安全风险评估，发现隐患应立即报告。

(5) 负责机械非标件的加工制作，熟练掌握车床的性能和工作原理。

(6) 定期巡查处理作业现场的安全隐患，严格执行车床加工管理及相关操作规定。

三、车床加工有关要求与规定

(一) 车床作业范围

车床主要用于加工各种回转表面：内、外圆柱面；内、外圆锥面；端面；内、外沟槽；内、外螺纹；内、外成形表面；丝杆、钻孔、扩孔、铰孔、镗孔、攻丝、套丝、滚花等。

(二) 车床常用车刀的种类及切割部位的材料要求

(1) 常用的刀具：外圆车刀、端面车刀、切断刀、内孔车刀、成形车刀、螺纹车刀。

(2) 切割部位的常用材料：高速钢、硬质合金、陶瓷等。

(三) 磨刀及安装时的注意事项

(1) 磨刀时须戴防护镜。

(2) 新装的砂轮必须经过严格的检查，试运转正常后才能使用。

(3) 砂轮磨割表面须经常修整。

(4) 磨刀时，操作者站在砂轮的侧面。

(5) 使用平行砂轮时，避免在砂轮端面上磨刀。

(6) 在刃磨高速钢车刀时，应及时冷却，以防刀刃退火，致使硬度降低。

(四) 车刀安装注意事项及方法

(1) 车刀安装在刀架上的伸出部分应尽量短，以增强其刚性。

（2）车刀刀尖应与工件中心等高。根据车床的主轴中心高，用钢尺测量装刀或根据机床尾座顶尖的高度装刀，将车刀靠近工作端面。

（3）目测估计车刀的高低，然后夹紧车刀，试车端面，再根据端面的中心来调整车刀。

第二节　车工岗位作业流程与故障处理

一、车工作业流程

（一）班前会准备

见本书第七章第一节。

（二）作业前准备

见本书第七章第二节。

（三）作业前检查

（1）检查劳动保护用品是否完好。

（2）检查车床各手柄是否灵活可靠。

（3）开车前，应先进行人工盘车或低速空转试车，检查机床运转和各传动部位，确认正常后方准操作。

（四）作业标准

1. 常规作业标准

（1）开车前应用手转动卡盘1～2转，无卡死现象时，开动机床慢速运转1～2 min后方可正常作业。

（2）在装夹工件、调整卡盘、校正测量时必须停车，并把刀架移到安全处。校正后要拆除垫板，方能开车。

（3）加工件长度超出床头箱外1 m时，必须搭设备支架，有明显标志。

（4）抛光内孔和外圆时，必须用木棒垫缠纱布。

（5）使用锉刀工作时，刀架应停在安全位置，站在锉刀的侧面，右手在前，左手在后，两手紧握锉刀，注意锉刀与卡盘的距离，防止碰撞。用纱布打磨工件，应将砂布卷在木棍上，防止手接触工件。

2. 车床运行七不准

（1）不准用手去刹住旋转的卡盘。

（2）不准用手触碰旋转的工件。

（3）不准在工件旋转时度量工件。

（4）不准在机床运行中变速。

（5）不准用手直接清除铁屑。

（6）不准隔床递送物品。

（7）不准戴手套操作。

（五）作业

（1）按要求对工件进行准确找正，达到图纸加工要求。

（2）按要求把选择好的刀具装夹到车床上，确保装夹牢固可靠。

（3）工艺参数核对校准，根据加工的图纸精度要求，选择相应的进刀量、转速。

(4) 按章作业,佩戴好劳动保护用品,对工件进行车削。

(5) 停车测量工件,继续加工直至达标。

(六) 作业收尾

(1) 将刀具或工件从工作部位退出。

(2) 切断机床电源。

(3) 清理安放好所使用的工、夹、量具,并擦净机床。

车工岗位作业流程如图 20-1 所示。

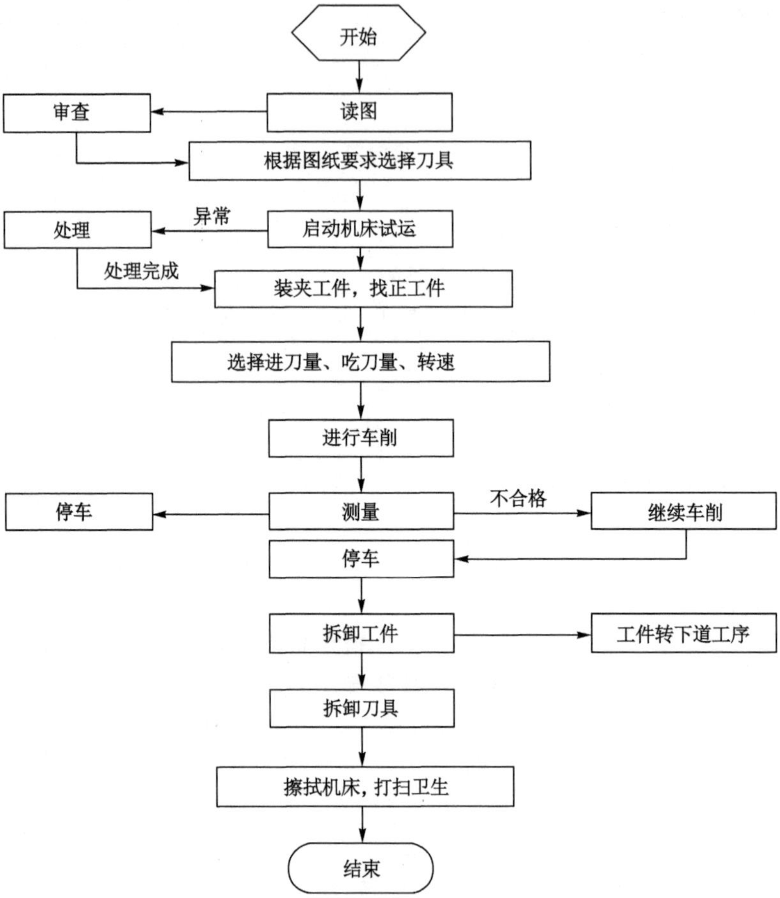

图 20-1　车工岗位作业流程图

二、常见故障及处理方法

(一) 床头箱主轴变速手柄拉不动,无法变速

故障分析	处理方法
定位螺栓松动	拆下手柄圆盘,拧紧螺钉
定位板移动	拧紧定位板螺钉

（二）自动进给失灵

故障分析	处理方法
左右进给螺纹手柄位置不正确	按照螺纹标牌调节手柄位置
挂轮脱开	重新调整挂轮并紧固

（三）主电机不启动

故障分析	处理方法
断路器断开	合上断路器
皮带罩门未关好	关好皮带罩门，接通行程开关
停止按钮未复位	复位停止按钮

（四）停车不及时

故障分析	处理方法
正、反车手柄定位螺钉松动	紧固定位螺钉或更换定位簧
制动带调整太松或磨损	调整或更换制动带
离合器摩擦片过紧	适当调松离合器摩擦片

（五）主轴箱视油窗不见油液

故障分析	处理方法
油箱缺油	加入润滑油至油标位置
V带过松打滑	调整螺母，拉紧V带
油路堵塞	清洗疏通油路
油泵损坏	更换或修理油泵

第三节 车工事故类型与案例

一、车工常见事故类型

（1）特种作业人员或从业人员无证、未持证、持假证上岗作业，可能造成其他事故。

（2）车工作业时，用手触摸旋转工件，可能造成机电事故。

（3）车床检修时未按规定停电、验电、放电、挂接地线、闭锁、加锁、挂停电牌，未执行专人专锁，可能造成机电事故。

（4）用水冲洗电气设备，可能造成机电事故。

（5）转动部位防护装置不全，可能造成机电事故。

（6）进入地面生产系统未佩戴安全帽，佩戴安全帽未系帽带，可能造成其他事故。

(7) 机床运转时,卡盘旋转方向前后站人,可能造成机电事故。

二、车工事故案例

车床机械加工事故

(一) 事故发生经过

2019 年 6 月 15 日 15 时 20 分,车工在操作车床加工工件时,由于天气炎热干活过程出汗,于是将领口解开继续操作车床,在车削过程中高温铁屑随主轴旋转飞出,从领口掉进衣服里面,致使身体被多处烫伤。

(二) 事故原因

1. 直接原因

员工安全意识淡薄,未按规定穿戴好劳动防护用品,未扎好袖口、领口。

2. 间接原因

班组管理欠缺,班组长未进行现场安全确认与跟踪。跟班队干没有进行现场安全监督,管理松懈。

(三) 防范措施

(1) 针对此次事故发生原因,举一反三,深刻反思,从员工教育培训、安全管理体系及现场监督管理等方面查找不足,加强基础管理工作。

(2) 强化员工教育培训工作,着重在岗位风险辨识、作业规程、安全技术措施、岗位作业流程等方面加强培训。

(3) 认真落实公司安全理念、目标,把员工的安全始终放在第一位,切实搞好安全生产工作。

第二十一章 铣工岗位技能与安全

第一节 铣工岗位技能基础

一、铣工岗位必备技能

(1) 熟悉铣床机构、性能、操作方法和安全要求。

(2) 掌握铣床加工工件范围、常用刀具的种类及选择标准。

(3) 掌握铣床加工的作业标准和注意事项。

二、铣工安全生产责任制

(1) 遵守公司及厂内安全生产规章制度和安全技术操作规程,正确佩戴和使用劳动防护用品。

(2) 积极参加安全教育培训,持证上岗,熟练掌握本岗位相关安全生产知识和技能。

(3) 履行"自保、互保、联保"职责,坚决杜绝"三违",做到"四不伤害"。

(4) 熟知本岗位危险源,作业前进行安全风险评估,发现隐患应立即报告。

(5) 负责机械非标件的加工制作,熟练掌握铣床的性能和工作原理。

(6) 定期巡查处理作业现场的安全隐患,严格执行铣床加工管理及相关操作规定。

三、铣工操作有关规定

(1) 使用铣床铣削不规则的工件及使用虎钳、分度头、专用夹具夹持工件时,不规则工件的重心及虎钳、分度头、专用夹具等应尽可能放在工作台的中间部位,避免工作台因受力不均而产生变形。

(2) 使用铣床在快速或自动进给铣削时,不准把工作台走到两极端,避免挤坏丝杠。

(3) 使用铣床时,不准机动对刀,对刀应手动进行。

(4) 铣床工作台换向时,须先将换向手柄停在中间位置后再换向,不准直接换向。

(5) 使用铣床铣削键槽轴类或切割薄的工件时,严防铣坏分度头或工作台面。

(6) 使用铣床铣削平面时,必须使用有四个刀头以上的刀盘,选择合适的切削用量,防止机床在铣削中产生振动。

(7) 工作后将工作台停在中间位置,升降台落到最低位置。

第二节 铣工岗位作业流程与故障处理

一、铣工作业流程

（一）班前会准备

见本书第七章第一节。

（二）作业前准备

(1) 佩戴好劳动保护用品。

(2) 检查装夹工具、刀具是否牢固可靠，防护装置是否完好。

(3) 检查所需刀具、量具、校验仪器仪表是否灵敏准确。

(4) 开车前，应先进行人工盘车或低速空转试车，检查机床运转和各传动部位，确认正常后方准操作。

（三）作业标准

(1) 检查机床各部位是否润滑良好，低速空转一定时间，检查有无异常情况。

(2) 变速前应先停车，变速手柄应确认到位后方能开车。

(3) 不要在铣刀铣入工件中间时停车或开车。

(4) 铣刀距离工件 50 mm 以内时，禁止使用快速进给。

(5) 切削时，禁止用手去清除铣刀下面的切屑或检查工件表面。

(6) 工件旋转时禁止测量工件。

(7) 装夹工件时必须停车。

(8) 工件、刀具和夹具都应牢固夹紧，不得有松动现象，以防切削时工件或刀具飞出伤人。

(9) 根据工件加工要求选择合理的进给量及转数。

(10) 操作时，思想要集中，注意机床的运转和切削是否正常，人离机床须停车。

（四）作业

(1) 按图纸要求对工件进行准确找正，达到图纸加工要求。

(2) 工件、刀具、夹具都应牢固夹紧。

(3) 选择合理转速及切削用量。

(4) 按章作业，佩戴好劳动用品。

(5) 停车测量工件，继续加工直至达标。

（五）作业收尾

(1) 将刀具或工件从工作部位退出。

(2) 切断机床电源。

(3) 清理安放好所使用的工、夹、量具，并擦净机床。

铣工岗位作业流程如图 21-1 所示。

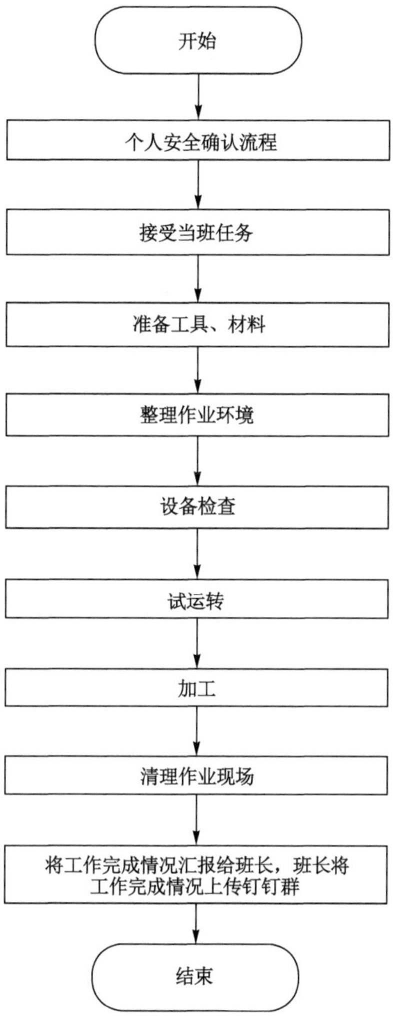

图 21-1　铣工岗位作业流程图

二、常见故障及处理方法

（一）升降台低速或升降时爬行

故障分析	处理方法
立柱导轨压铁未松开	松开并调整压铁
润滑不良	良好润滑

（二）铣削振动很大

故障分析	处理方法
主轴松动	重新调整主轴轴承的间隙或更换轴承
工作台松动	重新调整导轨间隙或更换镶条

续表

故障分析	处理方法
工作台丝杠、螺母间隙大	重新调整间隙,拧紧紧固螺钉和紧固蜗杆与可调螺母的相对位置
铣刀盘锥度与锥孔不吻合或未拉紧	修磨锥度或拉紧铣刀盘
主电动机振动大	对电动机转子进行平衡
主传动齿轮噪声大	检查并更换不合格齿轮

(三)纵向工作台手摇时松紧不一

故障分析	处理方法
工作台丝杠产生弯曲、局部磨损	校正、修理或更换
丝杠轴线与纵向导轨不平行	重新校装丝杠

第三节　铣工事故类型与案例

一、铣工常见事故类型

(1)铣工作业时,用手触摸旋转工件,可能造成机电事故。

(2)特种作业人员或从业人员无证、未持证、持假证上岗作业,可能造成机电事故。

(3)电气设备检修时未按规定停电、验电、放电、挂接地线、闭锁、加锁、挂停电牌,未执行专人专锁,可能造成机电事故。

(4)用水冲洗电气设备,可能造成机电事故。

(5)转动部位防护装置不全,可能造成机电事故。

(6)进入地面生产系统未佩戴安全帽,佩戴安全帽未系帽带,可能造成其他事故。

(7)作业时未佩戴护目镜,可能造成机电事故。

二、铣工事故案例

机械加工事故

(一)事故发生经过

2013年5月17日10时左右,机修厂机加车间铣工陈某、王某在铣床装夹工件。装夹完毕后,陈某将虎钳扳手随手放在工作台上,在铣削作业过程中,虎钳扳手突然滑落,正好砸在陈某的右脚上,造成陈某脚部受伤。

(二)事故原因

1. 直接原因

员工安全意识淡薄,陈某使用完工具后随手乱放。

2. 间接原因

王某作业前没有对周围环境进行安全确认。

（三）防范措施

（1）用完工具后规范放置。

（2）加强对现场工具、材料的监管，杜绝类似事故发生。

（3）作业前对现场周围环境安全进行确认。

第三篇

煤矿井下运输专业岗位技能与安全

第二十二章　井下运输维修电工岗位技能与安全

第一节　井下运输维修电工岗位技能基础

一、井下运输维修电工岗位基本条件与必备技能

（一）基本条件

井下运输维修电工必须持“煤矿井下电气作业”证件上岗。

（二）必备技能

（1）具备熟练的电气作业检修技能。

（2）熟悉胶带系统常用电气设备的性能及结构。

（3）具备胶带系统常用电气设备的日常保养能力。

（4）具有判断电气设备常见故障原因及处理故障的能力。

（5）具有设备“失爆”排查能力。

二、井下运输维修电工安全生产责任制

（1）设备要保持完好、标志齐全、外观清洁，电缆敷设悬挂整齐，接地系统完整合格，避免井下电气设备失爆问题。

（2）检修完成后，必须认真检查电气设备是否符合安全要求，在确认设备正常运转后方可离开。

（3）负责维护分管的电气设备，进行日常检查和修理，并提前完成区队检修任务计划。

（4）维修完毕后，将完好设备和待修设备分类存放，及时处理废品杂物。

（5）严格执行“三大规程”，严禁违章作业。

（6）做好皮带保护的试验工作，并记录试验情况。

（7）进入矿井时，佩戴劳动保护用品，携带矿灯、定位卡、自救器和信号灯。定期检查这些物品是否完好。

三、“一规程四细则”对井下运输维修电工的规定

《煤矿安全规程》第四百四十三条 操作井下电气设备应当遵守下列规定：

（1）非专职人员或者非值班电气人员不得操作电气设备。

（2）操作高压电气设备主回路时，操作人员必须戴绝缘手套，并穿电工绝缘靴或者站在绝缘台上。

（3）手持式电气设备的操作手柄和工作中必须接触的部分必须有良好绝缘。

四、失爆判定标准

（一）紧固件类

隔爆结合面缺少螺栓，属于失爆	隔爆结合面紧固螺栓缺少螺母，属于失爆
隔爆结合面螺栓（或螺孔）滑扣，属于失爆	隔爆结合面螺栓未垫弹簧垫圈，属于失爆
隔爆结合面螺栓所垫弹簧垫太大，属于失爆	螺栓弹簧垫圈失效或断裂，属于失爆
隔爆结合面螺栓垫两个弹簧垫，属于失爆	隔爆结合面螺栓松动或未拧紧，属于失爆
隔爆结合面螺栓弹簧垫未压平，属于失爆	螺栓太短，超出隔爆面小于 1 扣，属于失爆
隔爆结合面螺栓太长，超出 3 扣，属于不完好	同一部位紧固件规格要求不一致，属于不完好

（二）接线装置类

喇叭嘴内未安装钢圈者，属于失爆	喇叭嘴内未垫挡板者，属于失爆
金属圈外径与接线嘴内径之差应小于 2 mm，否则属于失爆	挡板外径与接线嘴内径之差不大于 2 mm，否则属于失爆
喇叭嘴内所垫钢圈开口者，属于失爆	喇叭嘴内垫两个钢圈者，属于失爆
螺旋式喇叭嘴用单手正方向拧超过半圈者，属于失爆；不达半圈者，属于不完好	挡板厚度应不小于 2 mm，金属圈厚度应小于 1 mm，否则属于失爆
进出线嘴压紧要有余量，余量不小于 1 mm，否则属于失爆	丝扣余量小于 1 mm，属于失爆
螺旋式进出线嘴啮合扣低于 6 扣，属于失爆	喇叭嘴破损，影响防爆性能者，属于失爆
卡扣式喇叭嘴单手扳动能明显摇晃，属于失爆	喇叭嘴内未上钢圈、挡板和密封圈，属于失爆
未安装喇叭嘴，属于失爆	喇叭嘴内钢圈、挡板生锈，属于不完好
未安钢圈，属于失爆；密封圈和挡板装反，也属于失爆	接线喇叭嘴破裂不影响防爆性能者，属于不完好
密封圈分层开口朝接线腔外，属于失爆	钢圈、密封圈和挡板装反，属于失爆

（三）橡套电缆与接线装置类

接线嘴和密封圈之间未加钢圈，属于失爆	密封圈开口朝外，属于失爆
进出线嘴应平行压紧，两压紧螺栓入扣差应不大于5 mm，否则属于不完好	密封圈内径与电缆外套间隙超过 1 mm，属于失爆
橡套电缆的护套伸入接线腔壁内的长度要符合 5～15 mm 要求，长度大于 15 mm 的，属于不完好；长度小于 5 mm 的，属于失爆	压叠式线嘴压紧电缆后的压扁不得超过电缆直径的 10%，否则属于不完好
压线未紧电缆，属于失爆	电缆在接线装置扣处形成死弯，属于不完好；绝缘护套与相线的绝缘橡胶分层者，属于失爆
铠装电缆引入装置未采用喇叭筒并用树脂浇灌者，属于失爆	电气设备的接线嘴严禁朝上，否则属于失爆
用电缆来封堵两个闲置的喇叭嘴，属于不完好	开关的小接线嘴严禁进出动力线，否则属于失爆

（四）电缆类

露出芯线或屏蔽层，属于失爆	护套伤痕深度达最薄处 1/2 以上，属于失爆
护套伤痕长达 20 mm，或沿周长 1/3 以上，属于失爆	鸡爪子、羊尾巴、明接头，属于失爆

（五）隔爆结合面

隔爆结合面有油漆或锈迹，属于失爆	隔爆结合面有杂物，属于失爆
隔爆结合面局部存在直径大于 0.5 mm，深度大于 1 mm 的砂眼，超过 5 个，属于失爆	隔爆外壳结合面有锈迹，用面纱擦后只留云影不留锈迹，不属于失爆
隔爆结合面表面粗糙度大于 6.3 μm，属于失爆	隔爆外壳结合面有机械伤痕，深度、宽度超过 0.5 mm，属于失爆
隔爆结合面凡士林太多，属于不完好	隔爆结合面无防锈油或磷化面脱离，属于失爆
密封圈过大、过粗，属于失爆	观察窗孔胶缝、玻璃损坏，属于失爆
观察窗玻璃表面伤痕大于 1 mm，属于失爆	隔爆间隙超过规定值，属于失爆

（六）隔爆外壳类

隔爆外壳变形长度超过 50 mm，凹凸深度超过 5 mm，属于失爆，变形后低于此规格仍为合格	快开式门或盖因变形打不开，且隔爆结合面间隙大于或结合面有效宽度小于规定值，属于失爆；否则属于不完好
开关外壳太脏，属于不完好	隔爆外壳外油漆脱落、锈蚀严重，属于不完好
隔爆外壳内油漆脱落、锈蚀严重，属于不完好	隔爆外壳内、外有锈皮脱落，属于失爆
隔爆电气设备的隔爆腔之间严禁直接贯通，必须保持原始设计的防爆性能，否则属于失爆	防爆外壳焊口开焊者，属于失爆

（七）保护闭锁类

甩保护，属于失爆	用铁丝或铜丝代替保险丝，属于失爆
高低压防爆电气设备的机械闭锁装置不全、变形、起不到闭锁作用，属于失爆	开关的闭锁装置必须能可靠地防止擅自送电、擅自开盖操作，保证非专业工具不能轻易解除它的作业，否则属于失爆
闭锁杆螺栓滑丝不起作用，属于失爆	隔离换向机构内销子脱落影响停、送电，属于失爆
接地保护为不合格的设备，属于不完好	接地螺栓、螺母、垫圈不允许涂绝缘物，属于不完好
接地线的长度太短，属于不完好	电气设备内接地线未接，属于失爆

（八）密封圈类

密封圈破损、龟裂、老化、变形严重失去弹性，属于失爆	密封圈与电缆护套之间包扎其他物体，属于失爆
锯齿直径差大于 2 mm，属于失爆	密封圈单孔进多根电缆，属于失爆
密封圈用刀削后应整齐圆滑，不得出现锯齿状，否则属于失爆	密封圈割开成两半使用，属于失爆
密封圈割开一口使用，属于失爆	密封圈小，与喇叭嘴内径差大于 2 mm，属于失爆
一个引入装置用两个密封圈，属于失爆	

（九）其他类

无硅胶或者硅胶受潮失效，属于不完好	隔爆腔内有铜丝、煤粉、水珠等杂物，属于不完好
使用铠装电缆的接线腔内不允许有油，否则属于不完好	开关接线腔内有明接头者，属于不完好
电源线或负荷线与其他接线柱触碰，属于不完好	控制线与主接线柱搭接者，属于不完好
接线时不得压芯线绝缘，芯线裸露部分距卡爪（或平垫片）的最近端不得大于 1 mm，否则属于不完好	井下使用带有屏蔽层的电缆接线时，必须将屏蔽层处理干净，否则属于失爆
电缆接线时，绝缘外皮太脏，属于不完好	接线时毛刺太多，属于不完好
接线柱螺栓、垫片、弹簧等生锈，属于不完好	开关内部有不影响防爆性能的附属配件损坏、拆除、失效，属于不完好；影响防爆性能、保护性能者，属于失爆
穿越隔爆腔的接线座有裂缝或晃动，属于失爆；电缆吊挂要整齐、规范，否则属于不完好	铁丝吊挂电缆、设备被水淋湿，属于不完好
电气设备无煤安标志（MA），属于失爆	电气设备无永久性的防爆标志（ExdI），属于失爆
电气设备无产品铭牌者，属于不完好	开关没有进行编号管理，属于不完好
防爆电气设备无标志牌或标志与实际不符，属于不完好	防爆开关必须上架管理，否则属于不完好

第二节　井下运输维修电工作业流程与故障处理

一、井下运输维修电工作业流程

（一）班前会准备

见本书第七章第一节。

（二）作业前准备

见本书第七章第二节。

（三）作业标准

1. 巡检要求

(1) 按规定对电气设备进行日检、月检、季检。日检包括胶带保护试验、开关漏电保护测试，沿线排查电气设备是否完好。月检包括电气设备开盖检查、闭锁线绝缘阻值摇测。季检包括电缆绝缘阻值摇测。

(2) 电气设备应按规定进行巡检，注意各关键部位的温度、异味、异响及各种仪表的指示状态，如有异常及时汇报处理。

2. 电气设备检修维护要求

（1）维护电机时，先要清理电机卫生，检查盖板、接线盒、隔爆面等各部位的紧固情况和防爆性能，其次检查电缆与喇叭口进线是否符合要求。

（2）检修电气设备后要将腔内异物清理干净，隔爆面锈迹打磨处理后涂抹凡士林，更换干燥剂。

（3）巷道及机电硐室电缆应悬挂整齐，使用中的电缆不准堆放或盘圈，定期测试电缆的绝缘阻值。

（4）保证带式输送机各转载点照明系统、控制系统和保护系统正常可靠，严禁带电作业。

3. 检修前要求

（1）作业前要清楚供电系统各部位的电压等级，使用与其电压等级相符的验电笔，验电时要逐渐接近导体。

（2）供电系统作业时必须停电、验电、放电、挂接地线，并悬挂“禁止合闸，有人工作”指示牌。

4. 高压电气设备操作

操作高压电气设备时，需戴绝缘手套、穿绝缘靴、站在绝缘台上一人操作一人监护，操作完成后操作人员和监护人共同确认无误。

5. 开关检修

（1）检查各部位连接是否松动，电气元件以及接地装置是否完好。

（2）检查各种保护、闭锁装置是否安全可靠；检查馈电开关仪表和指示灯是否正常，试验各按钮是否灵活，操作机构是否可靠，线路是否正常，过载和短路等整定值是否正确。

（3）馈电开关使用真空接触器时，对漏电的真空管必须立即更换。

6. 磁力启动器检修

检修磁力启动器时，应检查各部位连接是否齐全紧固。过负荷、短路、漏电等保护装置是否完好，过载和短路等整定值是否合理，接地装置是否完好，对不合格的零部件要及时更换。

7. 电压测量要求

（1）使用电工仪表测量电压时，必须先检查仪表的挡位是否符合所测电压等级。

（2）使用摇表测量电机或电缆绝缘阻值时，必须停电、验电、放电，每次测量后都应对地放电，以防储存的电荷伤人或损坏仪表。

（3）电压等级为 1 140 V 电气设备及线路应使用 2 500 V 摇表，660～1 000 V 应使用 1 000 V 摇表，500 V 以下应使用 500 V 摇表。

（四）作业流程

（1）检查油温传感器温度，要求传感器完好且灵敏可靠，传感器压线紧固，并且无松动，沿线保护设备正常。

（2）检查风扇，观察风扇运转情况，风扇转动正常，无积尘、无卡阻，并及时清理风扇浮尘。

（3）检查电机、油泵，确保电机转动正常无异响，油泵输油管路、蝶阀正常。

(4) 进行电气开关漏电保护试验,确保电气设备开关漏试正常。

(5) 每月进行一次责任区域电气设备开盖检查,在检查时确保设备停电闭锁、加锁,拧开固定螺丝,检修电气设备开盖前,必须用便携式瓦斯检测仪检测周围环境瓦斯浓度(不得高于1%)。对腔内进行清理,更换干燥剂,检查线路无异常,确保腔内无杂物,填写开盖检修记录卡。

(6) 每月进行一次责任区域闭锁线绝缘阻值摇测,取下闭锁两端防水胶带,取下闭锁线固定销子,摇测闭锁线电阻出现异常及时更换闭锁线。

(7) 作业完毕清理作业现场,清点回收工器具。

(8) 试运行胶带,解除带式输送机闭锁,送电后启动带式输送机。严格执行"谁闭锁谁解锁"。胶带运行后测量油温,保证油温处于正常水平。

(9) 胶带运行正常后,沿线排查各电气设备、机械设备、保护设施运行是否正常。

(五) 作业收尾

(1) 检修完毕,试机前需要清点人员、工器具和更换的材料、配件是否齐全,将作业现场卫生清理干净。

(2) 认真填写检修记录,包括设备检修记录、漏电保护试验记录、设备防爆检查记录、闭锁线绝缘阻值摇测记录,以及处理结果和遗留的问题。

井下运输维修电工作业流程如图22-1所示。

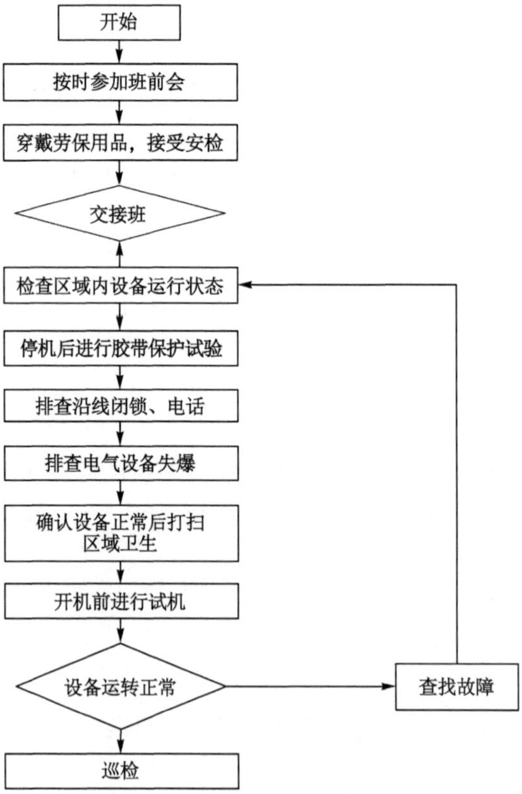

图22-1 井下运输维修电工作业流程

二、常见故障及处理方法

（一）隔爆真空开关不吸合

故障分析	处理方法
熔断器松动或损坏	紧固或更换熔断器
综合保护器或负荷故障	更换综合保护器或处理负荷故障

（二）启动破碎机时移变跳电

故障分析	处理方法
过载（移变整定值错误，电机故障或堵转，电缆故障，减速器故障）	调整整定值，处理电机、电缆、减速器故障
漏电（电缆、电机、组合开关绝缘阻值下降）	对电缆绝缘阻值下降部位进行绝缘处理，更换电机，更换组合开关绝缘部件

（三）华宁集中控制无法启动带式输送机

故障分析	处理方法
闭锁模块损坏	更换闭锁模块
线路挤压，插头、插针损坏	更换线路或更换扩音电话
反馈点不在线	删除反馈点，停机后处理反馈点连线
闭锁按钮微动开关故障	更换闭锁按钮微动开关或更换扩音电话
下位机控制电磁阀不动作	更换下位机控制点、电磁阀或线路
中继电源模块损坏或 127 V 线路挤压	更换中继电源模块，维修或更换 127 V 线路
机头多功能电话主板损坏	更换机头多功能电话或主板
各保护动作未复位	检查速度、跑偏、堆煤、纵撕保护装置，如保护失灵进行更换，如保护故障进行复位
终端电压不足	增加中继电源

（四）ABB 公司的 ACS1000 变频器

1. 2# 变频器报 Inv Curr HW 故障

故障分析	处理方法
电机负载和逆变器的额定值不匹配	排查变频器内部数据，对比其余变频器所有参数设置是否正确
电机数据不正确	分别摇测电缆以及电机绝缘阻值，发现电缆是否存在分散型漏电或绝缘阻值摇不上去的情况
注意事项：严格按照《煤矿安全规程》规定，每季度对所有电缆进行摇测并做好记录。严禁用水冲洗电缆，保持电缆干净整洁。	

2. 1# 变频器报 Fan 1/2 故障

故障分析	处理方法
接触器故障	更换接触器
风扇故障	更换风机
注意事项：按照胶带运输队电气设备维护管理规定，每月对变频器进行除尘；每月对变频器内部器件进行紧固，对超出使用周期的器件强制进行更换；冷却风机每 6 年进行强制性更换。	

3. 1# 变频器报 MCB Control 故障

故障分析	处理方法
MCB 控制参数设置不正确	检测设置是否正确，是否与主电路断路器要求相符合：参数为 205～210
MCB 跳闸或在测试状态	根据 MCB 的用户手册和电路图，检查高压柜 MCB 的操作是否存在问题
MCB 故障	检查外部线路和急停电路的屏蔽
MCB 控制电路的线路受干扰	更换高压断路器后能正常分合闸
注意事项：定期检查变频器到高压柜的控制线并紧固接线，每月对高压柜进行除尘。	

4. 2# 变频器报 Fil Cap Curr 故障

故障分析	处理方法
电容器问题	检查故障记录及相关的信息显示。拆除电容接线，用专用测量电容的工具对电容进行测量，发现 1 个输出滤波电容容量为 0，更换输出滤波电容后正常运行
电机短路	检查电机接线和电缆，拆除变频器以及电机侧接线，分别摇测电机以及电缆的绝缘阻值都正常
注意事项：定期测量变频器内部电容，发现容量不够及时更换；每次除尘时必须戴防静电手套以及手环。	

（五）矿用隔爆兼本质安全型多回路真空电磁启动器 QJZ1-2400/1140 组合开关

1. 接触器不在线

故障分析	处理方法
接触器电控组件故障	更换接触器电控组件
接触器与主控 CAN 通信故障（CAN 通信线故障、1140 和 3300 电控混用）	处理 CAN 通信线，所有电控及主控需电压等级一致
供电故障（考虑 180 V 电源尤其注意闭锁按钮及主手柄位置、保险管）	处理供电故障及检查更换保险管
注意事项：在日常开盖检修过程中及时更换干燥剂，更换隔爆面凡士林；华宁组合开关报接触器重号。	

续表

故障分析	处理方法
接触器触点或地址触针上有污渍，影响接触	对接触器触点进行清理
地址触针出现接触不良，地址触针折断、脱落或者弹簧失效	检查地址触针，更换有问题的地址触针
触针盒内部触针线路断路	更换触针盒
接触器电控出现故障	更换接触器电控
注意事项：每次检修时必须停上一级电源，拉出接触器用干净的布将接触器触点进行清理，检查地址触针是否有松动或断针的情况。	

2. 隔离开关不在线故障

故障分析	处理方法
隔离开关电控组件故障	更换隔离开关电控组件
180 V 供电（主手柄或隔离开关手柄在停止位、保险管坏、四芯插头未插好、转换开关上的电源线未接好）	处理供电
隔离开关与主控 CAN 通信故障（CAN 线故障、1140 与 3300 电控混用）	处理 CAN 线，将所有电控换为同一电压等级。
注意事项：每月电气设备开盖时定期更换干燥剂，隔爆面更换凡士林；每月检修时紧固内部电源接线以及 CAN 接线；当进行高压绝缘监测时监测值不低于 5 MΩ。	
电缆及电机绝缘阻值低	将负荷侧甩掉，继续做高压绝缘监测，若正常则说明开关无故障，检查电机电缆
阻尼浪涌吸收模块故障	将接触器的阻尼浪涌吸收模块甩掉，进行测试
接触器输出侧到出线插座电缆绝缘阻值低	将接触器输出侧的电缆甩掉，进行测试
开关受潮	开关内部放干燥剂，两天后检测绝缘阻值是否升高
接地装置故障	甩掉接地装置，检测是否正常
接触器笼屉绝缘阻值低	测下接触器笼屉的绝缘阻值
注意事项：开盖检修过程中及时更换干燥剂，更换隔爆面凡士林；按照规定定期对设备绝缘阻值进行测量。	

3. 组合开关某接触器报漏电保护

故障分析	处理方法
负荷侧设备绝缘阻值低	进行高压绝缘监测，看电缆绝缘是否正常。若不正常，拔掉输出侧电缆再做高压绝缘监测；若正常，则是电缆问题或负荷电机有问题，然后再摇测电机以及电缆绝缘阻值是否正常
开关本身问题（阻尼浪涌吸收模块、接触器笼屉到出线插座高压线、接触器笼屉本身绝缘阻值低）	如不正常，摘下阻尼浪涌吸收模块以及甩掉输出线及插座再做高压绝缘监测；如正常，则是阻尼浪涌吸收模块或输出线及插座问题

续表

故障分析	处理方法
漏电保护阈值偏低	若不正常，则需要测量笼屉的绝缘阻值。若做高压绝缘监测正常，与负载正常设备对换回路，看带载正常的电缆是否还报漏电保护，若还报漏电说明开关本身有问题，接触器漏电阈值调高 3～5 A
漏保模块、综漏底板故障	更换漏保模块，若还不正常更换综漏底板
注意事项：每次检修时必须停上一级电源，测量绝缘阻值时将带器件一侧甩开再用摇表测量；每次更换或甩模块后必须将隔爆盖盖好，上好所有螺丝再送电测试。	

4．综保合闸后负荷侧没有输出

故障分析	处理方法
漏电保护	查看是否是综合保护，把负荷侧甩掉后做漏电试验，复位一下看是否正常
保险管、熔断器坏	若还没有输出，查看综保指示灯红灯是否正常，若不正常，查看是否由于后综保工作保险烧坏或综保工作电源没有电
综保接触器坏	查看小接触器进线是否三相电压正常，若进线无电压，说明综保变压器有问题，查看高压是否有电，高压熔断器(综保)是否正常，综保变压器是否完好
综保模块坏	若进线有电压，查看综保隔离变压器是否正常
综漏底板坏	若综保指示灯红灯正常，小接触器出线查看线路是否断裂、综保熔断器是否正常，若综保配线及熔断器正常，更换综保模块，还不行再更换综漏底板
注意事项：每次开盖检修时必须停上一级电源，更换器件时轻拿轻放，防止将地址触针折断，更换器件时接线螺丝一定要拧紧，更换之前要进行拍照留底，更换完之后要对比接线看是否接对，然后才能送电调试。	

(六）矿用本质安全型主控制器 KTC101

1．单台电话的语言处理模块故障

语言处理模块是进行音频处理用的，亏电造成语言处理模块不能正常工作，所以不能放音、送音。判断这些电话的内部模块是否亏电的方法：测模块 X2 的 8 芯插座第 4 脚与第 7 脚之间的电压小于 7.2 V，说明电池亏电（正常时为 7.2 V 左右)。测量时一定要先拔下 8 芯插头。

2．送音按钮和扬声器同时故障

有电的情况下不能送音、放音而在断电后就能正常送音、放音，说明是音频线和电源短路造成的。用终端分段法排查是电缆还是电话故障。

如果长时间断电而且一直在通话，突然间都不能送音、放音，那就是语言处理模块亏电造成的。恢复沿线供电 18 V，看过段时间是否正常，若不正常，则将亏电的语言处理模块更换掉。

在日常检修过程中，定期更换电话内部干燥剂，严禁用水冲洗电气设备，电话两侧必须上防尘套，保持沿线闭锁线以及电话外部干燥清洁。

第三节　井下运输维修电工事故类型与案例

一、井下运输维修电工常见事故类型

（1）处理漏煤斗堵塞时，带式输送机未停机、闭锁、加锁，作业人员未佩戴安全带、无专人指挥进入漏煤斗，可能导致运输事故。

（2）检修胶带和胶带上作业未停机闭锁加锁、未执行专人专锁，可能导致运输事故。

（3）带式输送机运行时在非行人侧作业，可能导致运输事故。

（4）电气设备检修时未按规定停电、验电、放电、挂接地线、闭锁、加锁、挂停电牌，未执行专人专锁，可能导致机电事故。

二、井下运输维修电工事故案例

"3・21"违规送电事故案例

（一）事故发生经过

2010年3月21日，电工刘某、张某、高某在配电点安装完成后，对移变进行试送电，其中一台500 kV・A移变因故障不能正常合闸，三人商议后，决定由电工刘某对移变进行检修作业，刘某在未对供电移变停电、闭锁、加锁及供电馈电闭锁未加锁的情况下进行检修作业。排水岗位工李某看到线路无电，到配电点查看情况找到馈电闭锁，在未确认线路是否有人工作的情况下进行送电，造成人员触电、设备烧坏。

（二）事故原因

（1）直接原因：电工刘某在维修作业时未对设备闭锁、挂牌。

（2）间接原因：排水岗位工李某在未确认线路是否有人工作的情况下解锁送电。

（三）防范措施

（1）切实加强职工的安全培训和《煤矿安全规程》、安全技术措施、操作规程的贯彻，提高职工安全意识，教育职工严格按章作业。

（2）严格执行停电、闭锁、加锁及电气检修操作流程。

第二十三章 胶带维修钳工岗位技能与安全

第一节 胶带维修钳工岗位技能基础

一、胶带维修钳工岗位基本条件与必备技能

（一）基本条件

胶带维修钳工必须持“煤矿井下电气作业”证件上岗。

（二）必备技能

(1) 具备熟练的钳工作业检修技能。

(2) 熟悉胶带系统常用设备的性能及结构。

(3) 具备胶带系统常用设备的日常保养能力。

(4) 具有判断设备常见故障原因及处理故障的能力。

(5) 具有良好的安全意识。

(6) 具有应急避险能力、应急处置能力。

二、胶带维修钳工安全生产责任制

(1) 熟悉设备工作原理，掌握胶带检修技能，能独立完成检修任务，处理设备故障。

(2) 检查胶带接头和清扫器的磨损情况，并检查电机、减速机等设备是否有异响。

(3) 定期注油润滑，检查各部滚筒的运转情况。

(4) 完成检修后，必须进行试机操作。

(5) 参与安全学习和制度措施的贯彻，进行岗位风险辨识，并严格执行安全防护措施。

(6) 遵守劳动纪律，认真记录检修情况和故障分析。

(7) 进入矿井时，佩戴劳动保护用品，携带矿灯、定位卡、自救器和信号灯。定期检查这些物品是否完好。

第二节 胶带维修钳工作业流程与故障处理

一、胶带维修钳工作业流程

（一）班前会准备

见本书第七章第一节。

（二）作业前准备

见本书第七章第二节。

（三）作业标准

（1）跑偏保护装置应安装在距离机头、机尾 10～15 m 处。

（2）滚筒表面不粘料，安装位置准确，平行度合适且包胶完好。

（3）胶带拉带时保证后夹带夹好，机尾方向的带保证不跑偏，储带仓有足够的余带，并且拉出的带要留足切旧头后连接所需的长度。

（4）打胶带新头时，切除旧带头调整割刀，确保与胶带两边垂直，打新卡子时在胶带两侧预留 5～10 cm 空隙；对接好后将穿条两头的胶带后带割出 315°钝角。

（5）回收机架时，机架、托辊必须摆放整齐，清点数量确保无遗漏。

（6）中梁、H 架、上架逐架摆放紧实，避免晃动，将托辊放入机架摆放后预留的空隙，托辊码放不得超出马槽边沿。

（7）安装水泵时，要保证安装牢靠、高度合适，管接头处捆绑紧实牢靠，确保不漏水、不滑脱。

（8）排水管吊挂整齐，符合敷设以及过顶的要求。水泵开关架高度合适且固定牢靠。电缆敷设整齐。

（9）水泵运行时，确保水泵叶轮正向旋转，若出现反转情况，将开关隔离打至反向。

（四）作业

（1）准备作业工器具、手锤、撬杠、大锤、扳手，并保证所有工器具完好。

（2）对责任区域大部件的地脚螺栓、连接件以及焊接处进行每班的专项检查，发现有松动，及时紧固处理。

（3）对责任区域的带式输送机机头、滚筒轴承温度、联轴器、液力耦合器进行日常排查，发现问题及时处理。

（4）作业前检查减速器、CST、张紧泵站的系统压力、油位、油温是否符合日常规定。

（5）按规定对转动轴及摩擦部分注润滑油。

（6）维护破碎机时，必须先清理干净胶带上的浮煤，检查各部件的紧固情况以及焊接部位的完好情况。胶带运行时检查破碎机电机减速机有无异响。

（7）检修设备的润滑腔必须将其中的废油脂清理干净，防止其他污染物进入。

（8）托辊的更换方法：

① 停止带式输送机运转，将胶带停机闭锁、加锁，并挂牌管理。

② 用加工专用三角支撑架末端挂钩，挂在胶带托辊架横梁三脚架上固定稳固。

③ 将 5 t 立式千斤顶底座置于三角支撑架伸出的平面板上，再在千斤顶上放置加工的带凹坑的 0.5 m 长方钢。

④ 拆卸托辊时，用配套的铁管插入可以上下压动的泵上面，上下压动泵，千斤顶开始举升，首先举升到让方管接触胶带，将胶带托举至离开受力托辊筒壁 50 mm 间距。

⑤ 用撬杠拆除托辊，更换新托辊。新托辊安装到位后，松动千斤顶回油螺丝，千斤顶慢慢下降，当带面接触托辊筒壁时，就可以取出千斤顶，再上紧回油螺丝，一个托辊更换完成。

⑥ 解除胶带开关、急停开关闭锁。

（五）作业收尾

（1）设备检修后，试机前需要清点人员、工器具和更换的材料、配件是否齐全，将作业现场卫生清理干净。

(2) 认真填写检修记录,包括设备检修记录、润滑记录、温度监测记录,以及处理结果和遗留的问题。

二、常见故障及处理办法

(一) 带式输送机跑偏

(1) 准备好作业工器具(手锤、撬杠、大锤、扳手),带式输送机闭锁、加锁并挂牌管理。

(2) 发现跑偏保护停车,检查跑偏保护动作的原因以及确认跑偏保护安装的位置。

(3) 胶带沿线的跑偏调整:

① 调整托辊,缓慢垫高跑偏方向另一侧的托辊支架,垫高数以第一个垫起的托辊为准"跑高不跑低"。

② 检查托辊表面的粘料,保证托辊安装正确且表面无粘料。

③ 检查落料,确保落料位置准确无误。检查机架是否平直,保证机架平直且无迈步。

④ 检查胶带的接头,重做接头中是否有连接不正确的接头。

(4) 调整完成,解除闭锁。开启带式输送机观察其运行是否正常。

(5) 带式输送机正常运行,作业结束整理工器具,清扫卫生,确保工器具无遗漏。

(二) 储带仓小车掉道

(1) 准备好作业工器具(撬棍、手拉葫芦、千斤顶),工器具齐全完好,带式输送机停电,闭锁、加锁并挂牌管理。

(2) 松张紧并做好位置标记,松张紧时,一人操作一人监护,观察小车行走情况,张紧绞车将张力释放到合适范围。

(3) 利用手拉葫芦、撬杠等工器具将游动小车导轮恢复至导轨上,保证导轮转动灵活、无卡阻,导轨无变形;如拆卸小车轨道下方的防脱轮,须及时恢复。

(4) 检查滑轮组是否完好,转动是否灵活,轴销是否变形,螺栓是否松动;检查张紧钢丝绳、张紧滑道、滑轮组完好,张紧钢丝绳无断丝、无毛刺,张紧滑道无变形,滑轮组转动灵活。

(5) 解除张紧绞车闭锁,恢复供电;启动张紧小车拉到标记位置;检查张紧压力。确保滚筒上的钢丝绳排列整齐;胶带张紧到额定张紧力;张紧力在允许范围内。

(6) 清点回收工器具,清理现场卫生。确保工器具无遗落,现场卫生干净整洁。

(7) 试运行,解除带式输送机闭锁,送电,启动带式输送机。严格执行"谁闭锁谁解锁",确保游动小车平稳,保证运行后胶带不跑偏。

(三) 卸载滚筒筒壁断裂

故障分析	处理方法
设备疲劳性断裂	更换卸载滚筒
滚筒轴与滚筒之间胀套螺栓松动导致胀套向外窜出,造成滚筒两端受力不平衡	
长期超负荷运转	
注意事项:平时检修时注意观察胀套螺栓的松动情况,及时紧固螺栓;在设备运行期间注意滚筒运行稳定情况。	

（四）张紧绞车齿轮齿断裂

故障分析	处理方法
固定齿轮压盖螺栓松动	更换齿轮或张紧绞车
轮齿磨损严重	
齿轮维护不到位	

注意事项：定期对齿轮固定螺栓及齿面磨损情况进行排查；及时检查齿轮之间的间隙。

（五）减速机在运行期间振动大

故障分析	处理方法
减速机安装轴与轴承或齿轮与齿轮之间间隙较大造成磨损	更换减速机
传递轴两端轴承损坏或轴间隙偏大窜动	更换对应轴轴承
地脚螺栓松动	紧固地脚螺栓
减速器与联轴器同轴度精度调整不到位	调整同轴度

注意事项：日常检修过程中多观察油泵滤芯的过滤杂质；设备运行期间通过检测仪观察设备振动、温度参数变化情况。

（六）轮齿剥落、点蚀、掉块和断齿造成减速机运行时振动大

故障分析	处理方法
缺陷或过高的有害残余应力所诱发，可能是夹杂物、微细磨削裂纹或不适当的热处理引起的局部断裂	更换减速机或更换减速机齿轮
可能是材质夹杂、毛坯锻造有问题	
淬火与渗碳工艺欠佳，或其他原因造成齿轮本身质量问题	

注意事项：建立润滑维护制度，选用合格的润滑油，并严格落实换油周期与注油标准，不超不欠；加强检查，增强责任心，发现问题及时处理，在维护减速机时杜绝将异物掉入其箱内。

（七）带式输送机带面撕裂

故障分析	处理方法
带式输送机机头、机尾或转载点卡堵矸石、铁器等异物，撕裂带面	划伤严重时及时更换撕裂带面，轻微划伤时修补带面
带式输送机在运行期间跑偏，造成带边撕裂	
带式输送机在运行期间托辊坏，筒皮划伤带面	
带式输送机在运行期间机架断裂，造成带面划伤	

注意事项：严禁大矸石上主运系统，加强除铁器的日常巡检管理；带式输送机在运行期间如有跑偏现象及时调整，在日常检修过程中发现损坏托辊及机架及时进行更换。

（八）破碎机主动轴轴头断裂

故障分析	处理方法
打磨安装齿轮时造成轴头受损	更换破碎机齿辊
装配轴承时导致轴头所在位置应力破坏	
两齿轮处有异物卡堵，造成轴头变形	

（九）破碎机液力耦合器安装处轴断裂

故障分析	处理方法
驱动电机主轴使用寿命达到服务年限	液力耦合器完好时更换驱动电机；液力耦合器有故障时更换驱动电机及液力耦合器
驱动电机与减速机底座变形	
高负荷下持续运行	
同轴度调整不到位并长时间运行	
液力耦合器轴承坏	
注意事项：在进行电机维修时要对主轴进行探伤检查。在日常检维修过程中及时观察同轴度情况，发现同轴度有差异及时调整；及时观察固定底座完好情况，发现有变形或开裂现象及时加固。	

（十）破碎机联轴器处振动大

故障分析	处理方法
联轴器连接处同轴度偏差大，造成振动	及时调整同轴度
联轴器卡爪部分缺失	更换联轴器或者在缺失卡爪处装配等重量的物体进行动平衡调整
固定螺栓松动	及时紧固固定螺栓
注意事项：在检修过程中及时查看卡爪完好情况、固定螺栓紧固情况和同轴度情况，发现问题及时处理。	

（十一）破碎机低速轴处鼓形联轴器外壳脱离

故障分析	处理方法
破碎机低速轴处鼓形联轴器外壳固定螺栓松动	更换或紧固鼓形联轴器固定螺栓
破碎机低速轴处鼓形联轴器外壳损坏	及时修复使用
破碎机低速轴处鼓形联轴器外壳破裂	更换外壳
同轴度调整不到位并长时间运行	调整同轴度
注意事项：在检修过程中及时查看鼓形联轴器固定螺栓；如果发现鼓形联轴器发生位移现象及时将其调整到合适位置；在鼓形联轴器处标记位移线便于及时发现位移现象。	

第三节 胶带维修钳工事故类型与案例

一、胶带维修钳工常见事故类型

(1) 处理漏煤斗堵塞时,带式输送机未停机、闭锁、加锁,作业人员未佩戴安全带、无专人指挥进入漏煤斗,可能造成机电事故。

(2) 检修胶带、胶带上作业未停机、闭锁、加锁,未执行专人专锁,可能造成机电事故。

(3) 带式输送机运行时在非行人侧作业,可能造成机电事故。

(4) 电气设备检修时未按规定停电、验电、放电、挂接地线、闭锁、加锁、挂停电牌,未执行专人专锁,可能造成机电事故。

二、胶带维修钳工事故案例

胶带运输队“5·8”轻伤事故案例

(一) 事故发生经过

2017 年 5 月 8 日八点班,主井胶带正常运转,胶带运输队胶带检修工甘某正常巡查主井二部胶带,当巡查到二部带式输送机机头张紧装置处时,发现高架胶带靠行人侧一个托辊被纤维绳芯缠绕卡死,并且托辊上胶带冒烟,甘某用左手拽了一下,但托辊未动,然后他右手拿刀试图切割纤维绳芯但未割动,就用左手用力拽纤维绳芯,这时托辊突然转起来将他的左手卷入,经胶带挤压后被甩出,随即左胳膊撞在胶带架子上。经医院诊断:左侧尺骨中段骨折。

(二) 事故原因

1. 直接原因

员工甘某在处理胶带托辊故障时没有停止胶带运转并闭锁、加锁。

2. 间接原因

当班班长李某和跟班队干王某现场安全管理不到位、监管不力,胶带运输队党支部书记闫某对员工的日常安全管理和思想教育不到位,胶带运输队队长侯某对员工的日常安全管理和安全培训教育不到位。

3. 防范措施

(1) 胶带运输队及其他使用胶带运输的单位在处理胶带故障时,必须停止胶带运转并闭锁、加锁。

(2) 胶带运输队要组织员工认真学习胶带运输操作规程,使每一位岗位工都能熟知操作规程内容。

(3) 胶带运输队要在每班班前会上,根据当班工作内容有针对性地学习“双危”辨识标准和煤矿三大规程相关内容,并做好预测预控工作。

(4) 各单位要加强当班班长和跟班队干的巡检管理。

(5) 各单位必须深刻吸取此次事故教训,加强员工的安全教育培训,认真执行“双危”辨识标准和煤矿三大规程,做好预测预控工作,提高员工整体安全素质和安全防范能力。

第二十四章　井下带式输送机司机岗位技能与安全

第一节　井下带式输送机司机岗位技能基础

一、井下带式输送机司机岗位基本条件与必备技能

（一）基本条件

井下带式输送机司机必须持“其他从业人员”证件上岗。

（二）必备技能

(1) 具备熟练的胶带检修技能。

(2) 熟悉胶带系统常用设备的性能及结构。

(3) 具备胶带系统常用设备的日常保养能力。

(4) 具备判断设备常见故障原因及处理故障的能力。

(5) 具备良好的安全意识。

(6) 具备应急避险能力、应急处置能力。

二、井下带式输送机司机安全生产责任

(1) 按照操作规程执行，定期检查和维护设备，并记录设备运行情况。

(2) 熟悉设备工作原理，掌握一般故障处理方法，确保胶带正常运行，避免堆煤现象，保证工作质量。

(3) 发现异常情况及时报告，并按照应急处理流程处理。

(4) 积极参加安全培训和考核，提升安全意识和技能水平。

(5) 服从班组长管理，积极配合班组长工作，并提出改进意见和建议。

(6) 完成交接班工作，记录准确完整，并与接班人员沟通。

(7) 严格遵守质量检查制度，发现有水煤上胶带立即上报。

(8) 进入矿井时，佩戴劳动保护用品，携带矿灯、定位卡、自救器和信号灯。定期检查以上物品是否完好。

三、“一规程四细则”对井下带式输送机司机的要求

《煤矿安全生产标准化管理体系基本要求及评分方法（试行）》相关规定如下：

(1) 严格执行本岗位安全生产责任制；

(2) 管理、技术人员掌握相关的岗位职责、管理制度、技术措施，作业人员掌握本岗位相应的操作规程和安全措施；

(3) 规范作业，无“三违”行为，作业前进行岗位安全风险辨识及安全确认。

第二节　井下带式输送机司机作业流程与故障处理

一、井下带式输送机司机作业流程

（一）班前会准备

见本书第七章第一节。

（二）作业前准备

见本书第七章第二节。

（三）开始作业

1．带式输送机启动作业

（1）准备启动带式输送机，确认前部带式输送机的运行情况，询问机头、机尾是否允许开机。

（2）检查变频柜，确保变频柜完好、控制台系统复位后解锁送电。

（3）打开降尘喷雾装置，确保降尘喷雾系统运行正常。

（4）启动带式输送机，向整部胶带覆盖范围使用扩音器发出开车信号警示，警示带式输送机旁无关人员立刻撤离。按下启动按钮后，带式输送机正常启动。

（5）班中巡检胶带运行情况：

① 胶带无跑偏、打滑现象；

② 胶带带面完好，胶带接头损坏长度不超过带宽的15%；

③ 电机、减速机运行正常，电机温度＜75 ℃，减速机温度＜75 ℃，轴承温度＜65 ℃；

④ 机头卸煤点卸煤正常，无异物、大块矸石；

⑤ 及时检查并清理除铁器上吸附的铁器。

（6）停车、停止拉煤，拉空载煤后发出停车信号，按下停车按钮并对胶带进行闭锁。

（7）打扫作业区域卫生，清点作业区域专用工具，工器具完好并归库。

2．给煤机启动前检查

（1）在上一班司机的配合下，认真对设备进行检查。

（2）检查减速机的温度是否正常，各部螺栓是否紧固有效。

（3）检查液压闸板、减速机油量是否符合要求，是否有漏油现象。

（4）检查电动机、开关、照明等电气设备是否完好，按钮是否灵活可靠。

（5）检查给煤机簸箕振幅是否适当，吊挂是否可靠完好。

（6）检查有无妨碍设备运行的障碍物，闸板的开启量是否合适。

（7）检查喷雾洒水及冲水管道设施是否完好，出煤口是否畅通。

（8）检查机架是否牢固、有无开焊现象。

（9）了解各煤仓存煤情况和开车台数。

3．给煤机操作顺序

（1）启动：接到放煤工信号→给放煤工回信号→检查设备情况，点动试车无异常→按煤流方向顺向启动胶带。

（2）停机：接到放煤工信号→按停止按钮关闭给煤机设备。

（四）作业收尾

（1）班后会汇报当班带式输送机运行情况，以及当班带式输送机出现的问题；汇报不能立即处理的问题，接受处理措施和意见，详细记录；汇报发现的事故隐患情况。

（2）填写设备运行记录，设备运行记录填写认真、准确、字迹清晰，无涂改、无缺项，妥善保存好设备运行记录本。

带式输送机司机作业流程如图24-1所示。

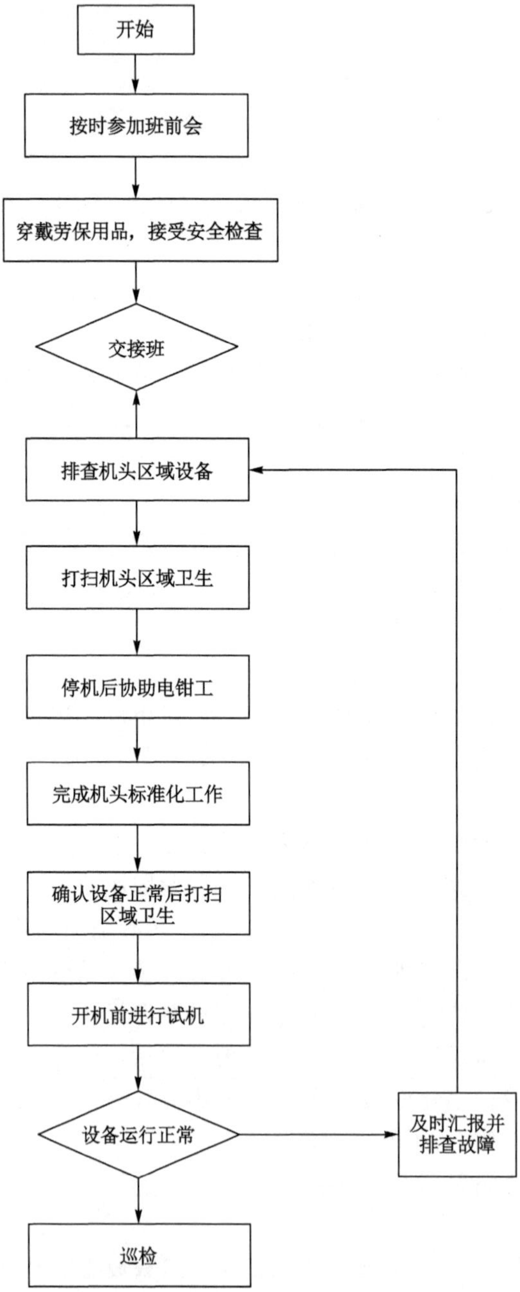

图24-1　带式输送机司机作业流程

二、常见故障及处理办法

（一）带式输送机突然停机

故障分析	处理方法
设备停电	排查设备停电原因，按要求送电
华宁控制器沿线闭锁或保护动作	查看华宁控制器界面显示的故障原因，处理故障

（二）带式输送机无法启动

故障分析	处理方法
如属于搭接胶带，上级胶带未开机	如属于搭接胶带，联系上级胶带开机
破碎机未开机	开启破碎机
故障未取消、复位	取消、复位故障
滚筒有异物	清除滚筒异物
电气设备故障	重新停送电，若仍无法启动，汇报值班室联系处理

（三）带式输送机堆煤处理

故障分析	处理方法
堆煤保护传感器误报	检查堆煤保护传感器具体动作原因并处理
煤层中加有矸石，堵塞漏煤斗	停机、闭锁、加锁后清理堆煤
带式输送机上水煤	严禁带式输送机上水煤
两部胶带连锁异常	联系上部带式输送机司机，值班室处理

第三节　井下带式输送机司机事故类型与案例

一、井下带式输送机司机常见事故类型

（1）睡岗、脱岗，酒后上岗，酒精含量大于或等于 20 mg/100 mL 且小于 80 mg/100 mL，可能造成其他事故。

（2）攀爬无可靠防护运转设备，可能造成机电事故。

（3）未执行“行车不行人，行人不行车”规定，可能造成运输事故。

（4）进入微风、无风区域作业，可能造成瓦斯事故。

（5）不接受入井检身、检车直接入井，可能造成其他事故。

（6）常闭风门未执行随开、随关要求，可能造成其他事故。

（7）高空抛掷物件，高空作业工器具未采取防坠落措施，可能造成机电事故。

（8）用水冲洗电气设备，不经过防误操作系统直接操作电气设备，可能造成机电事故。

（9）携带非防爆电子产品入井，可能造成火灾事故。

(10) 未正确穿戴自救器、定位卡、安全帽、反光工作服,可能造成其他事故。

(11) 处理漏煤斗堵塞时,带式输送机未停机、闭锁、加锁,作业人员未佩戴安全带、无专人指挥进入漏煤斗,可能造成机电事故。

(12) 检修胶带、胶带上作业未停机、闭锁、加锁,未执行专人专锁,可能造成机电事故。

(13) 带式输送机运行时在非行人侧作业,可能造成机电事故。

(14) 电气设备检修时未按规定停电、验电、放电、挂接地线、闭锁、加锁、挂停电牌,未执行专人专锁,可能造成机电事故。

二、井下带式输送机司机事故案例

二部胶带595架处机电事故案例

(一) 事故发生经过

2015年5月14日八点班,胶带运输队巡检工刘某在胶运大巷二部胶带1 785 m正常巡检,在595架处发现掘进队转载点挡煤板掉落正在划伤胶带,巡检工刘某发现后立即汇报调度室,并停机、闭锁、加锁后进行处理,拆下的挡煤板放落到地板后,刘某正要从胶带架子上下来时,脚下打滑从1.2 m胶带架子上直接滑落到水泥地板上,造成右脚背处扭伤,班长谢某约于8时56分从11联巷巡查到13联巷时(二部胶带1 785 m处),发现巡检工刘某脚背受伤,就立即向区队值班室汇报,区队安排跟班队干金某到现场查看并处理,9时25分左右,跟班队干金某到现场查看后,立即安排刘某升井,并到医务室检查后送往县医院,经诊断为右脚第2～4跖骨骨折。

(二) 事故原因

1. 直接原因

巡检工刘某单岗并登高作业且未系保险带。

2. 间接原因

(1) 班长谢某现场安排不到位,导致员工出现单岗作业。

(2) 跟班队干金某安全管理不到位、监管不力,员工在作业前未对危害因素进行预测预控。

(3) 胶带运输队党支部书记闫某对员工的日常安全管理和思想教育不到位。

(4) 胶带运输队队长侯某对员工的日常安全管理和安全培训教育不到位。

(三) 防范措施

(1) 胶带运输队吸取此次事故教训,现场作业凡涉及登高作业的必须系保险带,并有专用作业平台,同时必须有专人监护,否则不得作业。

(2) 胶带运输队要在每班班前会上根据当班工作内容有针对性地学习“双危”辨识标准和煤矿“三大规程”相关内容,切实做好预测预控和安全确认工作。

(3) 各单位要加强安全自保、互保、联保工作,跟班队干要加强工作场所的巡检工作,坚决改变习惯性不安全行为;靠前指挥、现场教育、现场督促、努力消除事故隐患,保障安全。

第二十五章　无轨胶轮车司机岗位技能与安全

第一节　无轨胶轮车司机岗位技能基础

一、无轨胶轮车司机岗位基本条件与必备技能

（一）基本条件

(1) 无轨胶轮车司机必须持“中华人民共和国机动车辆驾驶证”上岗。

(2) 入井司机必须持“其他从业人员”证件和公司内部培训合格的“防爆无轨胶轮车驾驶证”上岗。

（二）必备技能

(1) 具备熟练的驾驶技能。

(2) 熟悉车辆的性能及结构。

(3) 具备车辆日常保养与检修的能力。

(4) 具有判断车辆常见故障原因及处理故障的能力。

(5) 具有良好的辅助运输安全意识，有防御性驾驶意识。

(6) 具有应急避险能力、应急处置能力。

二、无轨胶轮车司机安全生产责任制

(1) 按时参加班前会，听取各项工作安排和安全注意事项，做好预测预想。

(2) 持证上岗，熟悉车辆性能，做好车辆日常保养工作，严格执行出车前检查制度，发现问题及时送修，确保车辆完好。

(3) 听从班长的工作安排，完成各项运输任务，严禁私自出车或者改变行车路线，发现隐患和发生事故后及时上报。

(4) 严格执行交接班制度，将车辆及井下现场状况交接清楚，严禁隐瞒问题、推卸责任。

(5) 严格执行辅助运输管理办法、操作规程等安全管理规定，严禁违章驾驶，违章作业，有权拒绝违章指挥。

(6) 参加安全教育培训与技能提升培训，参与应急救援演练，熟知矿井避灾路线与应急救援知识，不断提高安全意识与职业技能。

三、“一规程四细则”及安全生产标准化对无轨胶轮车运输的规定

（一）《煤矿安全规程》相关规定

第三百七十八条　使用的矿用防爆型柴油动力装置，应满足以下要求：

(1) 具有发动机排气超温、冷却水超温、尾气水箱水位、润滑油压力等保护装置。

(2) 排气口的排气温度不得超过 77 ℃,其表面温度不得超过 150 ℃。

(3) 发动机壳体不得采用铝合金制造;非金属部件应具有阻燃和抗静电性能;油箱及管路必须采用不燃性材料制造;油箱最大容量不得超过 8 h 用油量。

(4) 冷却水温度不得超过 95 ℃。

(5) 在正常运行条件下,尾气排放应满足相关规定。

(6) 必须配备灭火器。

第三百九十二条　采用无轨胶轮车运输时,应当遵守下列规定:

(1) 严禁非防爆、不完好无轨胶轮车下井运行。

(2) 驾驶员持有"中华人民共和国机动车驾驶证"。

(3) 建立无轨胶轮车入井运行和检查制度。

(4) 设置工作制动、紧急制动和停车制动,工作制动必须采用湿式制动器。

(5) 必须设置车前照明灯和尾部红色信号灯,配备灭火器和警示牌。

(6) 运行中应当符合下列要求:

① 运送人员必须使用专用人车,严禁超员;

② 运行速度,运人时不超过 25 km/h,运送物料时不超过 40 km/h;

③ 同向行驶车辆必须保持不小于 50 m 的安全运行距离;

④ 严禁车辆空挡滑行;

⑤ 应当设置随车通信系统或者车辆位置监测系统;

⑥ 严禁进入专用回风巷和微风、无风区域。

(7) 巷道路面、坡度、质量,应当满足车辆安全运行要求。

(8) 巷道和路面应当设置行车标识和交通管控信号。

(9) 长坡段巷道内必须采取车辆失速安全措施。

(10) 巷道转弯处应当设置防撞装置。人员躲避硐室、车辆躲避硐室附近应当设置标识。

(11) 井下行驶特殊车辆或者运送超长、超宽物料时,必须制定安全技术措施。

(二) 煤矿安全生产标准化相关规定

1. 安全警示

(1) 无轨胶轮车运输巷道各岔口、错车点、弯道、车场等处设有行车指示等安全标志和信号。

(2) 无轨运输巷道交叉路口交叉处设置有限速和警示装置。

2. 物料捆绑

运送物料需捆绑固定牢固可靠,有防跑、防滑措施。

3. 连接装置

运送大部件时保险链(绳)、连接环(链)、连接杆、插销、连接钩头及其连接方式符合规定。

4. 检测检验

(1) 按规定对无轨胶轮车进行试验、检测检验,有完整的试验、检测检验报告。

(2) 失速防护装置根据产品使用说明书要求,定期对相关安全性能进行试验,并有试验记录。

5. 防撞装置和失速防护装置

无轨胶轮车运行的长坡段巷道内必须采取车辆失速安全措施，巷道转弯处设置防撞装置。

6. 无轨胶轮车

(1) 车辆转向系统、制动系统、照明系统、警示装置、喇叭等完好可靠，车辆自带防止停车自溜的设施或工具。

(2) 装备自动保护装置、便携式甲烷检测报警仪、防灭火设备等安全保护装置。

(3) 行驶5台及以上无轨胶轮车时，装备车辆位置监测系统。

(4) 装备有通信设备。

(5) 运送人员应使用专用人车。

(6) 载人或载货数量在额定范围内。

(7) 运行速度：运人时不超过25 km/h，运送物料时不超过40 km/h，车辆严禁空挡滑行。

(8) 井下无轨胶轮车应符合排气标准规定。

7. 管理和技术人员

区(队)管理和技术人员掌握相关的岗位职责、管理制度、技术措施。

8. 作业人员

班组长及现场作业人员严格执行本岗位安全生产责任制；掌握本岗位相应的操作规程、安全措施；规范操作，无“三违”行为；作业前进行岗位安全风险辨识及安全确认。

9. 作业现场

(1) 运输线路、躲避或倒车硐室、车库等卫生整洁。

(2) 主要运输线路水沟畅通，巷道无淤泥、积水；水沟侧作为人行道时，盖板齐全稳固。

10. 制度保障

(1) 完善各岗位、各工种的操作规程，内容符合现场实际，并认真执行。

(2) 制定以下规定：

① 运输设备运行、检修、检测等管理规定；

② 运输安全设施检查、试验等管理规定；

③ 辅助运输安全事故汇报管理规定。

11. 技术资料

(1) 有运输设备、设施、线路的图纸和技术档案，有检修记录。

(2) 施工作业规程、技术措施符合有关规定。

(3) 运输系统、设备选型和能力计算资料齐全。

(4) 无轨胶轮车、专用车等运输设备编号管理。

四、主要防爆无轨胶轮车简介

车辆类型	照片	基本介绍
2 座巡查车		防爆电动 2 座巡查车，主要用于巷道巡查
柴油皮卡		防爆柴油皮卡，主要用于巷道巡查，以及人员、小型材料的运输
电动皮卡		防爆电动皮卡，主要用于巷道巡查、人员运输
人车		分为防爆电动人车和防爆柴油人车，用于人员的运输
轻卡		主要用于物料的运输，核载 3～5 t

续表

车辆类型	照片	基本介绍
双排材料车		主要用于多人作业及人员、物料的运输，限乘 5 人，核载 3～5 t
八吨材料车		用于物料运输，核载 8 t
低八吨		主要用于较高物料、较低巷道的物料运输，核载 8 t
吸污车		用于巷道吸污作业
洒水车		主要用于巷道洒水、除尘、设备加水作业
登高车	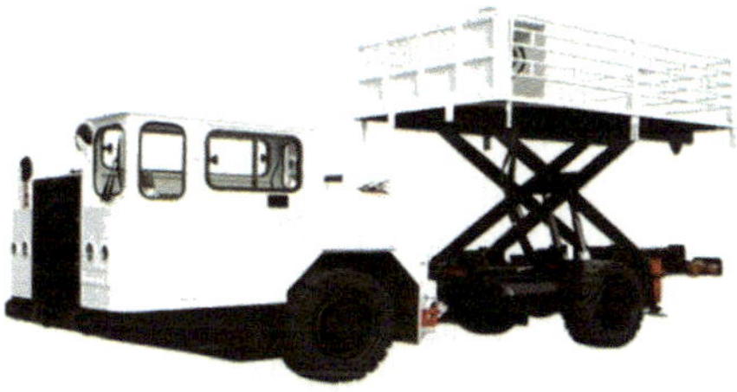	主要用于登高作业
铲板车		用于大型设备、部件的运输，分为 25 t 型和 40 t 型

五、防爆无轨胶轮车基础知识及应知应会

(1) 防爆无轨胶轮车主要组成部分包括动力系统、传动系统、转向系统、制动系统、电气系统、底盘、车架、车身等。

(2) 发动机主要由曲柄连杆机构、配气机构、供给系统、冷却系统、润滑系统、启动系统构成。

(3) 废气处理系统主要由补水箱、废气处理水箱、防爆栅栏等组成。

(4) 冷却系统主要由散热器、风扇、水泵、节温器、气缸体、气缸体水套、分水管、冷却液温度指示表和冷却液温度传感器等组成。

(5) 空气滤清器的作用:清除进入气缸的空气中夹带的灰尘和砂粒,以减轻气缸、活塞、活塞环以及其他机件的磨损,延长发动机的使用寿命。

(6) 机油滤清器的作用:滤清机油中的杂质,减少机件的磨损,延长机油的使用期限。

(7) 行驶时排蓝烟是烧机油造成的;排白烟是燃油中含有水分或发火时间过晚造成的;排黑烟是燃烧不完全或燃油过浓造成的;排灰烟是燃油和机油都过多造成的。

(8) 车辆自动保护装置齐全可靠,保护参数超限能及时发出报警信号并能使车辆动力系统停止运转:

① 排气温度不得超过 77 ℃;

② 发动机表面温度不得超过 150 ℃;

③ 发动机冷却水温度不超过 95 ℃;

④ 水洗箱的补水箱缺水;

⑤ 机油压力低于 0.2 MPa。

⑥ 甲烷浓度达到 1.0%(有煤与瓦斯突出矿井和瓦斯喷出区域中甲烷浓度达到 0.5%)。

(9)“四清”是指保持机油、空气滤芯、燃油滤清器、蓄电池的清洁。

(10)“四漏”是指防止漏水、漏油、漏气和漏电。

(11) 防冻液的主要作用有冷却、防锈、清洗、防腐。

(12) 下坡前应提前减速慢行,不得中途换挡,下坡严禁空挡滑行。

(13) 井下防爆无轨胶轮车同向行驶间距不得小于 50 m。

(14) 防爆无轨胶轮车进排气栅栏间隙不得大于 0.5 mm。

(15) 防爆无轨胶轮车制动系统分为行车制动、驻车制动和紧急制动。

(16) 入井按照标准配备 2 个 4 kg 灭火器、2 个三角警示牌及 2 个阻车器。

(17) 超长(超出货箱长度 1/3)、超宽(单侧超出货箱宽度 150 mm)、超高(超出车厢侧帮高度)物件须设置警示闪光标志。

(18) 辅助运输线路进行临时施工作业需严格执行“三必须”原则:作业人员必须穿戴黄色反光马甲、头戴警示灯;作业区域必须全封闭;必须在距离施工地点 30 m 前设置“前方施工,减速慢行”的警示牌、防撞沙桶等。

(19) 井下防爆人车、指挥车最高速度不得超过 25 km/h;防爆材料车最高行驶速度不得超过 35 km/h;特种车辆最高速度不得超过 15 km/h。副斜井井筒内、斜巷最高车速统一规定不超过 18 km/h,严禁熄火或者空挡滑行。

(20) 辅助运输巷道交叉口、转弯处、下坡处、会车时、行车区域内视线不清时,应鸣笛、减速慢行,最高速度不超过 5 km/h。

（21）车辆应当在联巷或不影响其他车辆正常通行的位置停放。当车辆在行车巷道内临时停放时，必须靠右停放，不得妨碍其他车辆通行，同时打开警示灯（不包括无警示灯车辆）和在前、后 30 m 处设置警示标识。驾驶员离开时必须熄火，拉紧手刹，挂挡并使用阻车器。

第二节　无轨胶轮车司机作业流程与故障处理

一、无轨胶轮车司机作业流程

（一）班前会准备

见本书第七章第一节。

（二）作业前准备

见本书第七章第二节。

（三）接班

（1）准时进入工作地点，现场交接班。

（2）询问交班人员上班车辆运行情况、道路安全状况。

（3）对车辆进行完好检查。无轨胶轮车点检记录见表 25-1。

表 25-1　无轨胶轮车点检记录表

年　　月　　日

序号	点检内容	车牌号				
1	车辆外观有无剐蹭					
2	轮胎气压是否充足					
3	检查空气滤清器是否堵塞					
4	防爆栅栏是否需要清洗					
5	甲烷传感器标校日期、车辆检验合格证是否过期					
6	检查底盘、各连接部位是否完好					
7	检查变速箱、四轮减速器、制动器有无漏油					
8	检查各箱体和管路是否完好，是否漏油、漏气、漏水					
9	检查车辆定位卡、甲烷传感器、灭火器、警示路锥、阻车器是否齐全					
10	检查爬梯是否完好、干净					
11	查看机油箱油位					
12	查看柴油箱油位					
13	查看液压油箱油位					
14	查看变速箱油箱油位					
15	查看补水箱水位					
16	查看冷却液液位					

表 25-1(续)

序号	点检内容	车牌号				
17	检查启动气压表读数是否在规定值(0.6 MPa 以上)					
18	检查安全带是否正常					
19	启动后检查各仪表盘读数(液位、温度、压力)是否有报警					
20	检查刹车踏板、手刹制动是否灵活可靠					
21	检查后视镜是否齐全、角度是否合适					
22	检查喇叭是否正常					
23	检查灯光和信号指示灯是否正常					
24	挂倒挡检查倒车语音警示、倒车照明					
25	检查转向是否灵活可靠					
26	检查铲斗及大小臂是否灵活					
27	行车中注意各仪表盘读数是否正常,发动机及各部位声音是否正常,排气有无黑烟					
点检员签字						
备注:完好打对号(√),有问题打错号(×),无相应项目的划斜线(/)。						

(4) 进行菜单式交接班,如表 25-2 所示。

表 25-2　无轨胶轮车菜单式交接班

无轨胶轮车司机菜单式交接记录			年　月　日
班次	项目	完成情况	备注
*点班	工作任务完成情况		
	运输道路环境情况		
	隐患存在情况		
	车辆完好情况		
	文明卫生情况		
	安全设施完好情况		
	矿用车辆管理系统运行记录情况		
	钥匙交接情况		

(四) 启动前、后车辆检查

1. 启动前车辆检查

(1) 检查车辆外观有无剐蹭。如图 25-1(a)所示。

(2) 检查轮胎气压是否充足、轮胎是否磨损、缝隙中是否有杂物。如图 25-1(b)所示。

(3) 检查空气滤清器是否堵塞、防爆栅栏是否需要清洗。如图 25-2 所示。

(a) 检查车辆外观　　(b) 检查轮胎

图 25-1　车辆外观、轮胎检查

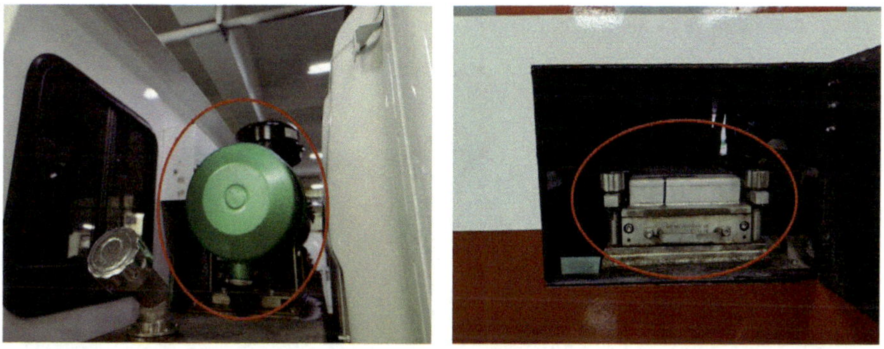

图 25-2　检查空气滤清器、防爆栅栏

(4) 检查证件卡槽、包机人牌是否完好。如图 25-3 所示。

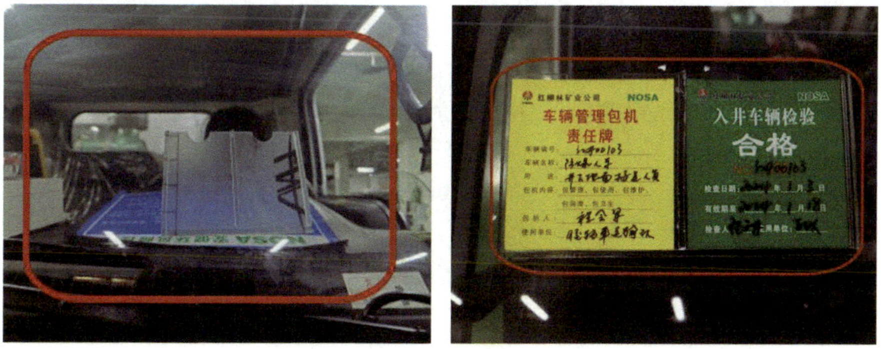

图 25-3　检查证件卡槽、包机人牌

(5) 检查甲烷传感器标校日期、车辆检验合格证是否过期。如图 25-4(a)所示。

(6) 检查底盘、各连接部位是否完好，尤其是减震钢板是否断裂、是否与轮胎摩擦。如图 25-4(b)所示。

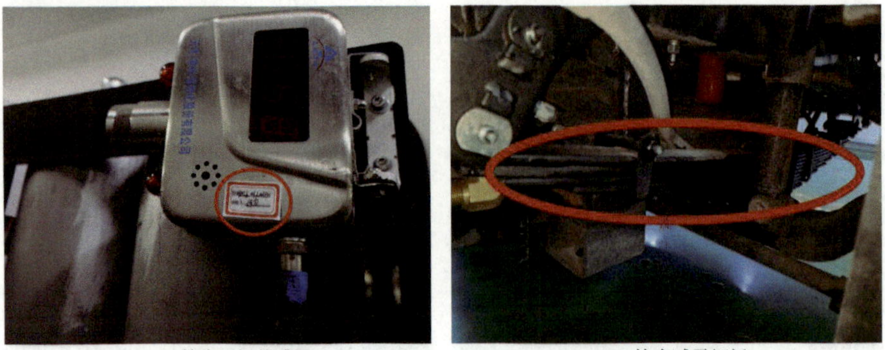

(a) 检查甲烷传感器　　(b) 检查减震钢板

图 25-4　检查甲烷传感器、减震钢板

（7）检查变速箱、四轮制动器有无漏油。

（8）检查各箱体和管路是否完好，是否漏油、漏气、漏水。

（9）检查车辆定位卡、甲烷传感器、灭火器、警示路锥、阻车器是否齐全。如图 25-5 所示。

图 25-5　检查车辆定位孔、甲烷传感器和灭火器等

（10）检查失速防护装置发射器电量是否充足。如图 25-6 所示。

（11）拔出机油尺查看机油油位是否在中位。如图 25-7 所示。

（12）查看柴油箱、液压油箱油位。如图 25-8 所示。

（13）查看液力传动油及齿轮油油位。（设置有视窗口和油尺时可查看，未设置时定期保养即可）

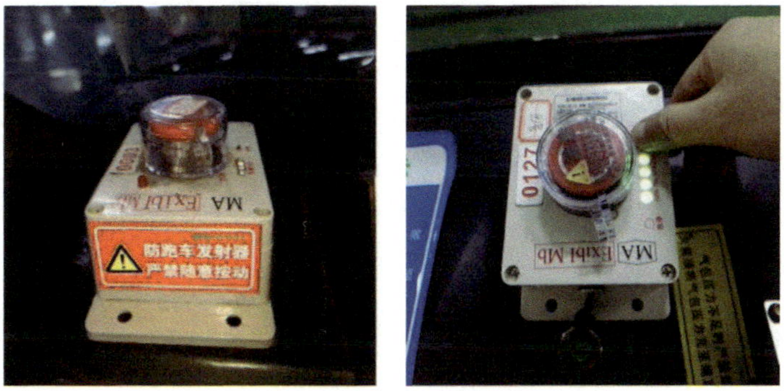

图 25-6　检查失速防护装置

图 25-7　检查机油油位

图 25-8　检查柴油箱、液压油箱油位

(14) 查看补水箱、冷却液液位。如图 25-9 所示。

(15) 检查启动气压表读数是否在规定值(0.6 MPa 以上)，检查安全带是否正常。如图 25-10 所示。

2. 启动后车辆检查

(1) 观察各种仪表盘读数(液位、温度、压力)是否有报警。如图 25-11(a)所示。

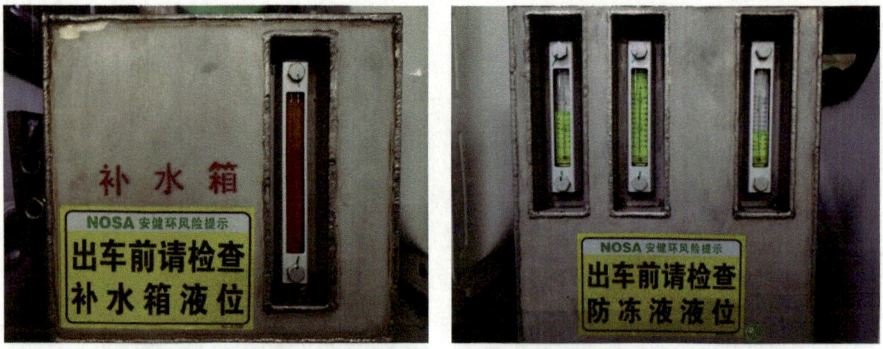

图 25-9　检查补水箱、冷却液液位

图 25-10　检查气压表、安全带

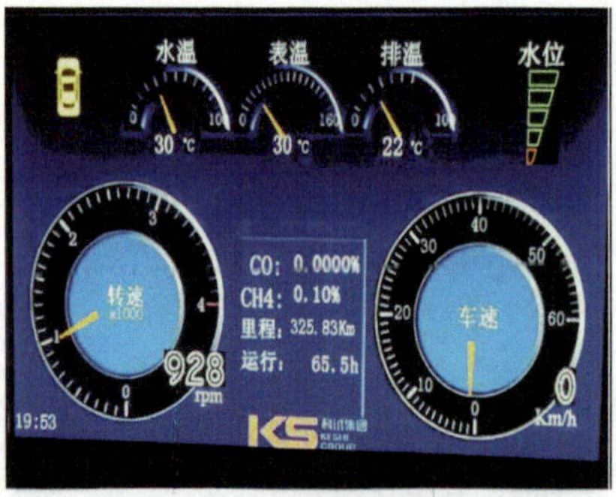

(a)

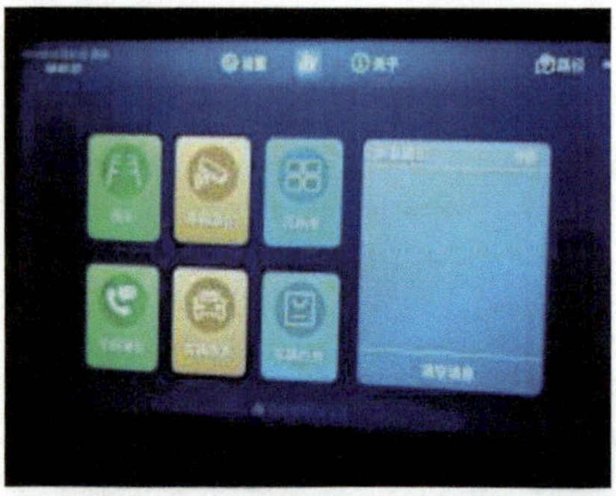

(b)

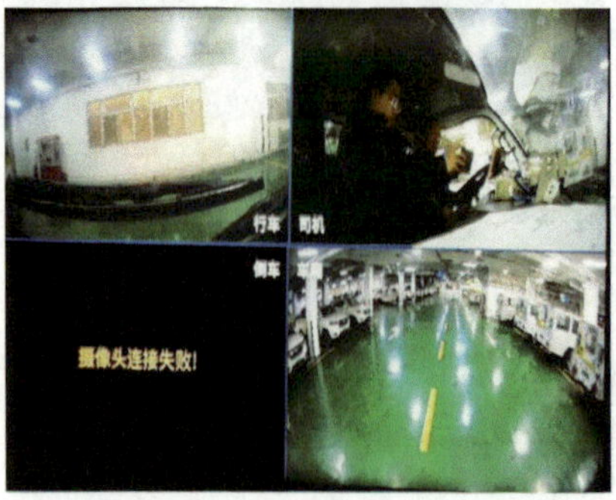

(c)

(d)

图 25-11　检查仪表盘、摄像头

(2) 检查车载终端通信、摄像头画面是否正常，摄像头位置是否正确。如图 25-11 (b)～(d)所示。

(3) 检查刹车踏板、手刹制动是否灵活可靠。如图 25-12 所示。

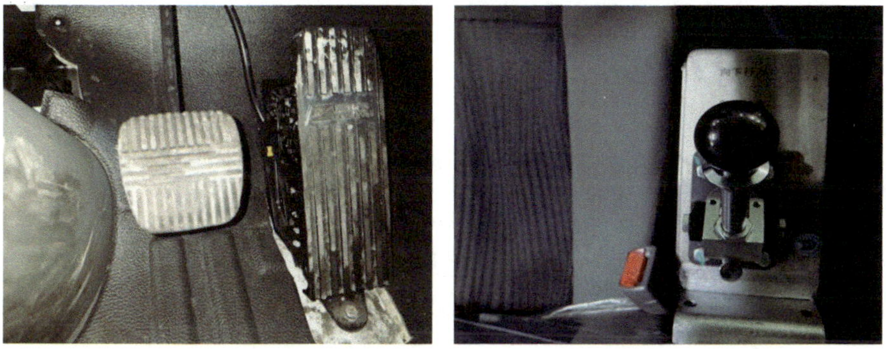

图 25-12　检查刹车踏板、手刹制动

(4) 检查挂挡有无卡顿、挂不上挡的问题，后视镜是否齐全、角度是否合适。如图 25-13 所示。

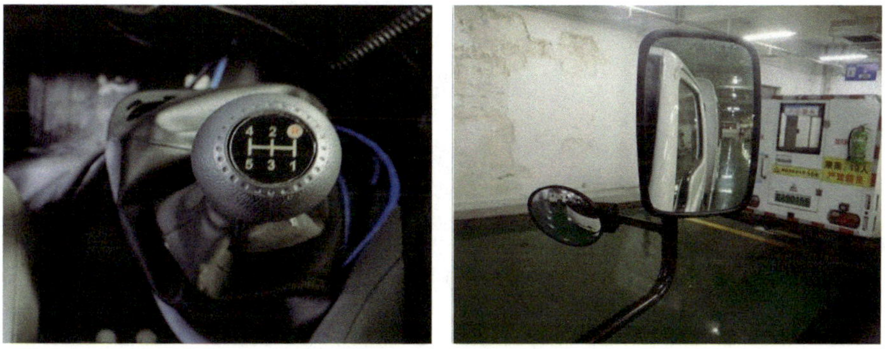

图 25-13　检查挂挡、后视镜

(5) 听喇叭声响是否正常，检查雨刷是否正常。如图 25-14 所示。

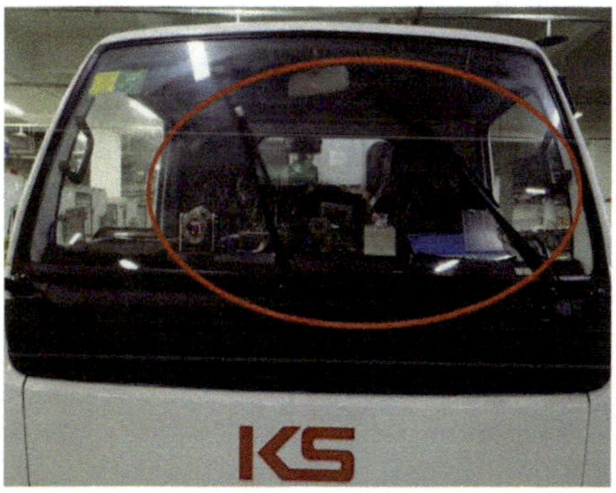

图 25-14　检查雨刷

（6）检查车窗摇把是否完好，玻璃升降和车门关闭是否正常。如图 25-15 所示。

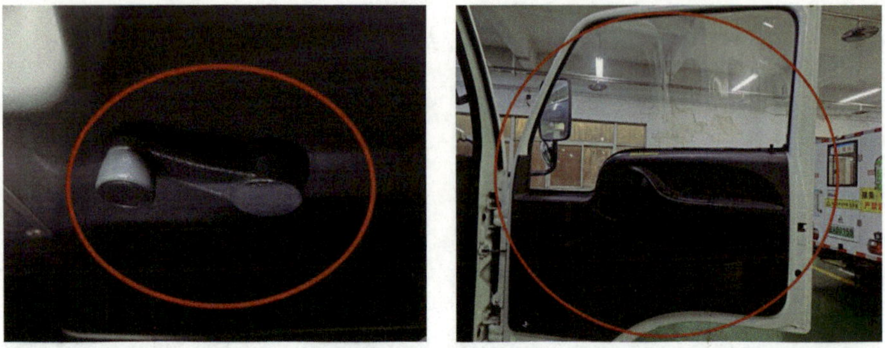

图 25-15　检查车窗摇把、车门

（7）检查灯光和信号指示灯是否正常。如图 25-16 所示。

(a) 前大灯　(b) 倒车灯　(c) 倒车声光报警装置

图 25-16　检查灯光、信号指示灯

（8）挂倒挡检查倒车语音警示、倒车照明、倒车摄像是否正常。如图 25-17 所示。

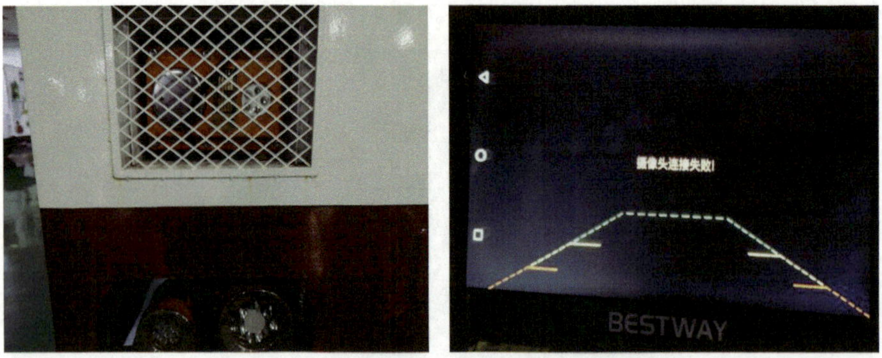

图 25-17　检查倒挡

(9) 检查转向是否灵活可靠，横竖拉杆有无间隙、球头是否正常。如图 25-18(a)所示。

(10) 检查电车电量是否充足，24 V 电源有无电量。如图 25-18(b)所示。

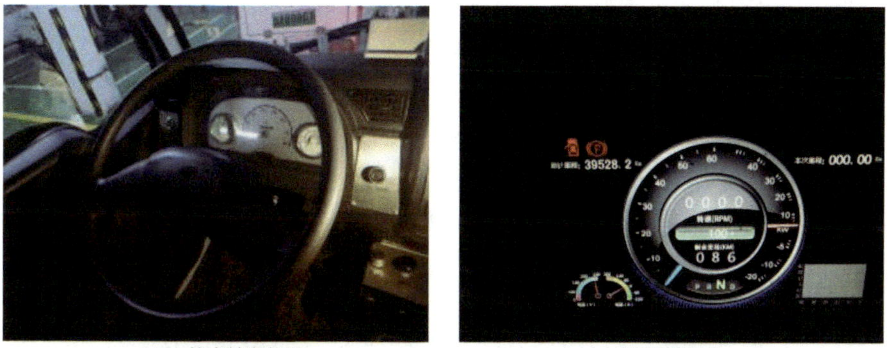

(a) 检查转向装置　　(b) 检查电量

图 25-18　检查转向装置、电量

(11) 行车中注意各仪表盘读数是否正常，发动机及各部位声音是否正常，排气有无黑烟。

(五) 作业标准

1. 行车标准

(1) 升入井时必须在井口检车房进行登记。

(2) 行驶中各仪表和各部位有无异常和异响。

(3) 随时观察行驶路线道路状况。

(4) 车辆起步前、转弯处、十字路口必须鸣笛示警，确认周边无人后方可行车；倒车时必须开启倒车声光报警，确认无人后方可倒车。

(5) 井下车辆行驶速度必须严格遵守下列规定：

① 井下防爆人车、指挥车最高速度不得超过 25 km/h；防爆材料车最高行驶速度不得超过 40 km/h；特种车辆最高速度不得超过 15 km/h。

② 斜巷最高车速统一规定不超过 18 km/h，严禁熄火或者空挡滑行。

③ 辅助运输巷道交叉口、转弯处、下坡处、会车时、行车区域内视线不清时，应鸣笛、减速慢行，最高速度不超过 5 km/h。

(6) 井下行车严格执行“行人不行车，行车不行人”“车让人”制度。

① 井下作业人员遇行驶车辆时，必须主动避让，就近进入躲避硐室；附近无躲避硐室时，无轨胶轮车必须在作业人员前 20 m 停车、关闭大灯、鸣笛，作业人员必须快速行至车辆后方 10 m 外，人员给司机发出信号，车辆方可前行。

② 车辆通过辅助运输大巷施工地点时，优先从撤架巷绕行，如不可绕行，需鸣笛、减速慢行。在施工点 20 m 前停稳车辆，确认施工点人员躲避到安全地点后，方可慢速通过。

③ 辅助运输线路、采掘工作面、排矸巷驾驶员驾驶无轨胶轮车行驶时遇到作业人员，必须提前 20 m 主动停车、关闭大灯，优先作业人员通行。

(7) 同向行驶车辆安全运行间距不得小于 50 m。

(8) 在巷道内发生交通事故时，前、后 30 m 以外设置明显的警示牌，并立即向调度室汇报，调度室及时通知相关部门，积极组织处理。

(9) 会车时应遵守以下规定：

① 车辆遵守靠右行驶的原则。

② 下行车主动避让上行车(4^{-2}煤斜坡执行下行车主动避让上行车)。

③ 靠近管路、缆线侧车辆停车让行。

④ 遇参观车辆时应及时靠右停车或进入躲避硐室(联巷)避让。

⑤ 入井车辆让行升井车辆，有障碍一侧让行无障碍一侧。

⑥ 会车时相距 50 m 开始变光减速，让行车辆必须停车并关闭大灯，等待对面车辆通过后方可通行。

(10) 车辆通过风门的有关规定：

① 出、入风门时，车辆应当在距风门警戒线 3～5 m 区域内等待通过。

② 通过风门时，每次只能通过一辆车，并严格执行风门"常开常闭"制度。

③ 遇手动风门，驾驶员在通过前应当鸣笛示意风门看护工开启风门，风门开启后，待风门看护工躲避至安全地点后，车辆方可通行。

④ 遇自动风门，严格执行自动风门开关规定，驾驶员应当在风门完全开启并处于静止状态后通过。

⑤ 防爆车辆禁止在风门内、风门外停放，故障车辆必须及时请求救援，避免造成运输线路拥堵。

2. 停车标准

井下停车必须遵守以下规定：

(1) 车辆应当在联巷或不影响其他车辆正常通行的位置停放。当车辆在行车巷道内临时停放时，必须靠右停放，不得妨碍其他车辆通行，同时打开警示灯和在前、后 30 m 处设置警示标识。驾驶员离开时，必须熄火、拉紧手刹，挂挡并使用阻车器。

(2) 严禁在交叉路口、急弯处、陡坡 30 m 以内的路段停放车辆。

(3) 长时间停车时应熄火，防止尾气超标。

(4) 故障车辆在巷道内检修时，必须在车辆前、后不小于 30 m 处设置警示标识，并汇报调度室，调度室通知胶轮车运输队将故障车辆升井。

(六) 交班

(1) 交班前对使用车辆进行检查，确保车辆卫生，填写车辆运行记录。

(2) 向接班人汇报车辆运行情况、道路安全状况。

(3) 协助接班人对车辆进行检查，清洗防爆栅栏。

(4) 发现车辆故障及时送修，做好送修记录，并向值班室汇报。

无轨胶轮车司机作业流程如图 25-19 所示。

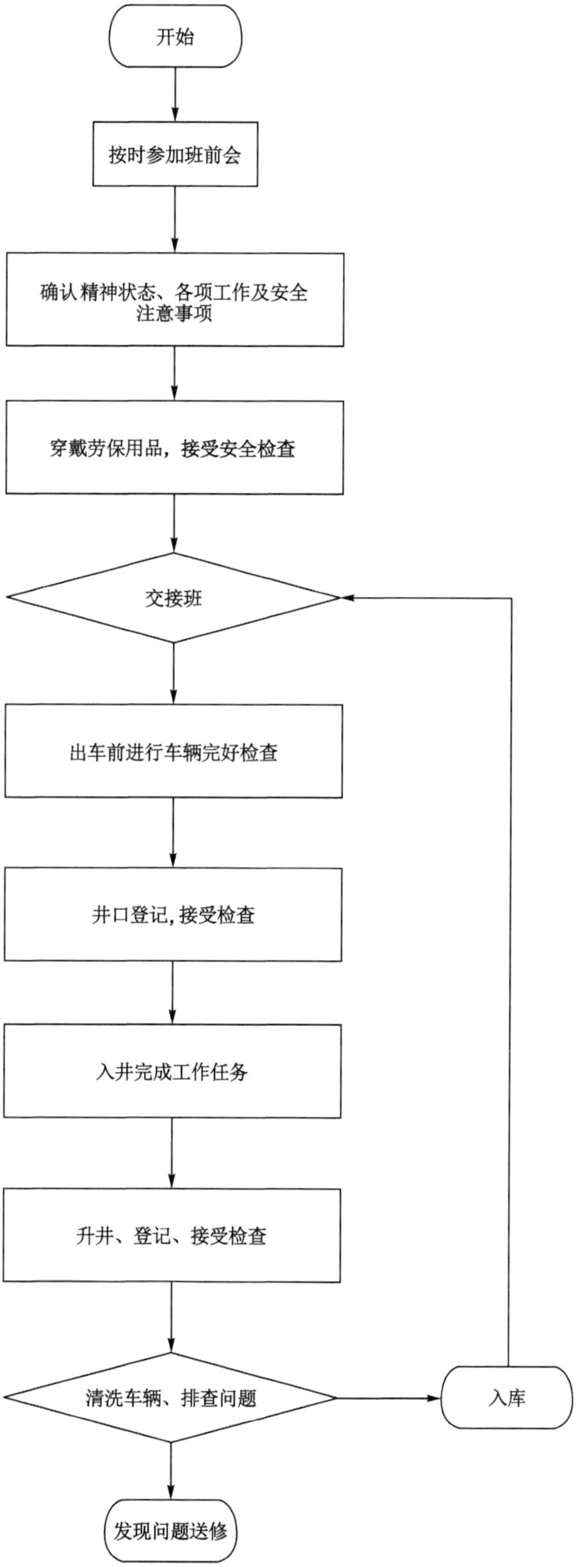

图 25-19　无轨胶轮车司机作业流程

二、常见故障及处理方法

（一）发动机不能启动

故障分析	处理方法
电瓶亏电，连接线松动	更换电瓶，紧固连接线
启动机损坏	更换启动机
电路、油路故障	维修电路、油路

（二）发动机冒黑烟

故障分析	处理方法
车辆超载	严禁超载运行
空气滤芯堵塞	更换空气滤芯
喷油器故障导致雾化不良	更换喷油器
氧传感器、进气流量传感器、空气压力传感器、节气门位置传感器等电控系统故障	检查电控系统，更换故障元器件

（三）发动机水温过高

故障分析	处理方法
冷却液短缺	添加冷却液
风扇皮带损坏	更换风扇皮带
水泵损坏	更换水泵
水箱水道堵塞	清洗水箱水道
节温器损坏	更换节温器

（四）刹车制动失效

故障分析	处理方法
刹车油短缺	添加刹车油
刹车油管损坏	更换刹车油管
刹车片磨损严重	更换刹车片

（五）发动机突然停机

故障分析	处理方法
发动机油路故障	检查油路，排除故障
机油压力低	检查并加注机油
发动机过热和水温过高	检查冷却系统并排除故障
排气温度过高	停车待发动机温度下降
补水箱缺水	补水箱加水

（六）机油压力不足

故障分析	处理方法
油底壳机油太少	加机油至规定油面
油泵损坏	更换油泵
机油管路堵塞	检查机油管路，排除故障

（七）发动机动力不足

故障分析	处理方法
进排气路堵塞	清洗进排气栅栏
发动机内部积炭过多	清除积炭
发动机过热	检查冷却系统，排除故障
油路故障	检查并调整油泵
气门间隙不对	调整气门间隙

（八）气动启动马达不启动

故障分析	处理方法
气罐压力低	充气到规定压力
气动启动马达润滑不良	润滑气动启动马达
气动启动马达叶片损坏	更换叶片

（九）挂挡困难

故障分析	处理方法
离合器调整不当，分离不够彻底	调整离合器
换挡、选挡拉线调整不当或发生运动障碍	检查并调整拉线
同步器齿轮磨损严重，近于失效	更换同步器
变速器换选机构卡死	排除相应部件卡碰现象

（十）传动轴异响

故障分析	处理方法
油底壳机油太少	加机油至规定油面
油泵损坏	更换油泵
机油管路堵塞	检查机油管路，排除故障

（十一）后桥异响

故障分析	处理方法
润滑不足或不当	按规定加注润滑油
齿轮、轴承等零件过度磨损或损坏	更换零件
差速器十字轴过度磨损	更换十字轴

（十二）制动不灵

故障分析	处理方法
制动管路有泄漏	排查并更换管路
踏板自由行程过大	调整踏板自由行程
制动器活塞行程过大	调整活塞行程
制动器内有空气	排除空气
摩擦片磨损严重	更换摩擦片

（十三）转向沉重

故障分析	处理方法
前轮胎气压不足	轮胎充气到标准气压
转向器润滑不足	加注润滑油
转向器损坏	更换转向器
转向油泵压力不足	检查动力转向系统，排除故障

第三节　无轨胶轮车司机事故类型与案例

一、无轨胶轮车司机常见事故类型

（1）闯红灯，逆向行驶、逆向停车，站在移动的车辆上作业，可能造成运输事故。

（2）使用非专用人车运送人员，可能造成运输事故。

（3）人车、材料车副驾驶乘坐超过 1 人；重载车辆副驾驶乘人，可能造成运输事故。

（4）车辆运行期间身体某一部位伸出车体外，可能造成运输事故。

（5）车辆超速行驶、超载运输，不按规定会车，车辆未停稳人员上下车，车门未关牢靠启动车辆，可能造成运输事故。

（6）未执行拖车规定，可能造成运输事故。

二、无轨胶轮车司机事故案例

胶轮车运输队“3·22”人车运输事故

（一）事故发生经过

2023 年 3 月 22 日，胶轮车运输队司机王某按照八点班班前会工作安排，在联建楼西门停车场接零点班人车，运送连掘三队八点班员工入井、零点班员工升井。7 时 20 分左右，当班司机王某在连掘三队人员全部上车后未进行人员安全确认便将后车门关闭，随后走向驾驶室启动车辆准备运送人员，在车辆启动行驶出停车场时，由于车速较快，加之转弯幅度较大，致使乘坐在车厢内的连掘三队八点班员工张某在未系好安全带的情况下由于惯性被甩离座位，手指撞到车厢厢体导致骨折。随后在连掘三队八点班班长的呼喊下，司机王某停车与随行安检工李某对所有乘车人员进行了排查，除张某外无人员受伤，后向安全信息站调度室进行了汇报，并将张某送至矿医疗站。

（二）事故原因

1. 直接原因

连掘三队八点班员工张某乘坐车辆后未系安全带，致使车辆在转弯行驶过程中被甩离座位，造成手指骨折。

2. 间接原因

胶轮车运输队司机王某现场管理不到位，未对乘车人员进行安全提示及安全确认，现场安全履职不到位，行驶车速过快，违反《辅助运输管理办法》。

（三）防范措施

（1）各单位要针对此次事故发生原因，举一反三，深刻反思，从思想认识、员工教育培训、安全管理体系、各层级安全职责及现场监督管理等方面查找不足，加强基础管理工作，杜绝类似事故再次发生。

（2）各单位要强化员工教育培训工作。要开展具有针对性的员工培训工作，着重在岗位风险辨识、作业规程、安全技术措施、岗位标准作业流程等员工应知应会上下功夫，逐步规范员工操作行为，确保作业人员安全。

（3）各单位要认真落实公司安全理念、目标，把员工安全始终放在第一位，保护员工，扎实落实区队、班组安全主体责任，切实搞好安全生产工作。

（4）各单位要按照《辅助运输管理办法》的要求做实员工安全教育培训工作，提升整体安全管理水平，确保人员安全生产。

胶轮车运输队“1·24”运输事故

（一）事故发生经过

2015 年 1 月 24 日，胶轮车运输队班长刘某安排本班员工申某当班驾驶车辆，车牌号为红 A00019。申某接车检查后，8 时 30 分在加油站加油后来到联建楼西门外等候，9 时 15 分左右参加质量标准化验收的人员乘车出发，9 时 20 分左右行驶到井口，接受入井检查，进行完刹车试验，确认完好后入井将验收人员送至了 4^{-2}煤辅运二段。11 时验收结束，剩余人员上车后，申某驾车从 4^{-2}煤辅运二段升井行驶至 4^{-2}煤辅运斜巷，减速带换为空挡，由于下坡加之车辆挡位为空挡，速度变快，申某踩刹车进行制动，发现刹车失效，当即按喇叭向前方正行驶的红 A00021 车示意，并拉手刹进行制动，红 A00021 车司机及乘车人员听到喇叭后，及时减速靠边，瞬间红 A00019 皮卡车撞上了红 A00021 皮卡车。随后乘车人员公司副总工程师安某等对所有乘车人员进行了排查，未造成人员受伤，后向安全信息站调度室进行了汇报，并对现场进行了勘查，由胶轮车运输队对现场进行了处置。

（二）事故原因

1. 直接原因

胶轮车运输队司机申某驾驶车辆操作不当，过 4^{-2} 煤辅运斜巷时，违章操作空挡滑行后没有及时换挡。由于斜杠下坡加之惯性，车辆速度变快，且在发现刹车失效的情况下，申某只是向前车鸣笛拉手刹，未采取强挡措施，控制车辆应急处理不当造成事故发生。

2. 间接原因

胶轮车运输队对员工安全教育不到位，致使事故发生时员工应急处理不当。

（三）防范措施

（1）胶轮车运输队要认真吸取这次事故教训，对驾驶员的应急处理能力进行培训和测评，有针对性地对应急处理能力差的驾驶员进行强化培训，做到培训常态化。

（2）胶轮车运输队针对同批次车辆进行认真的排查分析，及时发现和处理查处的隐患，杜绝类似事故的再次发生。

（3）胶轮车运输队进行一次辅助运输车辆特殊故障的收集整理，并组织召开全员座谈会进行讨论分析，制定出有针对性的处理方法、处置方案和处理措施。

（4）所有辅助运输车辆的保养维修必须由经过培训的专业人员进行，以保证车辆的安全性能始终良好。

（5）各区队要做实员工安全教育培训工作，不断提高安全风险辨识能力，认真执行安全确认及岗位作业标准流程等，提升整体安全管理水平，确保安全生产。

第二十六章　装载机司机岗位技能与安全

第一节　装载机司机岗位技能基础

一、装载机司机岗位基本条件与必备技能

（一）基本条件

（1）装载机司机必须持“装载机驾驶证”上岗。

（2）装载机司机必须持“其他从业人员”证件和公司内部培训合格的“防爆无轨胶轮车驾驶证”上岗。

（二）必备技能

（1）具备熟练的驾驶技能和操作技能。

（2）熟悉装载机的性能及结构。

（3）具备装载机日常保养的能力。

（4）具有判断装载机常见故障原因及处理故障的能力。

（5）具有良好的辅助运输安全意识和防御性驾驶意识。

（6）具有应急避险能力、应急处置能力。

二、装载机驾驶员安全生产责任制

（1）按时参加班前会，听取各项工作安排和安全注意事项，做好预测预想。

（2）持证上岗，熟悉车辆性能，做好车辆日常保养工作，严格执行出车前检查制度，发现问题及时送修，确保车辆完好。

（3）听从班长的工作安排，完成各项生产任务，发现隐患和发生事故后及时上报。

（4）严格执行交接班制度，将车辆及井下现场状况交接清楚，严禁隐瞒问题推卸责任。

（5）严格执行辅助运输管理办法、操作规程等安全管理规定，严禁违章驾驶、违章作业，有权拒绝违章指挥。

（6）参加安全教育培训与技能提升培训，参与应急救援演练，熟知矿井避灾路线与应急救援知识，不断提高安全意识与职业技能。

三、“一规程四细则”及安全生产标准化相关规定

（一）《煤矿安全规程》相关规定

第三百七十八条　使用的矿用防爆型柴油动力装置，应满足以下要求：

（1）具有发动机排气超温、冷却水超温、尾气水箱水位、润滑油压力等保护装置。

（2）排气口的排气温度不得超过 77 ℃，其表面温度不得超过 150 ℃。

（3）发动机壳体不得采用铝合金制造；非金属部件应具有阻燃和抗静电性能；油箱及

管路必须采用不燃性材料制造;油箱最大容量不得超过 8 h 用油量。

(4) 冷却水温度不得超过 95 ℃。

(5) 在正常运行条件下,尾气排放应满足相关规定。

(6) 必须配备灭火器。

第三百九十二条　采用无轨胶轮车运输时,应当遵守下列规定:

(1) 严禁非防爆、不完好无轨胶轮车下井运行。

(2) 驾驶员持有“中华人民共和国机动车驾驶证”。

(3) 建立无轨胶轮车入井运行和检查制度。

(4) 设置工作制动、紧急制动和停车制动,工作制动必须采用湿式制动器。

(5) 必须设置车前照明灯和尾部红色信号灯,配备灭火器和警示牌。

(6) 运行中应当符合下列要求:

① 运送人员必须使用专用人车,严禁超员;

② 运行速度,运人时不超过 25 km/h,运送物料时不超过 40 km/h;

③ 同向行驶车辆必须保持不小于 50 m 的安全运行距离;

④ 严禁车辆空挡滑行;

⑤ 应当设置随车通信系统或者车辆位置监测系统;

⑥ 严禁进入专用回风巷和微风、无风区域。

(7) 巷道路面、坡度、质量,应当满足车辆安全运行要求。

(8) 巷道和路面应当设置行车标识和交通管控信号。

(9) 长坡段巷道内必须采取车辆失速安全措施。

(10) 巷道转弯处应当设置防撞装置。人员躲避硐室、车辆躲避硐室附近应当设置标识。

(11) 井下行驶特殊车辆或者运送超长、超宽物料时,必须制定安全技术措施。

(二) 煤矿安全生产标准化相关规定

1. 安全警示

(1) 无轨胶轮车运输巷道各岔口、错车点、弯道、车场等处设有行车指示等安全标志和信号。

(2) 无轨运输巷道交叉路口交叉处设置有限速和警示装置。

2. 物料捆绑

运送物料需捆绑固定牢固可靠,有防跑、防滑措施。

3. 连接装置

运送大部件时保险链(绳)、连接环(链)、连接杆、插销、连接钩头及其连接方式符合规定。

4. 检测检验

(1) 按规定对无轨胶轮车进行试验、检测检验,有完整的试验、检测检验报告。

(2) 失速防护装置根据产品使用说明书要求,定期对相关安全性能进行试验,并有试验记录。

5. 防撞装置和失速防护装置

装载机运行的长坡段巷道内必须采取车辆失速安全措施,巷道转弯处设置防撞装置。

6. 无轨胶轮车

(1) 车辆转向系统、制动系统、照明系统、警示装置、喇叭等完好可靠，车辆自带防止停车自溜的设施或工具。

(2) 装备自动保护装置、便携式甲烷检测报警仪、防灭火设备等安全保护装置。

(3) 行驶 5 台及以上无轨胶轮车时，装备车辆位置监测系统。

(4) 装备有通信设备。

(5) 运送人员应使用专用人车。

(6) 载人或载货数量在额定范围内。

(7) 运行速度：运人时不超过 25 km/h，运送物料时不超过 40 km/h，车辆严禁空挡滑行。

(8) 井下无轨胶轮车应符合排气标准规定。

7. 管理和技术人员

区(队)管理和技术人员掌握相关的岗位职责、管理制度、技术措施。

8. 作业人员

班组长及现场作业人员严格执行本岗位安全生产责任制；掌握本岗位相应的操作规程、安全措施；规范操作，无“三违”行为；作业前进行岗位安全风险辨识及安全确认。

9. 作业现场

(1) 运输线路、躲避或倒车硐室、车库等卫生整洁。

(2) 主要运输线路水沟畅通，巷道无淤泥、积水；水沟侧作为人行道时，盖板齐全、稳固。

10. 制度保障

(1) 完善各岗位、各工种的操作规程，内容符合现场实际，并认真执行。

(2) 制定以下规定：

① 运输设备运行、检修、检测等管理规定；

② 运输安全设施检查、试验等管理规定；

③ 辅助运输安全事故汇报管理规定。

11. 技术资料

(1) 有运输设备、设施、线路的图纸和技术档案，有检修记录。

(2) 施工作业规程、技术措施符合有关规定。

(3) 运输系统、设备选型和能力计算资料齐全。

(4) 无轨胶轮车、专用车等运输设备编号管理。

第二节　装载机司机作业流程与故障处理

一、装载机司机作业流程

(一) 班前会准备

见本书第七章第一节。

(二) 作业前准备

见本书第七章第二节。

（三）接班

（1）准时进入工作地点，现场交接班。

（2）询问交班人员上班车辆运行情况、作业现场安全状况。

（3）对装载机进行完好检查。如图 26-1 所示。

年　月　日													
序号	点检内容	车牌号											
1	车辆外观有无剐蹭												
2	轮胎气压是否充足												
3	检查空气滤清器是否堵塞												
4	防爆栅栏是否需要清洗												
5	甲烷传感器标校日期、车辆检查合格证是否过期												
6	检查底盘、各连接部位是否完好												
7	检查变速器、四轮减速器、制动器有无漏油												
8	检查各箱体和管路是否完好，是否漏油、漏气、漏水												
9	检查车辆定位卡、甲烷传感器、灭火器、警示路锥、阻车器是否齐全												
10	检查爬梯是否完好、干净												
11	查看机油箱油位												
12	查看柴油箱油位												
13	查看液压油箱油位												
14	查看变速箱油箱油位												
15	查看补水箱水位												
16	查看冷却液液位												
17	检查启动气压表读数是否在规定值（0.6 MPa 以上）												
18	检查安全带是否正常												
19	启动后检查各仪表盘读数（液位、温度、压力），是否有报警												
20	检查刹车踏板、手刹制动是否灵活可靠												
21	检查后视镜是否齐全，角度是否合适												
22	检查喇叭是否正常												
23	检查灯光和信号指示灯是否正常												
24	挂倒挡检查刹车语音警示、倒车照明												
25	检查转向是否灵活可靠												
26	检查铲斗及大小臂是否灵活												
27	行车中注意各仪表盘读数是否正常，发动机及各部位声音是否正常，排气有无黑烟												
点检员签字													
备注：完好打对号（√），有问题打错号（×），无相应项目的划斜线（/）。													

图 26-1　装载机完好检查

（四）启动前、后检查

1. 启动前检查

（1）检查装载机周围环境，检查外观是否有剐蹭、变形，检查顶棚、爬梯是否完好，检查轮胎气压是否正常。如图 26-2 所示。

（2）检查柴油箱油位、机油油位、液压油箱油位、补水箱水位、冷却液液位、变速箱油位。如图 26-3 所示。

（3）检查储气筒、油水分离器、空气滤清器、防爆栅栏是否需要清理。如图 26-4 所示。

（4）检查包机牌是否完好、车辆检验合格证是否过期、甲烷传感器标校日期是否过期。

（5）检查灭火器、甲烷传感器、警示路锥、阻车器是否齐全。如图 26-5 所示。

(a) 车辆外观

(b) 爬梯

(c) 轮胎

图 26-2　检查车辆外观、爬梯和轮胎

(a) 柴油箱油位

(b) 机油尺

(c) 液压油箱

(d) 补水箱

(e) 波纹管冷却油箱

(f) 发动机水箱

(g) 变速箱油尺

图 26-3　检查油箱油位

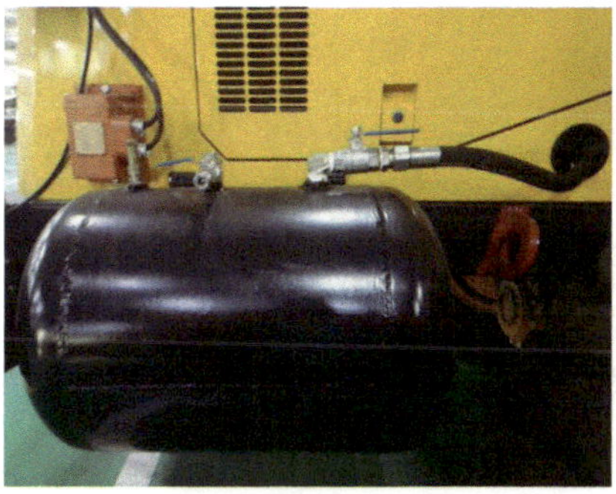
(a) 储气筒

(b) 油水分离器

图 26-4　检查储气筒、油水分离器、空气滤清器和防爆栅栏

(c) 空气滤清器

(d) 防爆栅栏

图 26-4 （续）

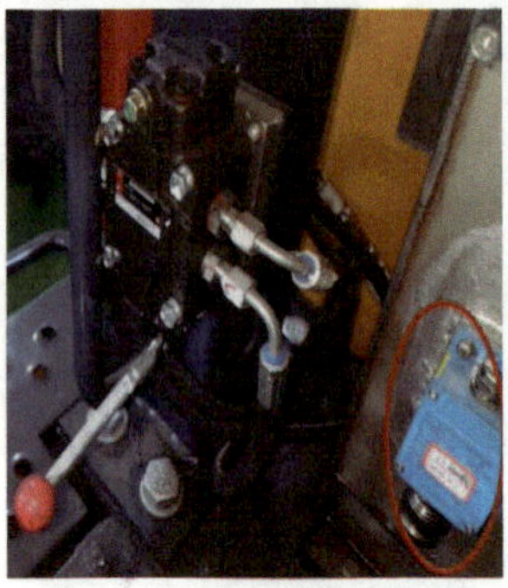

(a) 甲烷传感器

(b) 警示路锥

(c) 阻车器

图 26-5 检查甲烷传感器、警示路锥、阻车器

(6) 检查底盘、各连接部位是否完好。

(7) 检查变速箱、四轮减速器、制动器有无漏油。

(8) 检查各箱体和管路是否完好，是否漏油、漏气、漏水。

(9) 检查安全带是否正常。

(10) 检查启动气压表读数是否在规定值(0.6 MPa 以上)。如图 26-6(a)所示。

(11) 检查各电气设备是否完好。如图 26-6(b)所示。

(a)

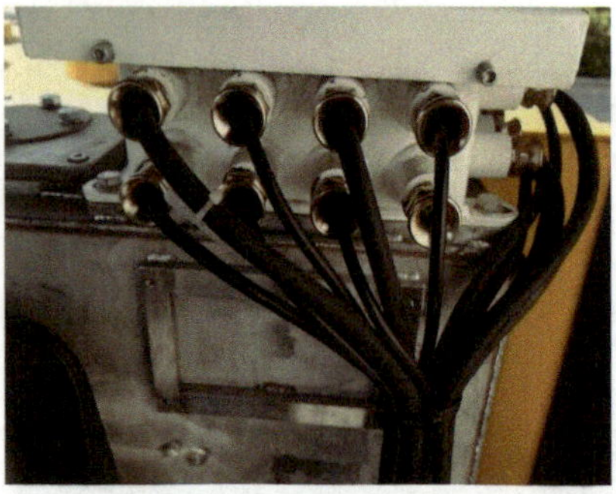

(b)

图 26-6 检查气压读数、电气设备

2. 启动后检查

(1) 柴油机启动后检查气包压力、机油压力、制动压力、水温等。如图 26-6(a)所示。

(2) 检查各仪表指示、照明等是否正常。如图 26-7 所示。

图 26-7　检查仪表指示、照明

(3) 当低速、中速运转时，倾听柴油机运转声音是否正常。如图 26-8(a)所示。

(4) 转动方向盘检查转向系统是否正常。如图 26-8(b)、(c)所示。

(a)　(b)　(c)

图 26-8　检查柴油机运转、转向系统

(5) 检查脚制动和手制动是否可靠。如图 26-9 所示。

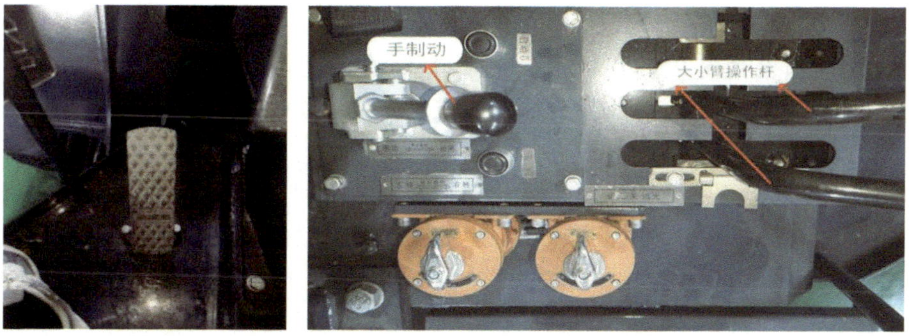

(a) 脚制动　(b) 手制动

图 26-9　检查制动系统

(6) 检查液压工作装置、大小臂的工作是否正常。如图 26-10 所示。

图 26-10　检查液压工作装置

(7) 检查后视镜是否齐全、角度是否合适。

(8) 检查喇叭是否正常。

(9) 检查灯光和信号指示灯是否正常。

(10) 挂倒挡检查倒车语音警示、倒车照明。

(11) 检查铲斗及大小臂是否灵活。

(12) 行车中注意各仪表盘读数是否正常,发动机及各部位声音是否正常,排气有无黑烟。

(五) 作业

1. 启动

启动柴油机应在完成上述启动前的检查后方可进行。将方向操纵手柄和液压操纵杆放在中间位置,手制动操纵杆放在制动位置。油门踏板踏下一半,按下启动按钮启动柴油机。每次启动时间不得超过 5 s,启动间隔时间为 2 min,若连续 3 次启动失败,应检查并找出故障原因,排除后方可启动。

2. 起步

(1) 柴油机启动后,空转 5 min 左右进行预热,对仪表、指示器和动作进行检查。当水温表显示在 45 ℃以上,其他仪表均正常,刹车气压表达到 0.6 MPa 以上时,方可起步。

(2) 将铲斗升至运输位置(离地 300～400 mm),解除手制动。

(3) 根据地面和作业情况,将挡位操纵杆推到需要的挡位。将方向操纵杆拉到前进或后退位置。鸣喇叭,起步行驶。

3. 换挡

(1) 装载机一般采用液力变矩器,在一定范围内,例如在行驶中遇到阻力或坡度时,机器可以自行减速,同时增大牵引力以克服阻力,因此不需要经常换挡。另外,为了减少机器的磨损和动力中断,要尽量避免不必要的换挡。

(2) 在装卸作业或在陡坡、弯急的恶劣条件下行驶时,应选用Ⅰ挡速度。

(3) 装载机采用液压换挡,换挡时必须将柴油机转速降到 1 000 r/min 左右,达到换挡平稳。

(4) 变换前进、后退方向时，也应将柴油机转速降至 1 000 r/min 左右踩刹车，并在车停后进行换向，否则变速箱齿轮会受到剧烈的冲击力作用。

4. 转向

装载机使用的全液压转向器与一般机械转向操纵相似，但必须注意，柴油机转速降低时，转向油泵供油量减少，转向速度也要受影响。因此在转大弯时，必须使用低速挡（Ⅰ挡），同时柴油机转速不能过分降低。

5. 停车与熄火

(1) 降低柴油机转速并踩下脚制动踏板即可停车。将整机前后机架方向回正，铲斗放到地面，操纵手柄应在中间位置。

(2) 柴油机应在怠速情况下运转一段时间，然后拉出停车拉手，使柴油机熄火。

6. 车辆运行相关规定

(1) 所有入井车辆必须在井口进行登记、销号，由胶轮车运输队做好记录并留存，车辆入井做到一车一杆。

(2) 严格遵守井下安全行车警示标识、标志指令。

(3) 所有车辆按照标准配备 2 个 4 kg 灭火器、2 个警示路锥及 2 个阻车器(掩木)。

(4) 所有车辆必须安装车载式瓦斯断电仪、倒车报警装置及车辆定位仪。

(5) 防爆无轨胶轮车进入胶轮车库时，必须保证入库车辆干净整洁、完好。

(6) 所有车辆必须定期强制将防爆栅栏浸泡入防爆栅栏专用超声波清洗机。

(7) 车辆起步前、转弯处、十字路口必须鸣笛示警，确认周边无人后方可行车。倒车时必须开启倒车声光报警装置，确认无人后方可倒车。

(8) 车辆接近水幕时减速慢行、鸣笛，开启雨刷，保持视线清晰。

(9) 井下车辆行驶速度必须严格遵守下列规定：

① 井下防爆人车、指挥车最高速度不得超过 25 km/h；防爆材料车最高行驶速度不得超过 40 km/h；特种车辆最高速度不得超过 15 km/h；

② 副斜井井筒内、斜巷最高车速统一规定不超过 18 km/h，严禁熄火或者空挡滑行。

③ 辅助运输巷道交叉口、转弯处、下坡处、会车时、行车区域内视线不清时，应鸣笛、减速慢行，最高速度不超过 5 km/h。

④ 牵引故障车辆时，特种车辆主要运输巷道速度不超过 10 km/h，其他车辆速度不超过 15 km/h，转弯、下坡时不超过 5 km/h，且必须持审批宣传贯彻后的安全技术措施。

(10) 井下行车严格执行“行人不行车，行车不行人”“车让人”制度。

① 井下作业人员遇行驶车辆时，必须主动避让，就近进入躲避硐室；附近无躲避硐室时，无轨胶轮车必须在作业人员前 20 m 停车、关闭大灯、鸣笛，作业人员必须快速行至车辆后方 10 m 外，人员给司机发出信号，车辆方可前行。

② 车辆通过辅助运输大巷施工地点时，优先从撤架巷绕行，如不可绕行，需鸣笛、减速慢行。在施工点 20 m 前停稳车辆，确认施工点人员躲避到安全地点后，方可慢速通过。

③ 辅助运输线路、采掘工作面、排矸巷驾驶员驾驶无轨胶轮车行驶时遇到作业人员，必须提前 20 m 主动停车、关闭大灯，优先作业人员通行。

(11) 同向行驶车辆安全运行间距不得小于 50 m。

(12) 车辆由联巷、躲避硐室、非主干线进入主行车道时，鸣笛、变光，确认主车道无车辆通过时，慢速通行。

(13) 交通线路封闭或半封闭时，所有车辆必须按临时设置的交通指示标志行车。

(14) 在巷道内发生交通事故时，前后 30 m 以外设置明显的警示牌，并立即向调度室汇报，调度室及时通知相关部门，积极组织处理。

(15) 会车时应遵守以下规定：

① 车辆实行靠右行驶的原则。

② 下行车主动避让上行车。

③ 靠近管路、缆线侧车辆停车让行(4^{-2}煤斜坡执行下行车主动避让上行车)。

④ 遇参观车辆时应及时靠右停车或进入躲避硐室(联巷)避让。

⑤ 入井车辆让行升井车辆，有障碍一侧让行无障碍一侧。

⑥ 会车时相距 50 m 开始变光减速，让行车辆必须停车并关闭大灯，等待对面车辆通过后方可通行。

(16) 车辆通过风门的有关规定：

① 出、入风门时，车辆应当在距风门警戒线 3～5 m 区域内等待通过。

② 通过风门时，每次只能通过一辆车，并严格执行风门“常开常闭”制度。

③ 遇手动风门，驾驶员在通过前应当鸣笛示意风门看护工开启风门，风门开启后，待风门看护工躲避至安全地点后，鸣笛示意车辆通行。

④ 遇自动风门，严格执行自动风门开关规定，驾驶员应当在风门完全开启并处于静止状态后通过。

⑤ 防爆车辆禁止在风门内、风门外停放，故障车辆必须及时请求救援，避免造成运输线路拥堵。

(17) 井下停车必须遵守以下规定：

① 车辆应当在联巷或不影响其他车辆正常通行的位置停放。当车辆在行车巷道内临时停放时，必须靠右停放，不得妨碍其他车辆通行，同时打开警示灯(不包括无警示灯车辆)和在前、后 30 m 设置警示标识。驾驶员离开时，必须熄火，拉紧手刹，挂挡并使用阻车器。

② 严禁在交叉路口、急弯处、陡坡 30 m 以内的路段停放车辆。

③ 车辆长时间停车时应熄火，防止尾气超标。

④ 故障车辆在巷道内检修时，必须在车辆前、后不小于 30 m 处设置警示标志，并汇报调度指挥中心，调度指挥中心通知胶轮车运输队(专业化服务单位)将故障车辆救援升井。

7. 收车操作

(1) 收车时，驾驶员应将车辆停放在指定位置处，关闭电源开关，拉起手制动，安放阻车器。

(2) 收车后，驾驶员须绕车一周，检查车辆有无漏水、漏油、润滑油缺少等现象，并锁好车门。

(3) 收车后，及时清洗排气栅栏和废气处理箱。

(4) 收车后，驾驶员必须对车辆进行全面的点检，做好记录表的填写以及故障填写工作。

(六) 交班

(1) 交班前对使用车辆进行检查，确保车辆卫生情况，填写生产记录。

(2) 向接班人汇报车辆运行情况、作业现场安全状况。

(3) 协助接班人对装载机进行检查。

(4) 发现车辆故障及时送修,做好送修记录,并向值班室汇报。

装载机司机作业流程如图 26-11 所示。

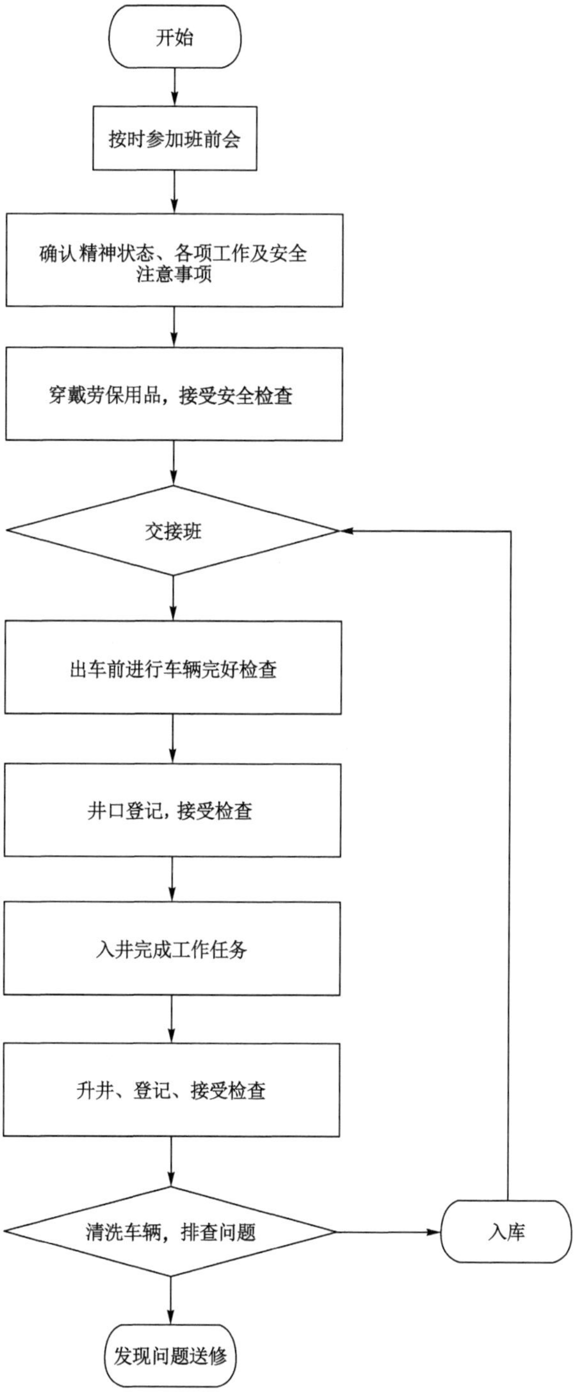

图 26-11　装载机司机作业流程

二、装载机司机作业注意事项

(1) 出车前必须对车辆进行完好性检查，严禁车辆不完好入井，严禁故障车辆带病运行。

(2) 严禁利用装载机进行登高作业。

(3) 严禁酒后驾驶车辆。

(4) 保证装载机的行驶和作业安全，驾驶员负有重要的责任。驾驶员必须经过培训，应对装载机的性能结构、技术保养和操纵方法有所了解，并严格遵守安全操作规程。非正式装载机司机不得驾驶装载机，学员驾驶应有正式装载机司机随机指导。

(5) 启动前，应按规定进行装载机检查和做好准备工作，如发现部件有故障，应予排除和修理，否则不应出车。

(6) 使用的油料必须清洁，并符合规定的牌号和质量标准。

(7) 起步和操作工作装置前，应观察装载机周围有无人员和阻碍性物料，同时鸣喇叭发出信号。

(8) 柴油机在运转时，严禁站在车子前后轮胎之间、大臂和前车架之间，或站在铲斗里、抓具上。

(9) 柴油机运转时，不允许检查和保养车子。确实需要在柴油机运转情况下检查时，车上必须有驾驶员监护。

(10) 装载机开动时，禁止任何人上、下车，除驾驶室以外，任何地方不得乘坐或站立人员。

(11) 装载机运行过程中严禁将铲斗举升过高，驾驶员要密切关注巷道高度，避免对巷道、管路、线路、设施、人员造成伤害。

(12) 严禁用装载机铲斗代替登高车举升人员，严禁用装载机铲斗代替材料车远距离运输物料。

(13) 严禁超过额定承受能力装载物料。

(14) 严禁用装载机撞击作业。

(15) 严禁用装载机作为动力拖拽其他物品。

(16) 严禁停车铲斗不落地、不熄火。

(17) 车辆必须按照风量核定准入数量驶入，严禁超数量集中作业；交接班时人车优先进入。

(18) 装载机行驶时，应避免不适当的高速与急转弯；下坡时，严禁柴油机熄火脱挡滑行。装载机在装卸等作业时，只宜使用Ⅰ挡，绝不允许高速冲向料堆。同时，严禁人员在举升臂或铲斗下站立和走动。

(19) 抓举或铲运时，应避免过多地偏重一侧，不允许提升到最高位置运输物料。如有障碍必须举升通过时，应谨慎驾驶，并于通过后，立即将大臂降低到离地面 400 mm 左右的正常运输位置。

(20) 卸料后，应先将铲斗(或抓具)上翻，然后方能下降大臂。工作完毕离开驾驶室前，要将铲斗或抓具放到地面，然后关掉柴油机，并切断电源。

(21) 打开热的柴油机水箱盖和液压油箱盖时，应戴手套或用布块缓慢旋松，防止热水、热油喷出烫伤人员。

（22）车辆发生故障需要用别的车辆拖回修理时，应将前后传动轴和转向油缸销轴拆下，以免损坏转向器和变速箱离合器。

（23）严禁在补水箱缺水情况下作业。

（24）装载机作业区域需设置警戒，严禁非作业人员进入，车辆运行过程严格执行“行人不行车，行车不行人”制度。

（25）严禁Ⅰ挡以上起步，避免冲击载荷造成零件损坏和柴油机熄火；车辆在前进挡和倒挡间切换时，必须待车完全停稳后再进行切换。

（26）车辆行驶中严禁油门踏板和制动踏板同时踩动。

（27）车辆在经过湿滑路段时，应减速慢行。

（28）车辆严禁甩保护运行。

（29）停车后必须关闭照明灯、转向灯、倒车灯、钥匙开关，防止造成亏电。

（30）严禁发动机水箱在高温情况下开盖。

（31）严禁车辆未熄火加油、加水。

三、车辆应急处置

在出现下列情况时，驾驶员须按照以下规定进行应急处置。

1. 脚制动失灵

驾驶员必须沉着冷静，根据路况和车速控制好方向。

（1）下坡发生刹车失灵时，立即锁止手制动停车，如手制动不能停车，将挡位依次从高速挡切换到低速挡使车辆减速。不能利用车辆本身的控制机构控制车速时，利用就近的纳米耐磨防撞装置、防撞桶（防撞墙）、防跑车装置进行摩擦减速和缓冲碰撞停车。

（2）上坡出现刹车失灵时，应适时减入低速挡，保持足够的动力，待车辆行驶到坡顶平稳路段时，利用手制动停车。如需半坡停车，应保持前进挡，拉紧手制动，如有后滑现象，车尾应朝向煤壁、岩壁或安全的一面，通过打开信号灯、鸣喇叭、晃矿灯等提示后方车辆。

2. 方向失灵

驾驶员必须沉着冷静，点刹脚制动同时缓拉手制动，使车辆停止。在采取上述措施的同时，还应对巷道内行驶的其他车辆及行人发出警告信号，如通过打开信号灯、鸣喇叭、晃矿灯等提示避让。在车辆停止后，前、后 30 m 摆放警示牌，通知维修人员进行救援。

3. 车辆爆胎

驾驶员应沉着冷静，双手紧握方向盘，控制好车辆方向，严禁猛打方向，点刹脚制动，使车辆缓慢停下。打开矿灯查看周围环境后，尽量将车辆缓慢移动到不影响井下交通和安全的地点，安放阻车器，在前、后 30 m 安放警示路锥，通知维修人员救援。

4. 照明灯熄灭

驾驶员应沉着冷静，双手紧握方向盘，控制好车辆方向，立即停车。打开矿灯查看周围环境后，尽量将车辆缓慢移动到不影响井下交通和安全的地点，安放阻车器、设置警示牌（三角架或锥桶），通知维修人员进行救援。

5. 遇湿滑路段侧滑

（1）如因车辆速度过快导致侧滑，缓慢抬起加速踏板，按侧滑时车身摆动的方向轻打方向，调正车身，避免继续侧滑。如因转向引起侧滑，严禁使用行车制动。

（2）如因制动原因造成侧滑，应立即停止制动，同时向侧滑一侧调整方向（后轮侧滑时），摆正车身，避免继续侧滑。调整方向时不能过急或持续时间过长，以避免车辆向反方向滑动。

6. 发动机“飞车”

立刻关闭断气、断油阀将发动机熄火，拉起驻车手柄。车辆强制熄火后，驾驶员不得随意再次启动车辆，应上好阻车器、设好警示路锥，并立即汇报车队值班室等待救援。

7. 突发故障熄火

驾驶员必须沉着冷静，握紧方向盘，尽量将车辆滑行到巷道边侧，点刹行车制动，使车辆缓慢停下，车辆停稳后拉起手制动，打开警示灯，安设阻车器，排查故障原因，确认没有问题后方可二次启动。仍无法排除故障的应设警示牌，通知维修人员等待救援。

8. 漏水、漏油、异响

尽量将车辆移动到不影响井下交通和安全的地方，安放阻车器，在车辆前后及撒漏油污路段前后设置警示路锥，提醒过往车辆减速慢行，并汇报调度室及运输队清理路面油污及维修车辆。

9. 突发着火

立即停车熄火断电，佩戴自救器，在保证人身安全的前提下，采取合适的灭火方式，当火势无法控制时，立即弃车撤离并汇报调度室。

10. 车辆碰撞

驾驶员应立即熄火，必要时砸碎玻璃进行人员撤离。如果车辆还能移动则要使车辆靠边停放，避免影响其他车辆通行或造成二次事故发生。如无法将车辆靠边停放或是驶入躲避硐，驾驶员必须在车辆前、后 30 m 设置警示路锥并对过往车辆晃矿灯示意。及时向调度室汇报事故类型、有人员伤亡情况、事故原因的初步判断等相关信息，等待救援。

11. 误入水深处

如判断或实测可以通过，挡位选入低挡，稳定油门匀速通过积水路段。如车辆在水中熄火，切不可重新启动车辆，人员立即撤到安全位置并汇报调度室及运输队等待救援。

12. 误入低氧区

车载四合一发出报警时，驾驶员应立即驾驶车辆远离低氧区。在入口处设置警示牌，提醒后方车辆、人员禁止进入，及时汇报调度室。

13. 误入有毒有害气体超标区域

车载仪器报警有害气体超标时，若车辆保护未断电，应立即熄火、撤人并汇报；若车辆保护自动断电，严禁二次启动，立即撤出人员。

四、常见故障及处理方法

（一）柴油机启动不起来

故障分析	处理方法
储气包压力不足	充气到规定气压
燃油箱内柴油少	加油至规定液面
气动启动马达有故障	检修或更换气动启动马达
气路接头脱落或漏气	排查气路重新装好
柴油机故障	对柴油机进行检修

（二）变矩器油温过高

故障分析	处理方法
连续重载作业时间过长	暂时减荷或停车待油温下降

（三）液力变矩器油压低

故障分析	处理方法
变速箱油面低	补充新油
油路不清洁	清洗油路
变矩器上进油阀压力调整不当	调节进油阀压力
分配阀上差动阀阀芯卡死，“O”形圈损坏	清洗分配阀，更换“O”形圈
离合器轴上油封环损坏	更换损坏的油封环
油泵损坏	更换油泵

（四）制动力不足

故障分析	处理方法
制动管路中有空气	在驱动桥制动器处放气
刹车片磨损严重	更换刹车片
活塞回位弹簧损坏	更换活塞回位弹簧
制动器活塞缸漏油	更换密封圈
脚制动阀芯卡死，不能复位	检查、清洗脚制动阀

（五）前、后桥有杂音

故障分析	处理方法
固定螺栓螺母松动或丢失	紧固或更换螺母
润滑油不足产生干摩擦	加注润滑油
润滑油规格不对或有杂质	更换合格的润滑油

（六）不能正常转向

故障分析	处理方法
连接销折断	更换连接销
弹簧片损坏	更换弹簧片
转向油泵损坏	更换转向油泵
轮胎气压过低	轮胎充气至规定气压

（七）停车制动不能解除

故障分析	处理方法
制动系统压力不足	检查液压系统，使前制动压力达到规定值
刹车液压油管漏油	更换刹车液压油管

（八）工作装置动作速度慢，举升力不足

故障分析	处理方法
油泵磨损，内漏严重	更换工作油泵
安全阀压力调整不当	调整到额定压力
油箱滤油器阻塞	清洗油箱滤油器
油缸内漏	更换油封

第三节　装载机司机事故类型与案例

一、装载机司机常见事故类型

（1）离开驾驶室未熄火、铲斗未落地，可能造成运输事故。

（2）在原煤仓连续巷掘式铲煤，可能造成运输事故。

二、装载机司机事故案例

装载机安装胶带作业伤人事故

（一）事故发生经过

2020 年 6 月 21 日 13 时，掘进队张某与实习工刘某正在进行胶带安装作业，刘某与其他人一起在装设胶带，调整得差不多后，张某在跟班队干拓某的指挥下，准备利用装载机将胶带调紧。在装载机拉胶带之前，拓某示意其他人远离胶带，在确认安全的情况下，13 时 20 分拓某示意装载机开始拉紧胶带，同时实习工刘某欲再次调整胶带，认为拉紧胶带的过程中胶带动作速度不快，就站在胶带上，突然动作的胶带将刘某绊倒摔在地上，拓某随即示意装载机停止动作，刘某无大碍。

（二）事故原因

1. 直接原因

刘某未听从指挥违章作业，拓某现场指挥时未时刻注意周围环境安全，张某在操作装载机时未时刻注意周围环境安全。

2. 间接原因

掘进队拓某现场管理不到位，刘某安全意识淡薄，区队安全培训不到位，装载机司机安全培训不到位。

（三）防范措施

（1）各单位要针对此次事故发生原因，举一反三，深刻反思，从思想认识、员工教育培训、安全管理体系、各层级安全职责及现场监督管理等方面查找不足，加强基础管理工作，杜绝类似事故再次发生。

（2）各单位要强化员工教育培训工作。要开展具有针对性的员工培训工作，着重在岗位风险辨识、作业规程、安全技术措施、岗位标准作业流程等员工应知应会上下功夫，逐步规范员工操作行为，确保作业人员安全。

（3）各单位要认真落实公司安全理念、目标，把员工的安全始终放在第一位，保护员工，扎实落实区队、班组安全主体责任，切实搞好安全生产工作。

（4）各单位要按照《辅助运输管理办法》的要求做实员工安全教育培训工作，提升整体安全管理水平，确保人员安全生产。

参考文献

[1] 卜素.《中华人民共和国安全生产法》专家解读[M].徐州:中国矿业大学出版社,2021.
[2] 国家矿山安全监察局.煤矿安全规程及细则:一规程四细则[M].北京:应急管理出版社,2022.
[3] 何敏.地质测量、机械维修及泵类操作作业安全培训教材[M].徐州:中国矿业大学出版社,2022.
[4] 黄学志,王洪权,时国庆,等.《煤矿防灭火细则》专家解读[M].徐州:中国矿业大学出版社,2021.
[5] 蒋恒.地面生产保障、其他管理及后勤服务作业安全培训教材[M].徐州:中国矿业大学出版社,2022.
[6] 李进.通防、主要通风机和空压机操作作业安全培训教材[M].徐州:中国矿业大学出版社,2022.
[7] 李爽,贺超,毛吉星.《煤矿安全生产标准化管理体系基本要求及评分方法(试行)》专家解读[M].徐州:中国矿业大学出版社,2020.
[8] 刘志明.煤矿新员工安全培训教材[M].2023年新版.徐州:中国矿业大学出版社,2022.
[9] 孙广建,张长合,魏永建.煤矿从业人员安全再培训教材:“七新”知识与必知必会必禁知识问答[M].徐州:中国矿业大学出版社,2023.
[10] 王平炎,王山,马胜银.煤矿从业人员安全培训教材:从业实用安全知识及现场应急技能问答[M].徐州:中国矿业大学出版社,2023.
[11] 王太续,代星军,李长青.煤矿安全生产管理人员安全生产知识与管理能力培训教材[M].徐州:中国矿业大学出版社,2022.
[12] 王伟.掘进、装载机及井下其他作业安全培训教材[M].徐州:中国矿业大学出版社,2022.
[13] 袁河津.《煤矿安全规程》专家解读:井工煤矿[M].2022年修订版.徐州:中国矿业大学出版社,2022.
[14] 曾朝辰.采煤、输送机及生产调度作业安全培训教材[M].徐州:中国矿业大学出版社,2022.
[15] 张俊虎.煤矿从业人员素质标准化图解画册[M].徐州:中国矿业大学出版社,2021.
[16] 张文康.绞车、信号与轨道及机车操作作业安全培训教材[M].徐州:中国矿业大学出版社,2022.
[17] 中华人民共和国应急管理部,国家矿山安全监察局.煤矿安全规程:2022[M].北京:应急管理出版社,2022.